태양광발전 설비 실무

머 리 말

　최근 우리 사회에서의 환경은, 화석연료의 과다사용으로 인한 지구온난화와 태풍, 가뭄, 폭우 등의 예측 불허한 기상이변이 빈번히 발생하고, 환경오염에 의한 생태계 파괴가 가속화되고 있으며, 그에 따른 세계적인 유가폭등 및 기후변화협약의 규제가 강화되고 그에 따라 탄소 배출량 규제 등의 광범위한 문제들이 제기됨에 따라, 이 문제들을 타개하기 위하여, 범국가적인 차원에서 경제적이면서도 지속적인 방향으로 환경을 보전할 수 있는 신재생에너지의 필요성이 대두되고 있습니다.

　신재생에너지란 기존의 화석연료를 변환시켜 이용하거나 햇빛, 물, 지열, 생물 유기체 등을 포함하는 재생 가능한 에너지를 변환시켜서 이용하는 에너지로, 그것의 필요성은 화석 에너지를 대체할 수 있으면서도 환경파괴를 야기하지 않는다는 것만으로도 전 세계적으로 활발히 연구되고 국가차원에서 시행 및 진행되고 있는 바입니다.

　우리나라에서 규정한 신재생에너지로는 8개 분야로 되어있는 재생에너지가 있으며, 그것들은 태양열, 태양광발전, 바이오매스, 풍력, 소수력, 지열, 해양, 폐기물 에너지로 구성되어 있으며, 그 외에 3개 분야의 신에너지인 연료전지, 석탄 액화 가스화, 수소에너지가 있으며 이 밖에도 총 28개의 분야로 나뉘어서 지정되어 있습니다.

　이러한 신재생에너지들을 보급, 지원하기 위하여 정부 차원에서도 태양광, 태양열, 지열 등의 신재생에너지 주택 설치 및 보급에 힘쓰고 있으며, 그것의 지원, 기술개발 및 기술표준화 작업을 지속해 오고 있고, 이에 따라 그것을 다룰 수 있는 미래 에너지산업을 선도할 전문적인 핵심인재 양성 방안 또한 부각됨에 따라, 신재생에너지 발전설비기사 자격시험이 시행되어야 할 필요성이 대두되었습니다.

 2013년 9월 28일 태양광 전문 자격증인 신재생에너지 발전설비기사(산업기사) 시험이 처음으로 시행되고 있으며, 여기서 말하는 신재생에너지 발전설비기사란 이러한 신재생에너지들을 전반적으로 다루는 직종이며, 주로 태양광의 기술이론 지식으로 설계, 시공, 운영, 유지보수, 안전관리 등의 업무를 수행할 수 있는 능력을 검증받은 전문가를 일컬으며, 이는 최근 정부가 역점을 두고 있는 저탄소 녹색성장 분야 인력양성 방안의 일환으로 추진되는 것으로써, 해당 과정이 개설 될 경우 향후 대체 에너지로 주목받고 있는 태양광 발전 산업분야에서의 전문적인 기술 인력의 체계적 육성이 가능할 수 있음을 알 수 있습니다.

 이와 같은 정부 주도의 태양광 사업에 참여하기 위해서는 이 신재생에너지 발전설비기사 자격증이 필요하며, 자격증을 얻었을 때 신재생에너지 발전소나 모든 건물 및 시설의 신재생에너지 발전시스템 설계 및 인. 허가, 신재생에너지 발전설비 시공 및 감독, 신재생에너지 발전시스템의 시공 및 작동상태를 감리, 신재생 에너지 발전설비의 효율적 운영을 위한 유지보수 및 안전관리 업무 등을 수행할 수 있는 곳에 취업할 수 있다는 점을 들 수 있습니다.

 이러한 신재생에너지 발전설비기사(산업기사)를 준비하고자 하는 수험생들을 위하여 이 책을 펴내었으며, 본 자격증 시험 합격을 위한 시험내용과 개념 등을 편집하였고, 핵심 문제만을 엄선하여 뽑아냄과 동시에 그것에 대한 상세한 해설정리를 통한 이해 등을 통하여 본 책을 구독하는 수험생들에게 도움을 주고자 하는 방향으로 출판하게 되었습니다.

 끝으로 좋은 책을 만들기 위해 어려운 상황에서도 끝까지 애써주신 한올출판사 임순재 대표님과 최혜숙 실장님 이하 임직원 여러분께 감사의 마음을 전합니다.

차 례

1 타당성 및 부지 선정하기

1. 부지선정 시 고려사항

(1) 지리적인 조건

토지의 방향, 경사도, 지질상태 등을 토지대장, 지적공부, 지형도 등을 검토한다.

(2) 지정학적 조건

기상청 자료 등을 근거로 일사량 및 일조량 등을 검토한다.

(3) 건설상 조건

부지의 접근성 및 주변환경, 민원발생 가능여부 등을 검토한다.

(4) 행정상의 조건

해당 지자체 관련부서 등을 통해 인허가 관련 각종 규제 등을 검토한다.

(5) 전력계통과의 연계조건

지역 한국전력지사를 통해 전력계통 인입선 위치 등을 검토한다.

(6) 경제성 조건

부지매입 가격 및 부대공사비 등을 연계하여 검토한다.

2. 부지선정 절차

3. 부지의 설치가능 용량 산출

(1) 모듈의 최대 직렬수

$$모듈의 최대 직렬수 = \frac{PCS \ 입력전압 \ 변동범위 \ 최고값}{모듈 \ 표면온도가 \ 최저인 \ 상태의 \ 개방전압}$$

단 모듈의 개방전압 × 모듈의 직렬수가 PCS 입력전압 변동범위 내 인가 확인

(2) 모듈의 최소 직렬수

$$모듈의 최소 직렬수 = \frac{PCS \ 입력전압 \ 변동범위 \ 최저값}{모듈 \ 표면온도가 \ 최고인 \ 상태의 \ 동작전압}$$

동작전압(Vmpp) 조건 : 스트링 동작전압 〉 PCS의 입력전압 변동범위 최저값

예제 1 단결정 전지를 설치할 때 1kWp당 필요한 면적은 얼마로 하면 적당한가?

풀이
① 일반적 250W 모듈 SIZE : 1,650mm × 985mm ≒ 1.63㎡
② 1kW 모듈면적 : 1.63㎡ × 4ea ≒ 6.52㎡
③ cos28° ~ cos36° = 0.88 ~ 0.81
④ 필요 대지 단면적 : 5.74 ~ 5.29㎡
∴ 1kWp당 필요한 면적 : 6 ~ 7㎡

예제 2 태양광발전시스템을 1000㎡ 부지에 하나의 어레이로 설치할 때, 모듈 효율 15%, 일사량 500W/㎡이면 생산되는 전력은? (단, 기타조건은 무시한다.)

① 75kW   ② 750kW   ③ 7500kW   ④ 75000kW

풀이 | 답 ①
1. 일사량 500(W/㎡) : 1(㎡)당 500(W)
2. 1000(㎡)부지 : 500,000(W)
3. 모듈효율 : 15(%)
4. 500,000(W) × 0.15 = 75000(W) = 75(kW)

예제 3 태양전지 모듈에 수직으로 빛이 입사하여 발전 단자의 출력전압이 40V, 전류가 4.5A의 출력값을 나타내고 있다. 표준시험조건에서 태양전지 모듈에 입사한 태양에너지가 1000W/㎡일 때 모듈의 효율은 몇 %인가?

① 8.9%   ② 11.3%   ③ 18.0%   ④ 19.8

풀이 | 답 ③
모듈효율 = 전압 × 전류 / 입사한 태양에너지 × 100(%)
 = 40 × 4.5 / 1000 × 100
 = 18%

예제 4 태양광 모듈의 크기가 가로 0.53m, 세로 1.19m이며, 최대출력 80W인 이 모듈의 에너지 변환효율(%)은?

① 15.68% ② 14.25% ③ 13.65% ④ 12.68%

풀이 | ④
$\varepsilon = P/A$
 = 80 / (0.53 × 1.19) × 100
 = 12.68%

4. 부지의 구조물 배치조건 검토

(1) 어레이 지지대(기둥) 설계

태양광발전 어레이 지지대는 사업지역에 따라 설치형태는 여러 가지가 있다. 지지대의 설계는 설치장소의 상황 및 환경을 충분히 파악할 필요가 있다. 지지대의 설계는 어레이 구성 및 특성을 고려하여 다음과 같은 절차에 의해 설계한다.

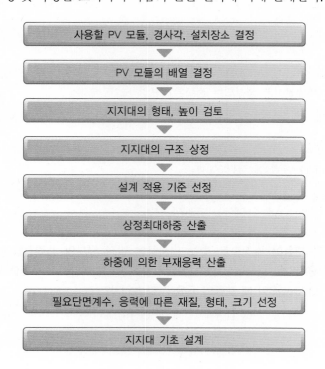

사용할 PV 모듈, 경사각, 설치장소 결정

PV 모듈의 배열 결정

지지대의 형태, 높이 검토

지지대의 구조 상정

설계 적용 기준 선정

상정최대하중 산출

하중에 의한 부재응력 산출

필요단면계수, 응력에 따른 재질, 형태, 크기 선정

지지대 기초 설계

5. 부지의 전력계통 연계방안 및 조건 검토

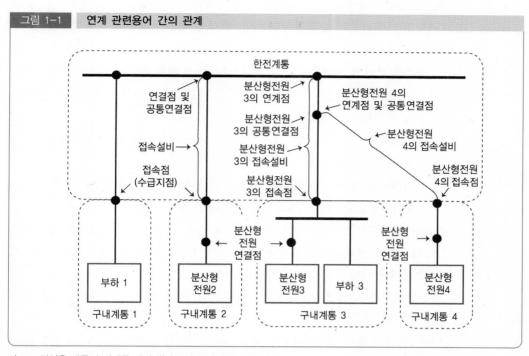

그림 1-1 연계 관련용어 간의 관계

비고 1. 점선은 계통의 경계를 나타냄(다수의 구내계통 존재 가능)
  2. 연계시점 : 분산형전원3 → 분산형전원4

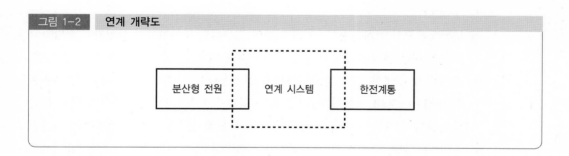

그림 1-2 연계 개략도

(1) 연계 요건 및 연계의 구분

1) 분산형전원을 계통에 연계하고자 할 경우, 공공 인축과 설비의 안전, 전력공급 신뢰도 및 전기품질을 확보하기 위한 기술적인 제반요건이 충족되어야 한다.

2) 배전용변압기 누적연계용량이 해당 배전용변압기의 정격용량 이하인 경우, 저압 한전계통에 연계할 수 있는 분산형전원의 용량은 다음과 같이 구분한다.

① 분산형전원의 연계용량이 100㎾ 미만이고 배전용변압기 누적연계용량이 해당 배전용변압기 용량의 50% 이하인 경우 다음의 해당 저압계통에 연계할 수 있다. 다만, 분산형전원의 출력전류의 합은 해당 저압전선의 허용전류를 초과할 수 없다.

　㉠ 분산형전원의 연계용량이 연계하고자 하는 해당 배전용변압기(지상 또는 주상) 용량의 25% 이하인 경우 다음의 간소검토 또는 연계용량 평가를 통해 저압 일반선로로 연계할 수 있다.

　　• 간소검토 : 저압 일반선로 누적연계용량이 해당 변압기용량의 25% 이하인 경우

　　• 연계용량 평가 : 저압 일반선로 누적연계용량이 해당 변압기용량의 25% 초과 시, 또는 정한 기술요건을 만족하는 경우

　㉡ 분산형전원의 연계용량이 연계하고자 하는 해당 배전용변압기(주상 또는 지상)용량의 25%를 초과하거나, 또는 정한 기술요건에 적합하지 않은 경우 접속설비를 저압 전용선로로 할 수 있다.

② 배전용변압기 누적연계용량이 해당 변압기용량의 50%를 초과하는 경우 연계할 수 없다.

다만, 한전이 해당 저압계통에 과전압 혹은 저전압이 발생될 우려가 없다고 판단하는 경우에 한하여 해당 배전용변압기에 연계가 가능하다.

다만, 배전용변압기 누적연계용량은 해당 배전용변압기의 정격용량을 초과할 수 없다.

③ 분산형전원의 연계용량이 100㎾ 미만인 경우라도 분산형전원 설치자가 희망하고 한전이 이를 타당하다고 인정하는 경우에는 특고압 한전계통에 연계할 수 있다.

④ 동일번지 내에서 개별 분산형전원의 연계용량은 100㎾ 미만이나 그 연계용량의 총합은 100㎾ 이상이고, 그 소유나 회계주체가 각기 다른 복수의 단위 분산형전원이 존재할 경우에는 각각의 단위 분산형전원을 저압 한전계통에 연계할 수 있다. 다만, 각 분산형전원 설치자가 희망하고, 계통의 효율적 이용, 유지보수 편의성 등 경제적, 기술적으로 타당한 경우에는 대표 분산형전원 설치자의 발전용 변압기 설비를 공용하여 특고압 한전계통에 연계할 수 있다.

3) 기술요건을 만족하고 한전계통 변전소 주변압기의 분산형전원 연계가능 용량에 여유가 있을 경우, 특고압 한전계통에 연계할 수 있는 분산형전원의 용량은 다음과 같이 구분한다.

① 분산형전원의 연계용량이 100㎾ 이상 10,000㎾ 이하이고 특고압 일반선로 누적연계용량이 해당선로의 상시운전용량 이하인 경우 다음의 해당 특고압 계통에

연계할 수 있다.

다만, 분산형전원의 출력전류의 합은 해당 특고압 전선의 허용전류를 초과할 수 없다.

　　㉠ 간소검토 : 주변압기 누적연계용량이 해당 주변압기 용량의 15% 이하이고, 특고압 일반선로 누적연계용량이 해당 특고압 일반선로 상시운전용량의 15% 이하인 경우 간소검토 용량으로 하여 특고압 일반선로에 연계할 수 있다.

　　㉡ 연계용량 평가 : 주변압기 누적연계용량이 해당 주변압기 용량의 15%를 초과하거나, 특고압 일반선로 누적연계용량이 해당 특고압 일반선로 상시운전용량의 15%를 초과하는 경우에 대해서는 기술요건을 만족하는 경우에 한하여 해당 특고압 일반선로에 연계할 수 있다.

　　㉢ 분산형전원의 연계로 인해 정한 기술요건을 만족하지 못하는 경우 원칙적으로 전용선로로 연계하여야 한다.

　　단, 기술적 문제를 해결할 수 있는 보완대책이 있고 설비보강 등의 합의가 있는 경우에 한하여 특고압 일반선로에 연계할 수 있다.

② 분산형전원의 연계용량이 10,000kW를 초과하거나 특고압 일반선로 누적연계용량이 해당선로의 상시운전용량을 초과하는 경우 다음에 따른다.

　　㉠ 개별 분산형전원의 연계용량이 10,000kW 이하라도 특고압 일반선로 누적연계용량이 해당 특고압 일반선로 상시운전용량을 초과하는 경우에는 접속설비를 특고압 전용선로로 함을 원칙으로 한다.

　　㉡ 개별 분산형전원의 연계용량이 10,000kW 초과 20,000kW 미만인 경우에는 접속설비를 대용량 배전방식에 의해 연계함을 원칙으로 한다.

　　㉢ 접속설비를 전용선로로 하는 경우, 향후 불특정 다수의 다른 일반 전기사용자에게 전기를 공급하기 위한 선로경과지 확보에 현저한 지장이 발생하거나 발생할 우려가 있다고 한전이 인정하는 경우에는 접속설비를 지중 배전선로로 구성함을 원칙으로 한다.

　　㉣ 접속설비를 전용선로로 연계하는 분산형전원은 정한 단락용량 기술요건을 만족해야 한다.

4) 단순병렬로 연계되는 분산형전원의 경우 기술요건을 만족하는 경우 주변압기 및 특고압 일반선로 누적연계용량 합산 대상에서 제외할 수 있다.

5) 기술요건 만족여부를 검토할 때, 분산형전원 용량은 해당 단위 분산형전원에 속한 발전설비 정격출력의 합계를 기준으로 하며, 검토점은 특별히 달리 규정된 내용이 없는 한 공통연결점으로 함을 원칙으로 하나, 측정이나 시험 수행 시 편의상 접속점 또는 분산형전원 연결점 등을 검토점으로 할 수 있다.

6) 기술요건 만족여부를 검토할 때, 분산형전원 용량은 저압연계의 경우 해당 배전용 변압기 및 저압 일반선로 누적연계용량을 기준으로 하며, 특고압 연계의 경우 해당 주변압기 및 특고압 일반선로 누적연계용량을 기준으로 한다.

(2) 협의 등

1) 이 기준에 명시되지 않은 사항은 관련 법령, 규정 등에서 정하는 바에 따라 분산형 전원 설치자와 한전이 협의하여 결정한다.

2) 한전은 이 기준에서 정한 기술요건의 만족여부 검토·확인, 연계계통의 운영 등을 위하여 필요할 때에는 이 기준의 취지에 따라 세부시행 지침, 절차 등을 정하여 운영할 수 있다.

3) 분산형전원 사업자의 합의가 있는 경우, 분산형전원에 대한 운전역률, 유효전력 및 무효전력 제어 등에 관한 기술적 내용을 한전과 분산형전원 사업자간 상호협의하여 체결할 수 있다.

4) 분산형전원의 연계가 배전계통 운영 및 전기사용자의 전력품질에 영향을 미친다고 판단되는 경우, 분산형전원에 대한 한전의 원격제어 및 탈락기능에 대한 기술적 협의를 거쳐 계통연계를 검토 할 수 있다.

체크포인트

분산형전원 배전계통 용어

1. **분산형전원**(DR, Distributed Resources)
   대규모 집중형전원과는 달리 소규모로 전력소비지역 부근에 분산하여 배치가 가능한 전원으로서, 발전 설비를 말한다.

2. **한전계통**(Area EPS, Electric Power System)
   구내계통에 전기를 공급하거나 그로부터 전기를 공급받는 한전의 계통을 말하는 것으로 접속설비를 포함한다.

3. **연계점**
   접속설비를 일반선로로 할 때에는 접속설비가 검토 대상 분산형전원 연계시점의 공용 한전계통(다른 분산형전원 설치자 또는 전기사용자와 공용하는 한전계통의 부분을 말한다. 이하 같다)에 연결되는 지점을 말하며, 접속설비를 전용선로로 할 때에는 특고압의 경우 접속설비가 한전의 변전소 내 분산형전원 설치자측 인출 개폐장치(CB, Circuit Breaker)의 분산형전원 설치자측 단자에 연결되는 지점, 저압의 경우 접속설비가 가공배전용 변압기(P.Tr)의 2차 인하선 또는 지중배전용 변압기의 2차측 단자에 연결되는 지점을 말한다.

4. 단순병렬

자가용 발전설비 또는 저압 소용량 일반용 발전설비를 한전계통에 연계하여 운전하되, 생산한 전력의 전부를 구내계통 내에서 자체적으로 소비하기 위한 것으로서 생산한 전력이 한전계통으로 송전되지 않는 병렬형태를 말한다.

5. 역송병렬

분산형전원을 한전계통에 연계하여 운전하되 생산한 전력의 전부 또는 일부가 한전계통으로 송전되는 병렬형태를 말한다.

6. 단독운전(Islanding)

한전계통의 일부가 한전계통의 전원과 전기적으로 분리된 상태에서 분산형전원에 의해서만 가압되는 상태를 말한다.

7. 전압요동(電壓搖動, voltage fluctuation)

연속적이거나 주기적인 전압변동(voltage change, 어느 일정한 지속시간(duration) 동안 유지되는 연속적인 두 레벨 사이의 전압 실효값 또는 최대값의 변화를 말한다. 이하 같다)을 말한다.

8. 플리커 (flicker)

입력전압의 요동(fluctuation)에 기인한 전등 조명 강도의 인지 가능한 변화를 말한다.

9. 상시 전압변동률

분산형전원 연계 전 계통의 안정상태 전압실효값과 연계 후 분산형전원 정격출력을 기준으로 한 계통의 안정상태 전압실효값 간의 차이(steady-state voltage change)를 계통의 공칭전압에 대한 백분율로 나타낸 것을 말한다.

10. 순시 전압변동률

분산형전원의 기동, 탈락 혹은 빈번한 출력변동 등으로 인해 과도상태가 지속되는 동안 발생하는 기본파 계통전압 실효값의 급격한 변동(rapid voltage change, 예를 들어 실효값의 최대값과 최소값의 차이 등을 말한다)을 계통의 공칭전압에 대한 백분율로 나타낸 것을 말한다.

11. 전압 상한여유도

배전선로의 최소부하 조건에서 산정한 특고압 계통의 임의의 지점의 전압과 전기사업법 제18조 및 동법 시행규칙 제18조에서 정한 표준전압 및 허용오차의 상한치(220V+13V)를 특고압으로 환산한 전압의 차이를 공칭전압에 대한 백분율로 표시한 값을 말한다. 즉, 특고압 계통의 임의의 지점에서 산출한 전압 상한여유도는 해당 배전선로에서 분산형전원에 의한 전압변동(전압상승)을 허용할 수 있는 여유를 의미한다.

12. 전압 하한여유도

배전선로의 최대부하 조건에서 산정한 특고압 계통의 임의의 지점의 전압과 전기사업법 제18조 및 동법 시행규칙 제18조에서 정한 표준전압 및 허용오차의 하한치(220V-13V)를 특고압으로 환산한 전압의 차이를 공칭전압에 대한 백분율로 표시한 값을 말한다. 즉, 특고압 계통의 임의의 지점에서 산출한 전압 하한여유도는 해당 배전선로에서 분산형전원에 의한 전압변동(전압강하)을 허용할 수 있는 여유를 의미한다.

(3) 연계 기술기준

1) 전기방식

① 분산형전원의 전기방식은 연계하고자 하는 계통의 전기방식과 동일하게 함을 원칙으로 한다.

② 분산형전원의 연계구분에 따른 연계계통의 전기방식은 다음 〈표 1-2〉에 의한다.

표 1-1 연계구분에 따른 계통의 전기방식

구 분	연계계통의 전기방식
저압 한전계통 연계	교류 단상 220V 또는 교류 삼상 380V 중 기술적으로 타당하다고 한전이 정한 한가지 전기방식
특고압 한전계통 연계	교류 삼상 22,900V

2) 동기화

분산형전원의 계통연계 또는 가압된 구내계통의 가압된 한전계통에 대한 연계에 대하여 병렬연계 장치의 투입 순간에 〈표 1-3〉의 모든 동기화 변수들이 제시된 제한범위 이내에 있어야 하며, 만일 어느 하나의 변수라도 제시된 범위를 벗어날 경우에는 병렬연계 장치가 투입되지 않아야 한다.

표 1-2 계통연계를 위한 동기화 변수 제한범위

분산형전원 정격용량 합계(kW)	주파수 차 ($\triangle f$, Hz)	전압 차 ($\triangle V$, %)	위상각 차 ($\triangle \Phi$, °)
0 ~ 500	0.3	10	20
500 초과 ~ 1,500	0.2	5	15
1,500 초과 ~ 20,000 미만	01	3	10

3) 비의도적인 한전계통 가압

분산형전원은 한전계통이 가압되어 있지 않을 때 한전계통을 가압해서는 안 된다.

4) 감시설비

① 하나의 공통연결점에서 단위 분산형전원의 용량 또는 분산형전원 용량의 총합이 250kW 이상일 경우 분산형전원 설치자는 분산형전원 연결점에 연계상태, 유·무효전력 출력, 운전 역률 및 전압 등의 전력품질을 감시하기 위한 설비를 갖추어야 한다.

② 한전계통 운영상 필요할 경우 한전은 분산형전원 설치자에게 제1항에 의한 감시설비와 한전계통 운영시스템의 실시간 연계를 요구하거나 실시간 연계가 기술적으로 불가할 경우 감시기록 제출을 요구할 수 있으며, 분산형전원 설치자는 이에 응하여야 한다.

5) 분리장치

① 접속점에는 접근이 용이하고 잠금이 가능하며 개방상태를 육안으로 확인할 수 있는 분리장치를 설치하여야 한다.

② 분산형전원이 특고압 한전계통에 연계되는 경우 제1항에 의한 분리장치는 연계용량에 관계없이 전압·전류 감시 기능, 고장표시(FI, Fault Indication) 기능 등을 구비한 자동개폐기를 설치하여야 한다.

6) 연계시스템의 건전성

① 전자기 장해로부터의 보호 : 연계시스템은 전자기 장해 환경에 견딜 수 있어야 하며, 전자기 장해의 영향으로 인하여 연계시스템이 오동작하거나 그 상태가 변화되어서는 안 된다.

② 내서지 성능 : 연계시스템은 서지를 견딜 수 있는 능력을 갖추어야 한다.

7) 한전계통 이상 시 분산형전원 분리 및 재병입

① 한전계통의 고장 : 분산형전원은 연계된 한전계통 선로의 고장 시 해당 한전계통에 대한 가압을 즉시 중지하여야 한다.

② 한전계통 재폐로와의 협조 : 제1항에 의한 분산형전원 분리시점은 해당 한전계통의 재폐로 시점 이전이어야 한다.

③ 전압

㉠ 연계시스템의 보호장치는 각 선간전압의 실효값 또는 기본파 값을 감지해야 한다. 단, 구내계통을 한전계통에 연결하는 변압기가 Y-Y 결선 접지방식의 것 또는 단상 변압기일 경우에는 각 상전압을 감지해야 한다.

㉡ 제1호의 전압 중 어느 값이나 〈표 1-4〉와 같은 비정상 범위 내에 있을 경우 분산형전원은 해당 분리시간(clearing time) 내에 한전계통에 대한 가압을 중지하여야 한다.

㉢ 다음 각 목의 하나에 해당하는 경우에는 분산형전원 연결점에서 제1호에 의한 전압을 검출할 수 있다.

• 하나의 구내계통에서 분산형전원 용량의 총합이 30kW 이하인 경우

• 연계시스템 설비가 단독운전 방지시험을 통과한 것으로 확인될 경우

- 분산형전원 용량의 총합이 구내계통의 15분간 최대수요전력 연간 최소값의
50% 미만이고, 한전계통으로의 유·무효전력 역송이 허용되지 않는 경우

표 1-3 비정상 전압에 대한 분산형전원 분리시간

전압 범위 [주2] (기준전압[주1]에 대한 백분율[%])	분리시간 [주2] [초]
V 〈 50	0.16
50 ≦ V 〈 88	2.00
110 〈 V 〈 120	1.00
V ≧ 120	0.16

주 1) 기준전압은 계통의 공칭전압을 말한다.
  2) 분리시간이란 비정상 상태의 시작부터 분산형전원의 계통가압 중지까지의 시간을 말한다. 최대용량 30kW 이하의 분산형전원에 대해서는 전압 범위 및 분리시간 정정치가 고정되어 있어도 무방하나, 30kW를 초과하는 분산형전원에 대해서는 전압 범위 정정치를 현장에서 조정할 수 있어야 한다. 상기 표의 분리시간은 분산형전원 용량이 30kW 이하일 경우에는 분리시간 정정치의 최대값, 30kW를 초과할 경우에는 분리시간 정정치의 초기값(default)을 나타낸다.

④ 주파수

계통 주파수가 〈표 1-5〉와 같은 비정상 범위 내에 있을 경우 분산형전원은 해당 분리시간 내에 한전계통에 대한 가압을 중지하여야 한다.

표 1-4 비정상 주파수에 대한 분산형전원 분리시간

분산형전원 용량	주파수 범위 [주][Hz]	분리시간 [주][초]
30kW 이하	〉 60.5	0.16
	〈 59.3	0.16
30kW 초과	〉 60.5	0.16
	〈 {57.0 ~ 59.8} (조정 가능)	{0.16 ~ 300} (조정 가능)
	〈 57.0	0.16

주) 분리시간이란 비정상 상태의 시작부터 분산형전원의 계통가압 중지까지의 시간을 말한다. 최대용량 30kW 이하의 분산형전원에 대해서는 주파수 범위 및 분리시간 정정치가 고정되어 있어도 무방하나, 30kW를 초과하는 분산형전원에 대해서는 주파수 범위 정정치를 현장에서 조정할 수 있어야 한다. 상기 표의 분리시간은 분산형전원 용량이 30kW 이하일 경우에는 분리시간 정정치의 최대값, 30kW를 초과할 경우에는 분리시간 정정치의 초기값(default)을 나타낸다. 저주파수 계전기 정정치 조정시에는 한전계통 운영과의 협조를 고려하여야 한다.

⑤ 한전계통에의 재병입(再竝入, reconnection)

㉠ 한전계통에서 이상 발생 후 해당 한전계통의 전압 및 주파수가 정상 범위 내에 들어올 때까지 분산형전원의 재병입이 발생해서는 안 된다.

ⓛ 분산형전원 연계시스템은 안정상태의 한전계통 전압 및 주파수가 정상범위
   로 복원된 후 그 범위 내에서 5분간 유지되지 않는 한 분산형전원의 재병입
   이 발생하지 않도록 하는 지연기능을 갖추어야 한다.

8) 분산형전원 이상 시 보호협조

① 분산형전원의 이상 또는 고장 시 이로 인한 영향이 연계된 한전계통으로 파급
   되지 않도록 분산형전원을 해당계통과 신속히 분리하기 위한 보호협조를 실시
   하여야 한다.

② 분산형전원 연계시스템의 보호도면과 제어도면은 사전에 반드시 한전과 협의
   하여야 한다.

9) 전기품질

① 직류유입 제한
   분산형전원 및 그 연계시스템은 분산형전원 연결점에서 최대정격출력전류의
   0.5%를 초과하는 직류전류를 계통으로 유입시켜서는 안 된다.

② 역률
   ㉠ 분산형전원의 역률은 90% 이상으로 유지함을 원칙으로 한다. 다만, 역송병
      렬로 연계하는 경우로서 연계계통의 전압상승 및 강하를 방지하기 위하여
      기술적으로 필요하다고 평가되는 경우에는 연계계통의 전압을 적절하게 유
      지할 수 있도록 분산형전원 역률의 하한값과 상한값을 고객과 한전이 협의
      하여야 정할 수 있다.
   ㉡ 분산형전원의 역률은 계통 측에서 볼 때 진상역률(분산형전원 측에서 볼 때 지상
      역률)이 되지 않도록 함을 원칙으로 한다.

③ 플리커(flicker)
   분산형전원은 빈번한 기동·탈락 또는 출력변동 등에 의하여 한전계통에 연결
   된 다른 전기사용자에게 시각적인 자극을 줄만한 플리커나 설비의 오동작을 초
   래하는 전압요동을 발생시켜서는 안 된다.

④ 고조파
   특고압 한전계통에 연계되는 분산형전원은 연계용량에 관계없이 한전이 계통
   에 적용하고 있는 「배전계통 고조파 관리기준」에 준하는 허용기준을 초과하는
   고조파 전류를 발생시켜서는 안 된다.

10) 순시전압변동

① 특고압 계통의 경우, 분산형전원의 연계로 인한 순시전압변동률은 발전원의

계통 투입·탈락 및 출력변동빈도에 따라 다음 〈표1-6〉에서 정하는 허용기준을 초과하지 않아야 한다. 단, 해당 분산형전원의 변동빈도를 정의하기 어렵다고 판단되는 경우에는 순시전압변동률 3%를 적용한다. 또한 해당 분산형전원에 대한 변동빈도 적용에 대해 설치자의 이의가 제기되는 경우, 설치자가 이에 대한 논리적 근거 및 실험적 근거를 제시하여야 하고 이를 근거로 변동 빈도를 정할 수 있으며 감시설비를 설치하고 이를 확인하여야 한다.

표 1-5 순시전압변동률 허용기준	
변동빈도	순시전압변동률
1시간에 2회 초과 10회 이하	3%
1일 4회 초과 1시간에 2회 이하	4%
1일에 4회 이하	5%

② 저압계통의 경우, 계통병입 시 돌입전류를 필요로 하는 발전원에 대해서 계통병입에 의한 순시전압변동률이 6%를 초과하지 않아야 한다.

③ 분산형전원의 연계로 인한 계통의 순시전압변동이 제1항 및 제2항에서 정한 범위를 벗어날 경우에는 해당 분산형전원 설치자가 출력변동 억제, 기동·탈락 빈도 저감, 돌입전류 억제 등 순시전압변동을 저감하기 위한 대책을 실시한다.

④ 제3항에 의한 대책으로도 제1항 및 제2항의 순시전압변동 범위 유지가 불가할 경우에는 다음 각 호의 하나에 따른다.
  ㉠ 계통용량 증설 또는 전용선로로 연계
  ㉡ 상위전압의 계통에 연계

11) 단독운전

연계된 계통의 고장이나 작업 등으로 인해 분산형전원이 공통연결점을 통해 한전계통의 일부를 가압하는 단독운전 상태가 발생할 경우 해당 분산형전원 연계시스템은 이를 감지하여 단독운전 발생 후 최대 0.5초 이내에 한전계통에 대한 가압을 중지해야 한다.

12) 보호장치 설치

① 분산형전원 설치자는 고장발생 시 자동적으로 계통과의 연계를 분리할 수 있도록 다음의 보호계전기 또는 동등 이상의 기능 및 성능을 가진 보호장치를 설치하여야 한다.

ㄱ 계통 또는 분산형전원 측의 단락·지락고장 시 보호를 위한 보호장치를 설치한다.

ㄴ 적정한 전압과 주파수를 벗어난 운전을 방지하기 위하여 과·저전압 계전기, 과·저주파수 계전기를 설치한다.

ㄷ 단순병렬 분산형전원의 경우에는 역전력 계전기를 설치한다. 단, 신에너지 및 재생에너지 개발·이용·보급 촉진법 제2조 제1호의 규정에 의한 신·재생에너지를 이용하여 전기를 생산하는 용량 50kW 이하의 소규모 분산형전원(단, 해당 구내계통 내의 전기사용 부하의 수전 계약전력이 분산형전원 용량을 초과하는 경우에 한한다)으로서 제17조에 의한 단독운전 방지기능을 가진 것을 단순병렬로 연계하는 경우에는 역전력계전기 설치를 생략할 수 있다.

② 역송병렬 분산형전원의 경우에는 제17조에 따른 단독운전 방지기능에 의해 자동적으로 연계를 차단하는 장치를 설치하여야 한다.

③ 인버터를 사용하는 분산형전원의 경우 그 인버터를 포함한 연계시스템에 제1항 내지 제2항에 준하는 보호기능이 내장되어 있을 때에는 별도의 보호장치 설치를 생략할 수 있다. 다만, 개별 인버터의 용량과 총 연계용량이 상이하여 단위 분산형전원에 2대 이상의 인버터를 사용하는 경우에는 각각의 연계시스템에 보호기능이 내장되어 있는 경우라 하더라도 해당 분산형전원의 연계시스템 전체에 대한 보호기능을 수행할 수 있는 별도의 보호장치를 설치하여야 한다.

④ 분산형전원의 특고압 연계의 경우, 보호장치 설치에 관한 세부사항은 한전이 계통에 적용하고 있는 "계통보호업무처리지침" 또는 "계통보호업무편람"의 발전기 병렬운전 연계선로 보호업무 기준 등에 따른다.

⑤ 제1항 내지 제4항에 의한 보호장치는 접속점에서 전기적으로 가장 가까운 구내계통 내의 차단장치 설치점(보호배전반)에 설치함을 원칙으로 하되, 해당 지점에서 고장검출이 기술적으로 불가한 경우에 한하여 고장검출이 가능한 다른 지점에 설치할 수 있다.

13) 변압기

직류발전원을 이용한 분산형전원 설치자는 인버터로부터 직류가 계통으로 유입되는 것을 방지하기 위하여 연계시스템에 상용주파 변압기를 설치하여야 한다.

단, 다음 조건을 모두 만족시키는 경우에는 상용주파 변압기의 설치를 생략할 수 있다.

① 직류회로가 비접지인 경우 또는 고주파 변압기를 사용하는 경우

② 교류출력 측에 직류 검출기를 구비하고 직류검출 시에 교류출력을 정지하는 기능을 갖춘 경우

14) 한전계통 전압의 조정

① 분산형전원이 계통에 영향을 미쳐 다른 구내계통에 대한 한전계통의 공급전압이 전기사업법 제18조 및 동법 시행규칙 제18조에서 정한 표준전압 및 허용오차의 범위를 벗어나게 하여서는 안 된다.

② 분산형전원으로 인하여 제1항의 기술요건을 만족하지 못하는 경우 연계용량이 제한될 수 있다.

③ 한전은 제1항의 기술요건을 만족시키기 위해 분산형전원 사업자와의 협의를 통해 분산형전원의 운전역률 혹은 유효전력, 무효전력 등을 제어할 수 있고, 적정전압 유지범위를 이탈할 경우 분산형전원을 계통에서 분리시킬 수 있다.

④ 원칙적으로 분산형전원은 계통의 전압을 능동적으로 조정하여서는 안 된다. 단, 분산형전원의 연계로 인하여 적정전압 유지범위를 이탈할 우려가 있거나 한전이 필요하다고 인정하는 경우 계통의 전압을 적정전압 유지범위 이내로 조정하기 위한 분산형전원의 능동적 전압조정은 제한된 범위내에서 허용할 수 있다.

15) 저압계통 상시전압변동

① 저압 일반선로에서 분산형전원의 상시전압변동률은 3%를 초과하지 않아야 한다.

② 분산형전원의 연계로 인한 계통의 전압변동이 제1항에서 정한 범위를 벗어날 우려가 있는 경우에는 해당 분산형전원 설치자가 한전과 협의하여 다음 각 호에 따라 전압변동을 저감하기 위한 대책을 실시한다.

    ㉠ 분산형전원의 출력 및 역률 조정

    ㉡ 상시전압변동 억제설비 설치

    ㉢ 기타 상시전압변동 억제 대책

③ 제2항에 의한 대책으로도 제1항의 전압변동 범위 유지가 불가할 경우에는 다음 각 호의 하나에 따른다.

    ㉠ 계통용량 증설 또는 전용선로로 연계

    ㉡ 상위전압의 계통에 연계

④ 역송병렬 분산형전원 연계시 저압계통의 상시전압이 전기사업법 제18조 및 동법 시행규칙 제18조에서 정한 허용범위를 벗어날 우려가 있을 경우에는 전용

변압기를 통하여 계통에 연계하며, 이 때 역송전력을 발생시키는 분산형전원
의 최대용량은 변압기 용량을 초과하지 않도록 한다.

16) 특고압계통 상시전압변동

① 특고압 일반선로에서 분산형전원의 연계로 인한 상시전압변동률은 각 분산형
전원 연계점에서의 전압 상한여유도 및 하한 여유도를 각각 초과하지 않아야
한다.

② 분산형전원의 연계로 인한 계통의 전압변동이 제1항에서 정한 범위를 벗어날
우려가 있는 경우에는 해당 분산형전원 설치자가 한전과 협의하여 다음 각 호
에 따라 전압변동을 저감하기 위한 대책을 실시한다.

　㉠ 분산형전원의 출력 및 역률 조정

　㉡ 상시전압변동 억제설비 설치

　㉢ 기타 상시전압변동 억제 대책

③ 제2항에 의한 대책으로도 제1항의 전압변동 범위 유지가 불가할 경우에는 다
음 각 호의 하나에 따른다.

　㉠ 계통용량 증설 또는 전용선로로 연계

　㉡ 상위전압의 계통에 연계

④ 특고압 계통에 연계된 분산형전원의 출력변동으로 인하여 주변압기 송출전압
을 조정하는 자동전압조정장치의 운전을 방해하여 주변압기 OLTC의 불필요
한 동작 및 빈번한 동작을 야기해서는 안된다.

17) 단락용량

① 분산형전원 연계에 의해 계통의 단락용량이 다른 분산형전원 설치자 또는 전
기사용자의 차단기 차단용량 등을 상회할 우려가 있을 때에는 해당 분산형전
원 설치자가 한류리액터 등 단락전류를 제한하는 설비를 설치한다.

② 제1항에 의한 대책으로도 대응할 수 없는 경우에는 다음 각 호의 하나에 따
른다.

　㉠ 특고압 연계의 경우, 다른 배전용 변전소 뱅크의 계통에 연계

　㉡ 저압 연계의 경우, 전용변압기를 통하여 연계

　㉢ 상위전압의 계통에 연계

　㉣ 기타 단락용량 대책 강구

6. 연간 발전량 산출 및 발전전력 판매액 산출

(1) 연간 발전량 산출

1) 독립형 태양광발전시스템

사용전력량 산정 → 설치장소 일사량 기준 설치면적 → 발전량 산출

2) 계통연계형

부지면적 결정 → 모듈 선정 → 인버터 선정 → 모듈 직렬수 선정 →

모듈개방전압 × 직렬수(인버터 동작전압 범위 안에 있어야 한다) → 병렬수 선정 → 발전량 산출

(2) 발전전력 판매액 산출

1) 전력판매 수익률

수　익 = (발전량 × REC 가격 × 가중치) + (발전량 × SMP 단가)

발전량 = 설비용량(kW) × 일평균 발전시간 × 연일수(365일)

① REC(1REC = 1MW)
  - 에너지가 거래되는 계약시장, 현물시장에서의 거래단위
  - 공급인증서 가격
② SMP

계통한계 가격(한전이 민간발전사업자에게 전력을 구매하는 단가)

예제 1 다음의 조건으로 건물 옥상에 태양광발전시스템을 설치 시 REC, SMP, 수익률을 구하시오.

- 2013년 REC : 136원
- SMP 단가 : 160원
- P : 100 kW
- 일조량 : 3.8시간

풀이
① REC : 발전량 × REC 단가 × 가중치
  = (100 kW × 3.8h × 365일) × 136 × 1.5(가중치)
  = 28,294,800원
② SMP : 발전량 × SMP 단가
  = (100 kW × 3.8h × 365일) × 160원
  = 22,192,000원
③ 수익률 : REC + SMP
  = 28,294,800원 + 22,192,000원
  = 50,486,800원

2) 태양광 건립비용 및 수익분석 (2)

표 1-6 **분석조건**

구 분	건물(고정식)	비 고
설치용량	100	모듈과 인버터 조합별 용량 차이
공사비 단가(kW)	2,100,000	모듈 및 현장별 차이(VAT 별도)
공사외 비용	5%	현장별 차이
대출조건	이자율 6.6%	1년 거치 11년 균등분할상환
일평균 발전시간	3.3	건물방향 : 정남향, 모듈각도 13도 기준으로 여건에 따라 차이
입찰가(원/kW)	130	허가 시 예상 기준가
입찰가(원/kW)	180	완공 시 예상 기준가
SMP(kW)	142	연간 5% 인상 적용
연간관리비	1,811,000	물가인상 연 3% 인상 적용
연간발전저하율	0.70%	모듈 25년 80% 보증
가중치	1.5	건물 상부 설치 시

참고사항

1) 연평균 수익률은 12년을 기준으로 분석하였고, 13년 이후 수익은 SMP 판매를 통하여 지속적으로 발생
2) 연평균 수익률 = (12년간 총수익금/12년)/자기자본,
   투자순수익률 = {(12년간 총수익금 – 자기자본)12년}/자기자본
   자기자본 = 총공사비–대출, 자기자본 회수기간 = 대출을 제외한 자기자본의 회수기간
3) 총공사비 = 공사비+공사외 비용

4) 공사비 = 시공사 추정 계약금액으로 주자재비, 인허가비, 전기, 구조공사를 포함

5) 공사외 비용 = 계통연계비, 공사감리비 등

　공사비 및 공사외 비용은 현장별 여건과 모듈 수급시기(환율)에 따라 변동

6) 연간관리비는 인터넷, 재산종합보험, 전기안전관리비 적용

7) 2012년 10월 입찰상한가는 184원/kW 이하임.

　발전사업허가로 입찰참여 시 기준가를 130원/kW, 공사완료 후 입찰참여 시 180원/kW으로 예상 분석함.

예제 1 태양광발전 판매 수익원 = 공급인증서 판매 + SMP 판매

발전량(100kW)

= 100kW × {입찰가(180원) × 가중치(1.5) + SMP(142원)}

= 100kW × (270+142원)}

= 100kW × 412원

= 41,200원

변동가격 180원 × 1.5 + 150 = 420원

■ 12년간 총수익금은 총발전금액에서 이자, 원금상환, 연간관리비를 차감한 수익금의 합계를 말한다.
■ 13년차부터는 SMP 판매로 수익 약 255원/kW 발생한다.

용량 (kW)	입찰가 (원/kW)	총공사비 (A=B+C)	공사비 (B)	공사외 비용 (C)	연간발전량 (kW)	대출비용 (D)	대출 (E=B+D)
100	130	220,500	210,00	10,500	120,450	0%	-
						70%	147,000
	180	220,500	210,00	10,500	120,450	0%	-
						50%	105,000
		B+C	단가×용량	공사비×5%	용량×3.3×365		B+D

건물(고정식)

자기자본 (F=A-E)	총수익금 (G)	월평균 수익금	연평균 수익률	투자순 수익률(J)	자기자본 회수기간	비고
220,500	506,490	3,517	19.14%	10.81%	6.17년	발전사업허가권 입찰 시 예상기준가
73,500	301,278	2,092	34.16%	25.83%	4.25년	
220,500	610,818	4,242	23.08%	14.75%	5.08년	공사완료 후 입찰시 예상기준가
115,500	464,238	3,224	33.49%	25.16%	3.75년	
A-E		G/12/12	(G/12)/F	(G-F)/12/F		

12년간(입찰선정 시 계약기간)

• 1kW : 412원 × 100 kWh × 3.3h
• 최소 보통 3.8h × 365일 = 49,625,400원

(3) 경제성 검토기법

순현재가치법(NPV)가 0보다 크고, 편익비용-비율법(B/C R)가 1보다 크며, 내부수익률법 (IRR)이 할인율보다 큰 경우일 때 사업의 경제성이 존재한다.

1) 순현재가치법(NPV : Net Present Value)

순현재가치는 연도별 순편익의 흐름을 합산하여 현재의 화폐가치로 하나의 숫자로 나타낸 것이다. NPV가 0보다 크면 투자가치가 있는 것으로, 0보다 작으면 투자가 치가 없는 것으로 평가한다.

$$NPV = \Sigma \frac{B}{(1+r)^i} = \Sigma \frac{C}{(1+r)^i}$$

r : 할인율(미래가치에 대한 현재 가치의 교환비율)　　B : 연차별 총편익　　C : 연차별 총비용　　i : 기간

2) 내부수익률법(IRR, Internal Rate of Return method)

내부수익률이란 어떤 사업에 대해 사업기간 동안의 현금수익 흐름을 현재가치로 환산하여 합한 값이 투자지출과 같아지도록 할인하는 이자율을 말한다. 즉 순현재 가치가 0이 되도록 하는 할인율을 말한다.

$$IRR = \Sigma \frac{B}{(1+r)^i} = \Sigma \frac{C}{(1+r)^i}$$

r : 할인율(미래가치에 대한 현재 가치의 교환비율)　　B : 연차별 총편익　　C : 연차별 총비용　　i : 기간

3) 편익비용비율법(B/C Ratio, Benefit-Cost Ratio method)

편익-비용비율은 투자사업으로부터 발생하는 편익흐름의 현재가치를 비용흐름의 현재가치로 나눈 비율을 말한다. 내부수익률(Internal Rate of Return : IRR)

$$BCR = \frac{\Sigma \dfrac{B}{(1+r)^i}}{\Sigma \dfrac{C}{(1+r)^i}}$$

r : 할인율(미래가치에 대한 현재 가치의 교환비율)　　B : 연차별 총편익　　C : 연차별 총비용　　i : 기간

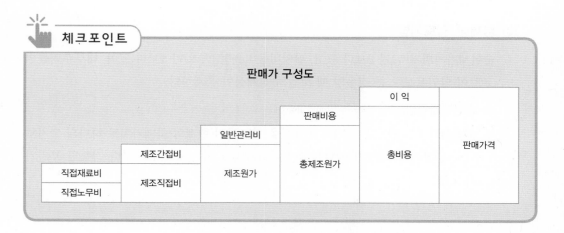

체크포인트

판매가 구성도

7. 총공사비 산정

(1) 공사비 구성도

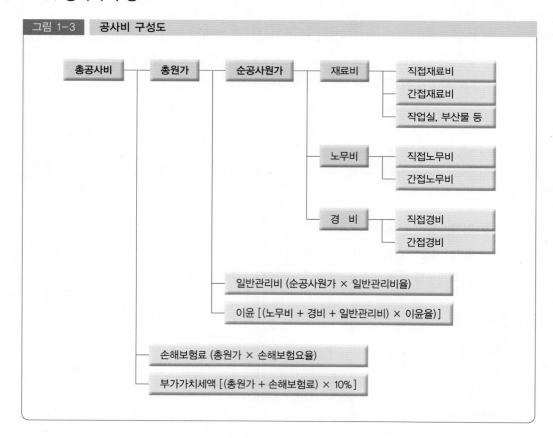

그림 1-3   공사비 구성도

8. 연간 수익성 산정

(1) 총투자비 기준 발전전력 판매 시 경제적 이윤

판매단가 = SMP + (REC ×가중치)

SMP : 계통 한계 가격   REC : 공급인증서 가격

표 1-7 **신·재생에너지별 공급인증서 가중치(2014. 개정)**

구 분	공급인증서 가중치	대상에너지 및 기준		
		설치유형	지목유형	용량기준
태양광 에너지	0.7	건축물 등 기존시설물을 이용하지 않은 경우	5개 지목 (전, 답, 과수원, 목장용지, 임야)	
	1.0		기타	100kW 이상
	1.2		23개 지목	100kW 미만
	1.5	건축물 등 기존 시설물을 이용하는 경우 유지의 수면에 부유하여 설치하는 경우		
기타 신재생 에너지	0.25	IGCC, 부생가스		
	0.5	폐기물, 매립지가스		
	1.0	수력, 육상풍력, 바이오에너지, RDF 전소발전 폐기물 가스화 발전, 조력(방조제 有)		
	1.5	목질계 바이오매스 전소발전, 해상풍력(연계거리 5km 이하)		
	2.0	해상풍력(연계거리 5km 초과), 조력(방조제 無), 연료전지		

주1) 가중치는 발전원가, 온실가스 감축효과, 산업육성효과, 환경훼손 최소화, 해당 신·재생에너지의 부존잠재량 등을 고려하여 산업통상자원부 고시로 규정
주2) 신·재생에너지 공급인증서 가중치는 3년마다 재검토

(2) 전, 답, 임야, 목장, 과수원 부지에 태양광발전시스템 설치 시(가중치 0.7)

예제 1 전, 답, 임야, 목장, 과수원 부지에 태양광발전시스템 설치 시(가중치 0.7) 받는 총금액을 구하시오.

풀이

SMP 가격 산출법
① SMP 2013년 평균가격 : 160.67원
② 1년 전기생산량 : 20,000 kWh

③ 20,000 kWh × 160.67원 = 3,210,400원을 한전에서 받는다.
④ 월로 계산하면 3,210,400원 ÷ 12개월 = 267,783원을 매월 통장으로 받는다.

예제 2 부지에 설치 후 0.7 가중치를 받고 1 kWh당 250원을 받고 싶을 때 REC 입찰 시 입찰가격을 구하시오.

풀이

■ REC 가격 산출법
① REC 입찰 시 입찰가격
  250원 ÷ 0.7가중치 = a ÷ 1,000 으로 계산하고
  (a는 REC입찰 시 입력하게 될 입력가격)
  0.7a = 250 × 1,000
  a = 357,142원
② 입찰 상한가가 270,000원 이므로
  REC당 270,000원으로 입찰을 보면 1kW당 189원을 받을 수 있다.
  (부지에 설치 시 1 kW당 189원 이상은 받을 수 없음)
③ 그러나 이 금액으로 입찰을 볼 때, 낙찰이 될 가능성은 많지 않다.

예제 3 가중치 1.5를 받을 때와의 비교를 위해 기준을 REC당 167,000원으로 계산한다면 얼마나 받을 수 있는가?

풀이

① b ÷ 0.7 = 167,000 ÷ 1000
  1000b = 116,900원
  b = 119.9원
  REC 1 kWh당 119.9원
② 1년에 20,000 kWh의 전기를 생산했다면
  20,000kWh × 119.9원 = 2,398,000원을 받는다.
③ 월로 계산하면 2,398,000원 ÷ 12개월 = 199,833원을 매월 통장으로 받는다.

예제 4 1년에 20,000 kWh의 전기를 생산했을 때에 받는 총금액을 구하시오.

풀이

① 월기준 267,783원(SMP) + 199,833원(REC) = 467,616원
② 연기준 3,210,400원(SMP) + 2,398,000(REC) = 5,608,400원
③ SMP는 한국전력에서 정해진 가격에 사들이기 때문에 바꿀 수 없는 금액임.
④ REC는 입찰가격을 선택에서 올릴 수 있기 때문에 변동이 가능한 가격임.

(3) 건물에 태양광발전시스템 설치 시(가중치 1.5)

예제 1 건물에 태양광발전시스템 설치 시(가중치 1.5) 받는 총금액을 구하시오.

풀이

■ SMP 가격 산출법
① SMP 2013년 평균가격은 160.67원
② 1년에 20,000 kWh의 전기를 생산했다면 20,000 kWh × 160.67원 = 3,210,400원을 한전에서 받는다.
③ 월로 계산하면 3,210,400원 ÷ 12개월 = 267,783원을 매월 통장으로 받는다.

예제 2 건물 위 1.5 가중치를 받고 1 kWh당 250원을 받고 싶을 때의 REC 입찰 시 입찰가격을 구하시오.

풀이

■ REC 가격 산출법
① 250원 ÷ 1.5가중치 = a ÷ 1,000으로 계산하고
  (a는 REC 입찰 시 입력하게 될 입찰가격)
  1.5a = 250 × 1,000
  a = 166,666원
② REC당 167,000원으로 입찰을 보면 1 kWh당 250원을 받을 수 있다.
  REC 1 kWh당 250원
③ 1년에 20,000 kWh의 전기를 생산했다면
  20,000kWh × 250원 = 5,000,000원을 받는다.
④ 월로 계산하면
  5,000,000원 ÷ 12개월 = 416,666원을 매월 통장으로 받는다.

예제 3 1년에 20,000kWh의 전기를 생산했을 때에 받을 수 있는 총금액을 구하시오.

풀이

① 월기준 267,783원(SMP) + 416,666원(REC) = 684,449원
② 연기준 3,210,400(SMP) + 5,000,000(REC) = 8,210,400원

2 법규검토하기

1. 신에너지 및 재생에너지 개발·이용·보급 촉진법

신에너지 및 재생에너지 개발, 이용, 보급 촉진법 일부개정법률

1) 국가REC 거래기준과 거래방법의 명확화가 요구되고
2) 실효성이 낮은 신,재생에너지 설미 전문기업 제도와 신,재생에너지 건축물 인증제도는 폐지하며
3) 다른 인증제도와 중복되는 신,재생에너지 설비인증제도는 [산업표준화법]에 따른 산업표준(KS)인증으로 통합, 운영하여 신,재생에너지와 관련한 규제를 완화하고자 한다.

신에너지 및 재생에너지 개발·이용·보급촉진법 시행규칙 일부개정규칙

1. 개정이유
   해수가 가진 열에너지를 활용하여 농가의 난방열원 등으로 재활용하는 에너지 순환형 모델 보급활성화를 위해 수열에너지 설비를 신재생에너지설비로 지정
2. 주요내용
   가. 신재생에너지 설비에 수열에너지 설비 추가 (제2조제11호 신설)

(1) 목적

신에너지 및 재생에너지 개발·이용·보급 촉진법은 신에너지 및 재생에너지의 기술 개발 및 이용·보급 촉진과 신에너지 및 재생에너지 산업의 활성화를 통하여 에너지원을 다양화하고, 에너지의 안정적인 공급, 에너지 구조의 환경친화적 전환 및 온실가스 배출의 감소를 추진함으로써 환경의 보전, 국가경제의 건전하고 지속적인 발전 및 국민복지의 증진에 이바지함을 목적으로 한다.

(2) 용어의 정의

1) "신에너지 및 재생에너지"(신·재생에너지)

기존의 화석연료를 변환시켜 이용하거나 햇빛·물·지열(地熱)·강수(降水)·생물 유기체 등을 포함하는 재생 가능한 에너지를 변환시켜 이용하는 에너지로서 다음의 어느 하나에 해당하는 것을 말한다.

가. 태양에너지

나. 생물자원을 변환시켜 이용하는 바이오에너지로서 대통령령으로 정하는 기준 및 범위에 해당하는 에너지

다. 풍력

라. 수력

마. 연료전지

바. 석탄을 액화·가스화한 에너지 및 중질잔사유(重質殘渣油)를 가스화한 에너지로서 대통령령으로 정하는 기준 및 범위에 해당하는 에너지

사. 해양에너지

아. 대통령령으로 정하는 기준 및 범위에 해당하는 폐기물에너지

자. 지열에너지

차. 수소에너지

카. 그 밖에 석유·석탄·원자력 또는 천연가스가 아닌 에너지로서 대통령령으로 정하는 에너지

2) "신·재생에너지 설비"

신·재생에너지를 생산하거나 이용하는 설비로서 산업통상자원부령으로 정하는 것을 말한다.

3) "신·재생에너지 발전"

신·재생에너지를 이용하여 전기를 생산하는 것을 말한다.

4) "신·재생에너지 발전사업자"

「전기사업법」제2조제4호에 따른 발전사업자 또는 같은 조 제19호에 따른 자가용 전기설비를 설치한 자로서 신·재생에너지 발전을 하는 사업자를 말한다.

5) 신에너지

① 연료전지 : 수소와 산소의 전기화학 반응을 통하여 전기 또는 열을 생산하는 설비

② 수소에너지 : 물이나 그 밖에 연료를 변환시켜 수소를 생산하거나 이용하는 설비

③ 석탄을 액화 가스화한 에너지, 중질잔사유를 가스화한 에너지 설비 : 석탄 및 중질잔사유의 저급연료를 액화 또는 가스화시켜 전기 또는 열을 생산하는 설비

6) 재생에너지

① 태양열 : 태양의 열에너지를 변환시켜, 전기를 생산하거나 에너지원으로 이용하는 설비

② 태양광 : 태양의 빛에너지를 변환시켜, 전기를 생산하거나 채광에 이용하는 설비

③ 풍력 설비 : 바람의 에너지를 변환시켜, 전기를 생산하는 설비

④ 지열에너지 : 물 지하수 지하의 열 등의 온도차를 변환시켜, 에너지를 생산하는 설비

⑤ 수력 설비 : 물의 유동에너지를 변환시켜, 전기를 생산하는 설비

⑥ 해양에너지 설비 : 해양의 조수, 파도, 해류, 온도차 등을 변환시켜, 전기 또는 열을 생산하는 설비

⑦ 바이오에너지 설비 : 바이오에너지를 변환시켜 전기를 생산하는 설비

⑧ 폐기물에너지 설비 : 폐기물을 변환시켜 연료 및 에너지를 생산하는 설비

(3) 시책과 장려

① 정부는 신ㆍ재생에너지의 기술개발 및 이용ㆍ보급의 촉진에 관한 시책을 마련하여야 한다.

② 정부는 지방자치단체, 「공공기관의 운영에 관한 법률」 제4조에 따른 공공기관, 기업체 등의 자발적인 신ㆍ재생에너지 기술개발 및 이용ㆍ보급을 장려하고 보호ㆍ육성하여야 한다.

(4) 기본계획의 수립

① 산업통상자원부장관은 관계 중앙행정기관의 장과 협의를 한 후 신ㆍ재생에너지 정책심의회의 심의를 거쳐 신ㆍ재생에너지의 기술개발 및 이용ㆍ보급을 촉진하기 위한 기본계획을 수립하여야 한다.

② 기본계획의 계획기간은 10년 이상으로 하여야 한다.

기본계획에 포함되는 사항

1. 기본계획의 목표 및 기간
2. 신ㆍ재생에너지원별 기술개발 및 이용ㆍ보급의 목표
3. 총전력생산량 중 신ㆍ재생에너지 발전량이 차지하는 비율의 목표
4. 온실가스의 배출 감소 목표
5. 기본계획의 추진방법
6. 신ㆍ재생에너지 기술수준의 평가와 보급전망 및 기대효과
7. 신ㆍ재생에너지 기술개발 및 이용ㆍ보급에 관한 지원 방안
8. 신ㆍ재생에너지 분야 전문인력 양성계획
9. 기본계획의 목표달성을 위하여 산업통상자원부장관이 필요하다고 인정하는 사항

③ 산업통상자원부장관은 신·재생에너지의 기술개발 동향, 에너지 수요·공급 동향의 변화, 그 밖의 사정으로 인하여 수립된 기본계획을 변경할 필요가 있다고 인정하면 관계 중앙행정기관의 장과 협의를 한 후 신·재생에너지정책심의회의 심의를 거쳐 그 기본계획을 변경할 수 있다.

(5) 연차별 실행계획

① 산업통상자원부장관은 기본계획에서 정한 목표를 달성하기 위하여 신·재생에너지의 종류별로 신·재생에너지의 기술개발 및 이용·보급과 신·재생에너지 발전에 의한 전기의 공급에 관한 실행계획을 매년 수립·시행하여야 한다.

② 산업통상자원부장관은 실행계획을 수립·시행하려면 미리 관계 중앙행정기관의 장과 협의하여야 한다.

③ 산업통상자원부장관은 실행계획을 수립하였을 때에는 이를 공고하여야 한다.

예제 1 신에너지 및 재생에너지 개발·이용·보급 촉진법에서 연차별 실행계획 수립에 대하여 설명하시오?

풀이

신·재생에너지 발전에 의한 전기의 공급에 관한 실행계획을 1년마다 수립·시행한다. 신·재생에너지의 기술개발 및 이용·보급을 매년 수립·시행한다.
산업통상자원부장관은 관계 중앙행정기관의 장과 협의하여 수립·시행하여야 한다.
산업통상자원부장관은 실행계획을 수립하였을 때에는 이를 공고하여야 한다.

예제 2 법에 따라 해당하는 자의 장 또는 대표자가 해당하는 건축물을 신축·증축 또는 개축하려는 경우에는 신·재생에너지 설비의 설치계획서를 해당 건축물에 대한 건축허가를 신청하기 전에 누구에게 제출하여야 하는가?

풀이

법에 따라 해당하는 자의 장 또는 대표자가 해당하는 건축물을 신축·증축 또는 개축하려는 경우에는 신·재생에너지 설비의 설치계획서를 해당 건축물에 대한 건축허가를 신청하기 전에 산업통상자원부장관에게 제출하여야한다.

⑹ 신·재생에너지 기술개발 등에 관한 계획의 사전협의

① 국가기관, 지방자치단체, 공공기관등이 신 · 재생에너지 기술개발 및 이용 · 보급에 관한 계획을 수립 · 시행하려면 미리 산업통상자원부장관과 협의하여야 한다.

② 신재생에너지 기술개발 등에 관한 계획(사전협의)의 검토내용 4

㉠ 신재생에너지 기술개발/이용/보급을 촉진하기 위한 기본계획과의 조화성

㉡ 시의성

㉢ 다른 계획과의 중복성

㉣ 공동연구의 가능성

⑺ 신·재생에너지정책심의회

① 신 · 재생에너지의 기술개발 및 이용 · 보급에 관한 중요 사항을 심의하기 위하여 산업통상자원부에 신 · 재생에너지정책심의회를 둔다.

② 심의회는 다음의 사항을 심의한다.

신·재생에너지정책심의회심의사항

1. 기본계획의 수립 및 변경에 관한 사항. 다만, 기본계획의 내용 중 경미한 사항을 변경하는 경우는 제외한다.
2. 신·재생에너지의 기술개발 및 이용·보급에 관한 중요 사항
3. 신·재생에너지 발전에 의하여 공급되는 전기의 기준가격 및 그 변경에 관한 사항
4. 산업통상자원부장관이 필요하다고 인정하는 사항

⑻ 사업비의 조성과 조성된 사업비의 사용

정부는 실행계획을 시행하는 데에 필요한 사업비를 회계연도마다 세출예산에 계상(計上)하여야 한다.산업통상자원부장관은 조성된 사업비를 다음의 사업에 사용한다.

---

1. 신·재생에너지의 자원조사, 기술수요조사 및 통계작성
2. 신·재생에너지의 연구·개발 및 기술평가
3. 신·재생에너지 이용 건축물의 인증 및 사후관리
4. 신·재생에너지 공급의무화 지원
5. 신·재생에너지 설비의 성능평가·인증 및 사후관리
6. 신·재생에너지 기술정보의 수집·분석 및 제공

7. 신·재생에너지 분야 기술지도 및 교육·홍보
8. 신·재생에너지 분야 특성화대학 및 핵심기술연구센터 육성
9. 신·재생에너지 분야 전문인력 양성
10. 신·재생에너지 설비 설치전문기업의 지원
11. 신·재생에너지 시범사업 및 보급사업
12. 신·재생에너지 이용의무화 지원
13. 신·재생에너지 관련 국제협력
14. 신·재생에너지 기술의 국제표준화 지원
15. 신·재생에너지 설비 및 그 부품의 공용화 지원
16. 신·재생에너지의 기술개발 및 이용·보급을 위하여 필요한 사업으로서 대통령령으로 정하는 사업

⑼ 사업의 실시

① 산업통상자원부장관은 사업을 효율적으로 추진하기 위하여 필요하다고 인정하면 다음의 어느 하나에 해당하는 자와 협약을 맺어 그 사업을 하게 할 수 있다.

1. 「특정연구기관 육성법」에 따른 특정연구기관
2. 기업연구소
3. 「산업기술연구조합 육성법」에 따른 산업기술연구조합
4. 「고등교육법」에 따른 대학 또는 전문대학
5. 국공립연구기관
6. 국가기관, 지방자치단체 및 공공기관
7. 산업통상자원부장관이 기술개발능력이 있다고 인정하는 자

② 산업통상자원부장관은 기술개발사업 또는 이용·보급 사업에 드는 비용의 전부 또는 일부를 출연(出捐)할 수 있다.

③ 출연금의 지급·사용 및 관리 등에 필요한 사항은 대통령령으로 정한다.

⑽ 신·재생에너지사업에의 투자권고 및 신·재생에너지 이용의무화 등

① 산업통상자원부장관은 신·재생에너지의 기술개발 및 이용·보급을 촉진하기 위하여 필요하다고 인정하면 에너지 관련 사업을 하는 자에 대하여 사업을 하거나 그 사업에 투자 또는 출연할 것을 권고할 수 있다.

② 산업통상자원부장관은 신·재생에너지의 이용·보급을 촉진하고 신·재생에너지산업의 활성화를 위하여 필요하다고 인정하면 다음의 어느 하나에 해당하는 자가 신축·증축 또는 개축하는 건축물에 대하여 대통령령으로 정하는 바에 따라 그 설

계 시 산출된 예상 에너지사용량의 일정 비율 이상을 신·재생에너지를 이용하여 공급되는 에너지를 사용하도록 신·재생에너지 설비를 의무적으로 설치하게 할 수 있다.

1. 국가 및 지방자치단체
2. 「공공기관의 운영에 관한 법률」 제5조에 따른 공기업
3. 정부가 대통령령으로 정하는 금액 이상을 출연한 정부출연기관
4. 「국유재산법」 제2조제6호에 따른 정부출자기업체
5. 지방자치단체 및 공기업, 정부출연기관 또는 정부출자기업체가 대통령령으로 정하는 비율 또는 금액 이상을 출자한 법인
6. 특별법에 따라 설립된 법인

③ 산업통상자원부장관은 신·재생에너지의 활용 여건 등을 고려할 때 신·재생에너지를 이용하는 것이 적절하다고 인정되는 공장·사업장 및 집단주택단지 등에 대하여 신·재생에너지의 종류를 지정하여 이용하도록 권고하거나 그 이용설비를 설치하도록 권고할 수 있다.

대통령령으로 정하는 자 13

1) 50만KW 이상의 발전설비(신·재생에너지 설비는 제외한다)를 보유하는 자
2) 「한국수자원공사법」에 따른 한국수자원공사
3) 「집단에너지사업법」 제29조에 따른 한국지역난방공사
4) 6개 : 한국수력원자력, 동서, 중부, 남동, 남부, 서부발전
5) 7개 : 수공, 지난공, 포스코 파워, GS 파워, GS EPS, SK E&S, MPC율촌

⑾ 신·재생에너지 이용 건축물에 대한 인증 등

① 대통령령으로 정하는 일정 규모 이상의 건축물을 소유한 자는 그 건축물에 대하여 산업통상자원부장관이 지정하는 기관(건축물인증기관)으로부터 총에너지사용량의 일정 비율 이상을 신·재생에너지를 이용하여 공급되는 에너지를 사용한다는 신·재생에너지 이용 건축물인증을 받을 수 있다.

② 건축물인증을 받으려는 자는 해당 건축물에 대하여 건축물인증기관에 건축물인증을 신청하여야 한다.

③ 산업통상자원부장관은 신·재생에너지센터나 그 밖에 신·재생에너지의 기술개

발 및 이용·보급 촉진사업을 하는 자 중 건축물인증 업무에 적합하다고 인정되는 자를 건축물인증기관으로 지정할 수 있다.

④ 건축물인증기관은 건축물인증의 신청을 받은 경우 산업통상자원부와 국토교통부의 공동부령으로 정하는 건축물인증 심사기준에 따라 심사한 후 그 기준에 적합한 건축물에 대하여 건축물인증을 하여야 한다.

⑤ 산업통상자원부장관은 보급사업을 추진하는 데에 있어 건축물인증을 받은 자를 우대하여 지원할 수 있다.

⑥ 건축물인증기관의 업무 범위, 건축물인증의 절차, 건축물인증의 사후관리, 그 밖에 건축물인증에 관하여 필요한 사항은 산업통상자원부와 국토교통부의 공동부령으로 정한다.

⑿ 건축물인증의 표시 등

① 건축물인증을 받은 자는 해당 건축물에 건축물인증의 표시를 하거나 건축물인증을 받은 것을 홍보할 수 있다.

② 건축물인증을 받지 아니한 자는 건축물인증의 표시 또는 이와 유사한 표시를 하거나 건축물인증을 받은 것으로 홍보하여서는 아니 된다.

⒀ 건축물인증의 취소

건축물인증기관은 건축물인증을 받은 자가 다음의 어느 하나에 해당하는 경우에는 그 인증을 취소할 수 있다. 다만, 1에 해당하는 경우에는 그 인증을 취소하여야 한다.

1. 거짓이나 그 밖의 부정한 방법으로 건축물인증을 받은 경우
2. 건축물인증을 받은 자가 그 인증서를 건축물인증기관에 반납한 경우
3. 건축물인증을 받은 건축물의 사용승인이 취소된 경우
4. 건축물인증을 받은 건축물이 건축물인증 심사기준에 부적합한 것으로 발견된 경우

신재생에너지 건축물인증의 취소에 해당하는 경우 4

1) 거짓이나 그밖의 부정한 방법으로 건축물인증을 받은 경우에는 반드시 취소를 주의하여야 한다.
2) 건축물인증을 받은 자가 그 인증서를 건축물인증기관에 반납한 경우
3) 건축물인증을 받은 건축물의 사용승인이 취소된 경우
4) 건축물인증 심사기준에 부적합 것으로 발견된 경우

표 1-8	신·재생에너지 이용 건축물인증 심사기준				
등 급	1	2	3	4	5
신재생E 공급률	20%초과	20%이하	15%이하	10%이하	3%~5%이하

⑭ 신·재생에너지 공급의무화 등

① 산업통상자원부장관은 신·재생에너지의 이용·보급을 촉진하고 신·재생에너지산업의 활성화를 위하여 필요하다고 인정하면 공급의무자에게 발전량의 일정량 이상을 의무적으로 신·재생에너지를 이용하여 공급하게 할 수 있다.

1. 「전기사업법」제2조에 따른 발전사업자
2. 「집단에너지사업법」제9조 및 제48조에 따라 「전기사업법」제7조제1항에 따른 발전사업의 허가를 받은 것으로 보는 자
3. 공공기관

② 공급의무자가 의무적으로 신·재생에너지를 이용하여 공급하여야 하는 의무공급량의 합계는 총전력생산량의 10% 이내의 범위에서 연도별로 대통령령으로 정한다. 이 경우 균형 있는 이용·보급이 필요한 신·재생에너지에 대하여는 대통령령으로 정하는 바에 따라 총의무공급량 중 일부를 해당 신·재생에너지를 이용하여 공급하게 할 수 있다.

③ 공급의무자의 의무공급량은 산업통상자원부장관이 공급의무자의 의견을 들어 공급의무자별로 정하여 고시한다. 이 경우 산업통상자원부장관은 공급의무자의 총발전량 및 발전원(發電源) 등을 고려하여야 한다.

④ 공급의무자는 의무공급량의 일부에 대하여 대통령령으로 정하는 바에 따라 다음 연도로 그 공급의무의 이행을 연기할 수 있다. 이 경우 그 이행을 연기한 의무공급량은 다음 연도에 우선적으로 공급하여야 한다.

⑤ 공급의무자는 신·재생에너지 공급인증서를 구매하여 의무공급량에 충당할 수 있다.

⑥ 산업통상자원부장관은 공급의무의 이행 여부를 확인하기 위하여 공급의무자에게 대통령령으로 정하는 바에 따라 필요한 자료의 제출 또는 구매하여 의무공급량에 충당하거나 발급받은 신·재생에너지 공급인증서의 제출을 요구할 수 있다.

예제 1 공급의무자가 의무적으로 신재생에너지를 공급하여야 하는 발전량의 합계는?

풀이

총 전력생산량의 10% 이내의 범위에서 연도별로 대통령령으로 정한다.

[연도별 의무공급량의 비율 (3년마다 변경검토)]

해당연도	2012	2013	2014	2015	2016	2017	2018	2019	2020	2021	22이후
비율(%)	2.0	2.5	3.0	3.5	4.0	5.0	6.0	7.0	8.0	9.0	10.0

[태양에너지(빛에너지를 변환시켜 전기를 생산하는 방식) 연도별 의무공급량]

해당연도	2012	2013	2014	2015
의무공급량[GWh]	276	723	1156	1577

⒂ 신·재생에너지 공급 불이행에 대한 과징금

① 산업통상자원부장관은 공급의무자가 의무공급량에 부족하게 신·재생에너지를 이용하여 에너지를 공급한 경우에는 대통령령으로 정하는 바에 따라 그 부족분에 신·재생에너지 공급인증서의 해당 연도 평균거래 가격의 100분의 150을 곱한 금액의 범위에서 과징금을 부과할 수 있다.

② 과징금을 납부한 공급의무자에 대하여는 그 과징금의 부과기간에 해당하는 의무공급량을 공급한 것으로 본다.

③ 산업통상자원부장관은 과징금을 납부하여야 할 자가 납부기한까지 그 과징금을 납부하지 아니한 때에는 국세 체납처분의 예를 따라 징수한다.

④ 징수한 과징금은 「전기사업법」에 따른 전력산업기반기금의 재원으로 귀속된다.

⒃ 신·재생에너지 공급인증서 등

① 신·재생에너지를 이용하여 에너지를 공급한 자는 산업통상자원부장관이 신·재생에너지를 이용한 에너지 공급의 증명 등을 위하여 지정하는 기관(공급인증기관)으로부터 그 공급 사실을 증명하는 인증서(공급인증서)를 발급받을 수 있다.

다만 발전차액을 지원받거나 신·재생에너지 설비에 대한 지원 등 정부의 지원을 받은 경우에는 공급인증서의 발급을 제한할 수 있다.

② 공급인증서를 발급받으려는 자는 공급인증기관에 공급인증서의 발급을 신청하여야 한다.

③ 공급인증기관은 신청을 받은 경우에는 신·재생에너지의 종류별 공급량 및 공급기간 등을 확인한 후 다음의 기재사항을 포함한 공급인증서를 발급하여야 한다. 이 경우 균형 있는 이용·보급과 기술개발 촉진 등이 필요한 신·재생에너지에 대하여는 실제 공급량에 가중치를 곱한 양을 공급량으로 하는 공급인증서를 발급할 수 있다.

1. 신·재생에너지 공급자
2. 신·재생에너지의 종류별 공급량 및 공급기간
3. 유효기간

④ 공급인증서의 유효기간은 발급받은 날부터 3년으로 하되, 공급의무자가 구매하여 의무공급량에 충당하거나 발급받아 산업통상자원부장관에게 제출한 공급인증서는 그 효력을 상실한다. 이 경우 유효기간이 지나거나 효력을 상실한 해당 공급인증서는 폐기하여야 한다.

⑤ 공급인증서를 발급받은 자는 그 공급인증서를 거래하려면 공급인증서 발급 및 거래시장 운영에 관한 규칙으로 정하는 바에 따라 공급인증기관이 개설한 거래시장에서 거래하여야 한다.

⑥ 산업통상자원부장관은 다른 신·재생에너지와의 형평을 고려하여 공급인증서가 일정 규모 이상의 수력을 이용하여 에너지를 공급하고 발급된 경우 등 산업통상자원부령으로 정하는 사유에 해당할 때에는 거래시장에서 해당 공급인증서가 거래될 수 없도록 할 수 있다.

⑴⑺ 공급인증기관의 지정 등

① 산업통상자원부장관은 공급인증서 관련 업무를 전문적이고 효율적으로 실시하고 공급인증서의 공정한 거래를 위하여 다음의 어느 하나에 해당하는 자를 공급인증기관으로 지정할 수 있다.

1. 신·재생에너지센터
2. 「전기사업법」 제35조에 따른 한국전력거래소
3. 공급인증기관의 업무에 필요한 인력·기술능력·시설·장비 등 기준에 맞는 자

② 공급인증기관으로 지정받으려는 자는 산업통상자원부장관에게 지정을 신청하여야 한다.

③ 공급인증기관의 지정방법 · 지정절차, 그 밖에 공급인증기관의 지정에 필요한 사항은 산업통상자원부령으로 정한다.

⒅ 공급인증기관의 업무 등

① 지정된 공급인증기관은 다음의 업무를 수행한다.

1. 공급인증서의 발급, 등록, 관리 및 폐기
2. 거래시장의 개설
3. 공급인증서 관련 정보의 제공
4. 공급인증서의 발급 및 거래에 딸린 업무

② 공급인증기관은 업무를 시작하기 전에 산업통상자원부령으로 정하는 바에 따라 공급인증서 발급 및 거래시장 운영에 관한 규칙을 제정하여 산업통상자원부장관의 승인을 받아야 한다. 운영규칙을 변경하거나 폐지하는 경우(산업통상자원부령으로 정하는 경미한 사항의 변경은 제외)에도 또한 같다.

③ 산업통상자원부장관은 공급인증기관에 업무의 계획 및 실적에 관한 보고를 명하거나 자료의 제출을 요구할 수 있다.

④ 산업통상자원부장관은 다음의 어느 하나에 해당하는 경우에는 공급인증기관에 시정기간을 정하여 시정을 명할 수 있다.

1. 운영규칙을 준수하지 아니한 경우
2. 보고를 하지 아니하거나 거짓으로 보고한 경우
3. 자료의 제출 요구에 따르지 아니하거나 거짓의 자료를 제출한 경우

⒆ 공급인증기관 지정의 취소 등

산업통상자원부장관은 공급인증기관이 다음의 하나에 해당하는 경우에는 산업통상자원부령으로 정하는 바에 따라 그 지정을 취소하거나 1년 이내의 기간을 정하여 그 업무의 전부 또는 일부의 정지를 명할 수 있다.

1. 거짓이나 그 밖의 부정한 방법으로 지정을 받은 경우에는 그 지정을 취소하여야 한다.
2. 업무정지 처분을 받은 후 그 업무정지 기간에 업무를 계속한 경우에는 그 지정을 취소하여야 한다.
3. 지정기준에 부적합하게 된 경우에 따라 그 지정을 취소하거나 1년 이내의 기간을 정하여 그 업무의 전부 또는 일부의 정지를 명할 수 있다.
4. 시정명령을 시정기간에 이행하지 아니한 경우에 따라 그 지정을 취소하거나 1년 이내의 기간을 정하여 그 업무의 전부 또는 일부의 정지를 명할 수 있다.

⑳ 신·재생에너지센터

산업통상자원부장관은 신·재생에너지의 이용 및 보급을 전문적이고 효율적으로 추진하기 위하여 대통령령으로 정하는 에너지 관련 기관에 신·재생에너지센터를 두어 신·재생에너지 분야에 관한 다음의 사업을 하게 할 수 있다.

1. 신·재생에너지의 기술개발 및 이용·보급사업의 실시자에 대한 지원·관리
2. 건축물인증에 관한 지원·관리
3. 공급인증기관의 업무에 관한 지원·관리
4. 설비인증에 관한 지원·관리
5. 신·재생에너지 설비에 대한 기술지원
6. 신·재생에너지 기술의 국제표준화에 대한 지원·관리
7. 신·재생에너지 설비 및 그 부품의 공용화에 관한 지원·관리
8. 신·재생에너지전문기업에 대한 지원·관리
9. 통계관리
10. 신·재생에너지 보급사업의 지원·관리
11. 신·재생에너지 기술의 사업화에 관한 지원·관리
12. 교육·홍보 및 전문인력 양성에 관한 지원·관리
13. 국내외 조사·연구 및 국제협력 사업

㉑ 벌칙 적용 시의 공무원 의제

다음에 해당하는 사람은 「형법」 제129조부터 제132조까지의 규정을 적용할 때에는 공무원으로 본다.
1. 건축물인증 업무에 종사하는 건축물인증기관의 임직원
2. 공급인증서의 발급·거래 업무에 종사하는 공급인증기관의 임직원
3. 설비인증 업무에 종사하는 설비인증기관의 임직원
4. 성능검사 업무에 종사하는 성능검사기관의 임직원

⑵ **벌칙**

① 거짓이나 부정한 방법으로 발전차액을 지원받은 자와 그 사실을 알면서 발전차액을 지급한 자는 3년 이하의 징역 또는 지원받은 금액의 3배 이하에 상당하는 벌금에 처한다.

② 거짓이나 부정한 방법으로 공급인증서를 발급받은 자와 그 사실을 알면서 공급인증서를 발급한 자는 3년 이하의 징역 또는 3천만원 이하의 벌금에 처한다.

③ 공급인증기관이 개설한 거래시장 외에서 공급인증서를 거래한 자는 2년 이하의 징역 또는 2천만원 이하의 벌금에 처한다.

④ 법인의 대표자나 법인 또는 개인의 대리인, 사용인, 그 밖의 종업원이 그 법인 또는 개인의 업무에 관하여 위반행위를 하면 그 행위자를 벌하는 외에 그 법인 또는 개인에게도 해당 조문의 벌금형을 과(科)한다. 다만, 법인 또는 개인이 그 위반행위를 방지하기 위하여 해당 업무에 관하여 상당한 주의와 감독을 게을리하지 아니한 경우에는 그러하지 아니하다.

⑵ **과태료**

다음의 어느 하나에 해당하는 자에게는 1천만원 이하의 과태료를 부과한다.

1. 거짓이나 부정한 방법으로 설비인증을 받은 자
2. 건축물인증기관으로부터 건축물인증을 받지 아니하고 건축물인증의 표시 또는 이와 유사한 표시를 하거나 건축물인증을 받은 것으로 홍보한 자
3. 설비인증기관으로부터 설비인증을 받지 아니하고 설비인증의 표시 또는 이와 유사한 표시를 하거나 설비인증을 받은 것으로 홍보한 자

과태료는 대통령령으로 정하는 바에 따라 산업통상자원부장관이 부과·징수한다.

예제 1 건축물인증기관으로부터 건축물 인증을 받지 아니하고 건축물인증의 표시 또는 이와 유사한 표시를 하거나 건축물인증을 받은 것으로 홍보한 자에게 부과할 수 있는 과태료는?

풀이

건축물인증기관으로부터 건축물 인증을 받지 아니하고 건축물인증의 표시 또는 이와 유사 표시를 하거나 건축물인증을 받은 것으로 홍보한 자에게 부과할 수 있는 과태료는 1천만원 이하이다.

2. 에너지법

에너지법 2015. 01. 28. 일부개정

◇ 개정이유 및 주요내용

부품산업이 세계 수준의 경쟁력을 갖춘데 비하여 대규모 투자와 오랜시간의 연구개발이 요구되는 소재분야의 경우 아직까지 국내기업의 경쟁력이 취약한 실정임.

또한, 부품·소재의 품질 및 성능 향상을 위하여 신뢰성 인증제도를 시행하고 있으나 인증에 소요되는 비용과 기간으로 인해 기업의 불편을 초래하고 있으며, 부품·소재분야 산업의 발전으로 민간에서 자율적으로 인증 제도를 시행할 수 있는 여건이 갖추어졌다고 보여짐.

이에 소재분야 발전을 위한 정책지원 의지를 법에 반영하기 위하여 법 제명 및 법률상 표현을 "부품·소재"에서 "소재·부품"으로 변경하고, 국가에서 시행하고 있는 신뢰성 인증제도를 폐지하여 민간에서 자율적으로 인증 제도를 운영할 수 있도록 하며, 부품·소재전문기업 확인제도의 근거조항을 마련하여 체계적인 부품·소재전문기업에 대한 지원이 이루어질 수 있도록 하려는 것임.

(1) 목적

에너지법 법은 안정적이고 효율적이며 환경친화적인 에너지 수급(需給) 구조를 실현하기 위한 에너지정책 및 에너지 관련 계획의 수립·시행에 관한 기본적인 사항을 정함으로써 국민경제의 지속가능한 발전과 국민의 복리(福利) 향상에 이바지하는 것을 목적으로 한다.

(2) 용어의 정의

이 법에서 사용하는 용어의 뜻은 다음과 같다.

1. "에너지"

   연료·열 및 전기를 말한다.

2. "연료"

   석유·가스·석탄, 그 밖에 열을 발생하는 열원(熱源)을 말한다. 다만, 제품의 원료로 사용되는 것은 제외한다.

3. "신·재생에너지"

   「신에너지 및 재생에너지 개발·이용·보급 촉진법」 따른 에너지를 말한다.

4. "에너지사용시설"

   에너지를 사용하는 공장·사업장 등의 시설이나 에너지를 전환하여 사용하는 시설을 말한다.

5. "에너지사용자"

에너지사용시설의 소유자 또는 관리자를 말한다.

6. "에너지공급설비"

에너지를 생산·전환·수송 또는 저장하기 위하여 설치하는 설비를 말한다.

7. "에너지공급자"

에너지를 생산·수입·전환·수송·저장 또는 판매하는 사업자를 말한다.

8. "에너지사용기자재"

열사용기자재나 그 밖에 에너지를 사용하는 기자재를 말한다.

9. "열사용기자재"

연료 및 열을 사용하는 기기, 축열식 전기기기와 단열성(斷熱性) 자재로서 산업통상
자원부령으로 정하는 것을 말한다.

10. "온실가스"

「저탄소 녹색성장 기본법」 제2조제9호에 따른 온실가스를 말한다.

(3) 국가 등의 책무

① 국가는 이 법의 목적을 실현하기 위한 종합적인 시책을 수립·시행하여야 한다.

② 지방자치단체는 이 법의 목적, 국가의 에너지정책 및 시책과 지역적 특성을 고려한
지역에너지시책을 수립·시행하여야 한다. 이 경우 지역에너지시책의 수립·시행
에 필요한 사항은 해당 지방자치단체의 조례로 정할 수 있다.

③ 에너지공급자와 에너지사용자는 국가와 지방자치단체의 에너지시책에 적극 참여
하고 협력하여야 하며, 에너지의 생산·전환·수송·저장·이용 등의 안전성, 효
율성 및 환경친화성을 극대화하도록 노력하여야 한다.

④ 모든 국민은 일상생활에서 국가와 지방자치단체의 에너지시책에 적극 참여하고 협
력하여야 하며, 에너지를 합리적이고 환경친화적으로 사용하도록 노력하여야 한다.

⑤ 국가, 지방자치단체 및 에너지공급자는 빈곤층 등 모든 국민에게 에너지가 보편적
으로 공급되도록 기여하여야 한다.

(4) 적용 범위

에너지에 관한 법령을 제정하거나 개정하는 경우에는 「저탄소 녹색성장 기본법」 제39
조에 따른 기본원칙과 이 법의 목적에 맞도록 하여야 한다. 다만, 원자력의 연구·개
발·생산·이용 및 안전관리에 관하여는 「원자력 진흥법」 및 「원자력안전법」 등 관계
법률에서 정하는 바에 따른다.

(5) 지역에너지계획의 수립

① 특별시장 · 광역시장 · 도지사 또는 특별자치도지사는 관할 구역의 지역적 특성을 고려하여 「저탄소 녹색성장 기본법」 제41조에 따른 에너지기본계획의 효율적인 달성과 지역경제의 발전을 위한 지역에너지계획을 5년마다 5년 이상을 계획기간으로 하여 수립 · 시행하여야 한다.

② 지역계획에는 해당 지역에 대한 다음의 사항이 포함되어야 한다.

---

1. 에너지 수급의 추이와 전망에 관한 사항
2. 에너지의 안정적 공급을 위한 대책에 관한 사항
3. 신·재생에너지 등 환경친화적 에너지 사용을 위한 대책에 관한 사항
4. 에너지 사용의 합리화와 이를 통한 온실가스의 배출감소를 위한 대책에 관한 사항
5. 집단에너지공급대상지역으로 지정된 지역의 경우 그 지역의 집단에너지 공급을 위한 대책에 관한 사항
6. 미활용 에너지원의 개발·사용을 위한 대책에 관한 사항
7. 에너지시책 및 관련 사업을 위하여 시·도지사가 필요하다고 인정하는 사항

---

③ 지역계획을 수립한 시 · 도지사는 이를 산업통상자원부장관에게 제출하여야 한다. 수립된 지역계획을 변경하였을 때에도 또한 같다.

④ 정부는 지방자치단체의 에너지시책 및 관련 사업을 촉진하기 위하여 필요한 지원 시책을 마련할 수 있다.

예제 1 **지역에너지계획의 수립사항에 대하여 서술하시오**

풀이

특별시장·광역시장·도지사 또는 특별자치도지사는 관할 구역의 지역적 특성을 고려하여 에너지기본계획의 효율적인 달성과 지역경제의 발전을 위한 지역에너지계획을 5년마다 5년 이상을 계획기간으로 하여 수립·시행하여야 한다.

지역계획에는 해당 지역에 대한 다음의 사항이 포함되어야 한다.
1. 에너지 수급의 추이와 전망에 관한 사항
2. 에너지의 안정적 공급을 위한 대책에 관한 사항
3. 신·재생에너지 등 환경친화적 에너지 사용을 위한 대책에 관한 사항
4. 에너지 사용의 합리화와 이를 통한 온실가스의 배출감소를 위한 대책에 관한 사항
5. 집단에너지공급대상지역으로 지정된 지역의 경우 그 지역의 집단에너지 공급을 위한 대책에 관한 사항
6. 미활용 에너지원의 개발·사용을 위한 대책에 관한 사항
7. 에너지시책 및 관련 사업을 위하여 시·도지사가 필요하다고 인정하는 사항

(6) 비상시 에너지수급계획의 수립

① 산업통상자원부장관은 에너지 수급에 중대한 차질이 발생할 경우에 대비하여 비상시 에너지수급계획을 수립하여야 한다.

② 비상계획은 에너지위원회의 심의를 거쳐 확정한다. 수립된 비상계획을 변경할 때에도 또한 같다.

③ 비상계획에는 다음의 사항이 포함되어야 한다.

1. 국내외 에너지 수급의 추이와 전망에 관한 사항
2. 비상시 에너지 소비 절감을 위한 대책에 관한 사항
3. 비상시 비축(備蓄)에너지의 활용 대책에 관한 사항
4. 비상시 에너지의 할당·배급 등 수급조정 대책에 관한 사항
5. 비상시 에너지 수급 안정을 위한 국제협력 대책에 관한 사항
6. 비상계획의 효율적 시행을 위한 행정계획에 관한 사항

④ 산업통상자원부장관은 국내외 에너지 사정의 변동에 따른 에너지의 수급 차질에 대비하기 위하여 에너지 사용을 제한하는 등 관계 법령에서 정하는 바에 따라 필요한 조치를 할 수 있다.

(7) 에너지위원회의 구성 및 운영

① 정부는 주요 에너지정책 및 에너지 관련 계획에 관한 사항을 심의하기 위하여 산업통상자원부장관 소속으로 에너지위원회를 둔다.

② 위원회는 위원장 1명을 포함한 25명 이내의 위원으로 구성하고, 위원은 당연직위원과 위촉위원으로 구성한다.

③ 위원장은 산업통상자원부장관이 된다.

④ 당연직위원은 관계 중앙행정기관의 차관급 공무원 중 대통령령으로 정하는 사람이 된다.

⑤ 위촉위원은 에너지 분야에 관한 학식과 경험이 풍부한 사람 중에서 산업통상자원부장관이 위촉하는 사람이 된다. 이 경우 위촉위원에는 대통령령으로 정하는 바에 따라 에너지 관련 시민단체에서 추천한 사람이 5명 이상 포함되어야 한다.

⑥ 위촉위원의 임기는 2년으로 하고, 연임할 수 있다.

⑦ 위원회의 회의에 부칠 안건을 검토하거나 위원회가 위임한 안건을 조사·연구하기 위하여 분야별 전문위원회를 둘 수 있다.

⑧ 위원회 및 전문위원회의 구성 · 운영 등에 관하여 필요한 사항은 대통령령으로 정한다.

⑻ 에너지위원회의 기능

위원회는 다음의 사항을 심의한다.

1. 「저탄소 녹색성장 기본법」 제41조제2항에 따른 에너지기본계획 수립 · 변경의 사전심의에 관한 사항
2. 비상계획에 관한 사항
3. 국내외 에너지개발에 관한 사항
4. 에너지와 관련된 교통 또는 물류에 관련된 계획에 관한 사항
5. 주요 에너지정책 및 에너지사업의 조정에 관한 사항
6. 에너지와 관련된 사회적 갈등의 예방 및 해소 방안에 관한 사항
7. 에너지 관련 예산의 효율적 사용 등에 관한 사항
8. 원자력 발전정책에 관한 사항
9. 「기후변화에 관한 국제연합 기본협약」에 대한 대책 중 에너지에 관한 사항
10. 다른 법률에서 위원회의 심의를 거치도록 한 사항
11. 에너지에 관련된 주요 정책사항에 관한 것으로서 위원장이 회의에 부치는 사항

⑼ 에너지기술개발계획

① 정부는 에너지 관련 기술의 개발과 보급을 촉진하기 위하여 10년 이상을 계획기간으로 하는 에너지기술개발계획을 5년마다 수립하고, 이에 따른 연차별 실행계획을 수립 · 시행하여야 한다.

② 에너지기술개발계획은 대통령령으로 정하는 바에 따라 관계 중앙행정기관의 장의 협의와 「과학기술기본법」 제9조에 따른 국가과학기술심의회의 심의를 거쳐서 수립된다. 이 경우 위원회의 심의를 거친 것으로 본다.

③ 에너지기술개발계획에는 다음의 사항이 포함되어야 한다.

1. 에너지의 효율적 사용을 위한 기술개발에 관한 사항
2. 신·재생에너지 등 환경친화적 에너지에 관련된 기술개발에 관한 사항
3. 에너지 사용에 따른 환경오염을 줄이기 위한 기술개발에 관한 사항
4. 온실가스 배출을 줄이기 위한 기술개발에 관한 사항
5. 개발된 에너지기술의 실용화의 촉진에 관한 사항
6. 국제 에너지기술 협력의 촉진에 관한 사항
7. 에너지기술에 관련된 인력·정보·시설 등 기술개발자원의 확대 및 효율적 활용에 관한 사항

⑩ **국회 보고**

① 정부는 매년 주요 에너지정책의 집행 경과 및 결과를 국회에 보고하여야 한다.

② 보고에는 다음의 사항이 포함되어야 한다.

1. 국내외 에너지 수급의 추이와 전망에 관한 사항

2. 에너지 · 자원의 확보, 도입, 공급, 관리를 위한 대책의 추진 현황 및 계획에 관한 사항

3. 에너지 수요관리 추진 현황 및 계획에 관한 사항

4. 환경친화적인 에너지의 공급 · 사용 대책의 추진 현황 및 계획에 관한 사항

5. 온실가스 배출 현황과 온실가스 감축을 위한 대책의 추진 현황 및 계획에 관한 사항

6. 에너지정책의 국제협력 등에 관한 사항의 추진 현황 및 계획에 관한 사항

7. 그 밖에 주요 에너지정책의 추진에 관한 사항

3. 에너지이용합리화법

에너지이용 합리화법 일부개정 2015. 01. 28

◇ 개정이유

연례적인 전력대란에 효율적으로 대처하기 위해서는 기존의 공급 위주의 에너지정책을 '수요관리 중심'의 패러다임으로 전환할 필요성이 높아지고 있어 에너지이용효율을 높이기 위한 에너지경영시스템과 에너지관리시스템의 확산이 필요하나, 현행법에는 관련 용어의 정의규정이 없으므로 '에너지경영시스템', '에너지관리시스템' 및 '에너지진단'의 정의규정을 신설하고, 그 지원 근거를 마련하는 한편, 우리나라는 에너지자원의 97퍼센트를 수입에 의존하고 있고 최근에 원전의 사고 등으로 전기에너지 수급이 원활하지 못하는 등 에너지 수급문제가 심각함에도 불구하고 에너지소비량은 지속적으로 증가하는 문제가 있어 에너지절약의 생활화를 적극적으로 유도하는 정책이 필요하므로, 연간 전기소비를 절약하는 성과가 높은 주택에 대해 정부가 절전인센티브를 지급하는 등 인센티브 사업을 지속적으로 시행할 수 있도록 법적 근거를 마련하고, 에너지관리공단의 명칭을 공공기관의 명칭에서 '관리'를 삭제하는 추세를 반영하여 '한국에너지공단'으로 변경하려는 것임.

◇ 주요내용

가. 에너지경영시스템과 에너지관리시스템, 에너지진단의 정의규정을 신설함(제2조제1항).

나. 우수한 에너지절약 활동 및 성과에 대하여 인센티브를 제공할 수 있도록 근거를 마련함(제14조제1항).

다. 산업통상자원부장관이 에너지사용자에게 에너지관리시스템의 도입을 권장할 수 있도록 하고, 이를 도입하는 자에게 필요한 지원을 할 수 있는 근거를 마련함(제28조의3 신설).

라. 에너지관리공단을 한국에너지공단으로 명칭을 변경하고, 그 사업에 '국제 협력'과 '사회취약계층에 대한 에너지이용 지원'을 추가함(제45조 및 제57조).

(1) 목적

이 법은 에너지의 수급(需給)을 안정시키고 에너지의 합리적이고 효율적인 이용을 증진하며 에너지소비로 인한 환경피해를 줄임으로써 국민경제의 건전한 발전 및 국민복지의 증진과 지구온난화의 최소화에 이바지함을 목적으로 한다.

(2) 에너지이용 합리화 기본계획(5년 마다)

에너지이용 합리화 기본계획포함 사항

- 에너지절약형 경제구조로의 전환
- 에너지이용효율의 증대
- 에너지이용 합리화를 위한 기술개발
- 에너지이용 합리화를 위한 홍보 및 교육
- 에너지원간 대체
- 열사용기자재의 안전관리
- 에너지이용 합리화를 위한 가격예시제의 시행에 관한 사항
- 에너지의 합리적인 이용을 통한 온실가스의 배출을 줄이기 위한 대책
- 산업통상자원부령으로 정하는 사항

예제 1 에너지이용 합리화 기본계획포함 사항에 대하여 서술하시오

풀이
- 에너지절약형 경제구조로의 전환
- 에너지이용효율의 증대
- 에너지이용 합리화를 위한 기술개발
- 에너지이용 합리화를 위한 홍보 및 교육
- 에너지원간 대체
- 열사용기자재의 안전관리
- 에너지이용 합리화를 위한 가격예시제의 시행에 관한 사항
- 에너지의 합리적인 이용을 통한 온실가스의 배출을 줄이기 위한 대책
- 산업통상자원부령으로 정하는 사항

(3) 국가에너지절약추진위원회

국가에너지절약추진위원회 심의 사항

- 기본계획 수립에 관한 사항
- 에너지이용 합리화 실시계획의 종합·조정 및 추진상황 점검·평가에 관한 사항
- 국가·지방자치단체·공공기관의 에너지이용 효율화조치등에 관한 사항
- 그 밖에 위원장이 심의에 부치는 사항

예제 1 국가에너지절약추진위원회 심의 사항에 대하여 서술하시오

풀이

기본계획 수립에 관한 사항
- 에너지이용 합리화 실시계획의 종합·조정 및 추진상황 점검·평가에 관한 사항
- 국가·지방자치단체·공공기관의 에너지이용 효율화조치등에 관한 사항
- 그 밖에 위원장이 심의에 부치는 사항

---

(4) 에너지이용 합리화 실시계획

관계 행정기관의 장과 시도지사는 매년 실시계획을 수립하고 그 계획을 해당 연도 1월31일까지, 그 시행, 결과를 다음 연도 2월말까지 산업통상자원부장관에게 제출하여야 한다.

(5) 수급안정을 위한 조치

1) 산업통상자원부장관은 주요 에너지사용자와 에너지공급자에게 에너지저장시설을 보유하고 에너지를 저장하는 의무를 부과할 수 있다.

- 전기사업자
- 도시가스사업자
- 석탄가공업자
- 집단에너지사업자
- 연간 2만 석유환산톤 이상의 에너지를 사용하는 자

2) 산업통상자원부장관은 에너지사용자·에너지공급자 또는 에너지사용기자재의 소유자와 관리자에게 다음 사항에 관한 조정·명령, 그 밖에 필요한 조치를 할 수 있다.

- 지역별·주요 수급자별 에너지 할당
- 에너지공급설비의 가동 및 조업
- 에너지의 비축과 저장
- 에너지의 도입·수출입 및 위탁가공
- 에너지공급자 상호 간의 에너지의 교환 또는 분배사용
- 에너지의 유통시설과 그 사용 및 유통경로
- 에너지의 배급
- 에너지의 양도·양수의 제한 또는 금지
- 에너지사용의 시기·방법 및 에너지사용기자재의 사용 제한 또는 금지 등 대통령령으로 정하는 사항
- 그 밖에 에너지수급을 안정시키기 위하여 대통령령으로 정하는 사항

(6) 국가·지방자치단체 등의 에너지이용 효율화 조치

1) 국가 지자체 공공기관은 에너지를 효율적으로 이용하고 온실가스 배출을 줄이기 위하여 필요한 조치를 추진해야 한다.

2) 필요한 조치

- 에너지절약 및 온실가스배출 감축을 위한 제도·시책의 마련 및 정비
- 에너지의 절약 및 온실가스배출 감축 관련 홍보 및 교육
- 건물 및 수송 부문의 에너지이용 합리화 및 온실가스배출 감축

(7) 에너지공급자의 수요관리투자계획

1) 에너지공급자(한국전력공사, 한국가스공사, 한국지역난방공사, 그 밖에 지정 자)는 해당 에너지의 생산·전환·수송·저장 및 이용상의 효율향상, 수요의 절감 및 온실가스배출의 감축 등을 도모하기 위한 연차별 수요관리투자계획을 수립·시행한다.

2) 수요관리투자계획 포함 사항

- 장·단기 에너지 수요 전망
- 에너지절약 잠재량의 추정 내용
- 수요관리의 목표 및 그 달성 방법
- 그 밖에 필요하다고 인정하는 사항

(8) 에너지사용계획의 협의

1) 에너지사용계획을 수립하여 산업통상자원부장관에게 제출하여야 하는 사업주관자는 다음에 해당하는 사업을 실시하려는 자

■ 대상사업

- **도시개발사업**
  - 도시개발사업 중 면적 30만㎡ 이상 , 민간 60만㎡ 이상
  - 도시개발사업으로 공업지역조성사업 중 면적 30만㎡ 이상
  - 도시 및 주거환경정비법 정비사업 중 면적 30만㎡ 이상 , 민간 60만㎡ 이상
  - 주택건설사업 또는 대지조성사업 중 면적 30만㎡ 이상 , 민간 60만㎡ 이상
  - 택지의 개발사업 또는 보금자리주택지구조성사업 중 면적 30만㎡ 이상 , 민간 60만㎡ 이상
  - 물류단지개발사업 중 면적 30만㎡ 이상 , 민간 40만㎡이상

- **산업단지개발사업**
  - 국가산업단지의 개발사업 중 면적 15만㎡ 이상 , 민간 30만㎡ 이상
  - 일반산업단지의 개발사업 중 면적 15만㎡ 이상 , 민간 30만㎡ 이상
  - 도시첨단산업단지의 개발사업 중 면적 15만㎡ 이상 , 민간 30만㎡ 이상
  - 농공단지의 개발사업 중 면적 15만㎡ 이상 , 민간 30만㎡ 이상
  - 자유무역지역 중 면적 15만㎡ 이상 , 민간 30만㎡ 이상

- **에너지개발사업**
  - 에너지개발을 목적으로 하는 광업으로서 채광면적 250만㎡ 이상
  - 발전설비(수력발전, 원자력발전, 집단에너지사업용발전 및 신재생에너지이용 발전을 위한 발전 설비는 제외. 폐기물에너지, 석탄을 액화, 가스화한 에너지 또는 중질잔사유를 가스화한 에너지 이용 발전을 위한 발전설비는 포함)로서 발전설비용량이 2만 킬로와트 이상

- **항만건설사업**
  - 무역항 및 연안항의 항만시설 중 하역능력이 연간 1백만 톤 이상
  - 신항만건설사업 중 하역능력이 연간 1백만 톤 이상

- **철도건설사업**
  - 철도건설사업 중 선로의 길이가 10킬로미터 이상. 다만, 기존 철도노선의 직선화 및 복선화를 위한 사업은 제외
  - 도시철도의 건설사업 중 선로의 길이가 10킬로미터 이상

- **공항건설사업**
  - 공항개발사업 중 면적 40만㎡이상. 다만, 여객터미널의 신축, 개축이 포함되지 아니하는 건설사업은 제외
  - 신공항개발사업 중 면적 40만㎡이상. 다만, 여객터미널의 신축, 개축이 포함되지 아니하는 건설사업은 제외

– 관광단지개발사업
  • 관광지 또는 관광단지의 조성사업 중 관광시설계획면적 30만㎡ 이상, 민간 50만㎡ 이상

– 개발촉진지구개발사업 또는 지역종합개발사업

■ 대상 시설

– 건축물 또는 공장
  • 공공사업주관자 : 연료 및 열의 경우 연간 2천5백 티오이 이상 전력의 경우 연간 1천만kWh 이상 사용하는 건축물 또는 공장
  • 민간사업주관자 : 연료 및 열의 경우 연간 5천 티오이 이상 전력의 경우 연간 2천만kWh 이상 사용하는 건축물 또는 공장

– 그 밖의 시설
  • 공공사업주관자 : 연료 및 열의 경우 연간 2천5백 티오이 이상 전력의 경우 연간 1천만kWh 이상 사용하는 건축물 또는 공장
  • 민간사업주관자 : 연료 및 열의 경우 연간 5천 티오이 이상 전력의 경우 연간 2천만kWh 이상 사용하는 건축물 또는 공장 외의 시설

2) 에너지사용계획을 수립하여 제출하여야 하는 공공사업주관자는 다음 어느 하나에 해당하는 시설을 설치 하려는 자
   - 연간 2천5백 티오이 이상의 연료 및 열을 사용하는 시설
   - 연간 1천만 킬로와트시 이상의 전력을 사용하는 시설

3) 에너지사용계획을 수립하여 제출하여야 하는 민간사업주관자는 다음 어느 하나에 해당하는 시설을 설치 하려는 자
   - 연간 5천 티오이 이상의 연료 및 열을 사용하는 시설
   - 연간 2천만 킬로와트시 이상의 전력을 사용하는 시설

4) 에너지사용계획의 내용
   - 사업의 개요
   - 에너지 수요예측 및 공급계획
   - 에너지 수급에 미치게 될 영향 분석
   - 에너지 소비가 온실가스(이산화탄소만 해당)의 배출에 미치게 될 영향 분석
   - 에너지이용 효율 향상 방안

- 에너지이용의 합리화를 통한 온실가스(이산화탄소만 해당)의 배출감소 방안
- 사후관리계획
- 그 밖에 산업통상자원부장관이 정하는 사항

5) 에너지사용계획의 수립을 대행할 수 있는 기관

- 국공립연구기관
- 정부출연연구기관
- 대학부설 에너지 관계 연구소
- 엔지니어링사업자 또는 기술사
- 에너지절약전문기업

6) 에너지사용계획의 검토기준

- 에너지의 수급 및 이용 합리화 측면에서 해당사업의 실시 또는 시설 설치의 타당성
- 부문별, 용도별 에너지 수요의 적절성
- 연료, 열 및 전기의 공급 체계, 공급원 선택 및 관련 시설 건설계획의 적절성
- 해당사업에 있어서 용지의 이용 및 시설의 배치에 관한 효율화 방안의 적절성
- 고효율에너지이용 시스템 및 설비 설치의 적절성
- 에너지이용의 합리화를 통한 온실가스(이산화탄소만 해당) 배출감소 방안의 적절성
- 폐열의 회수, 활용 및 폐기물 에너지이용계획의 적절성
- 신재생에너지이용계획의 적절성
- 사후 에너지관리계획의 적절성

⑼ 효율관리기자재의 지정 등

1) 산업통상자원부장관은 일반적으로 널리 보급되어 있는 에너지사용기자재(상당량의 에너지를 소비하는 기자재) 또는 에너지관련기자재(에너지를 사용하지 아니하나 그 구조 및 재질에 따라 열손실 방지 등으로 에너지 절감에 기여하는 기자재)로서 산업통상자원부령으로 정하는 기자재(효율관리기자재)에 대하여 다음 사항을 정하여 고시하여야 함.

다만, 건축물에 고정되어 설치, 이용되는 기자재 및 자동차부품을 효율관리기자재로 정하는 경우에는 국토교통부장관과 협의한 후 다음 사항을 공동으로 정하여 고시하여야 함.

- 에너지의 목표소비효율 또는 목표사용량의 기준
- 에너지의 최저소비효율 또는 최대사용량의 기준

　　　- 에너지의 소비효율 또는 사용량의 기준
　　　- 에너지의 소비효율 등급기준 및 등급표시
　　　- 에너지의 소비효율 또는 사용량의 측정방법
　　　- 그 밖에 산업통상자원부령으로 정하는 사항

2) 효율관리기자재의 제조업자 또는 수입업자는 효율관리시험기관에서 에너지 사용량을 측정받아 에너지소비효율등급 또는 에너지소비효율을 표시해야 함.

3) **효율관리시험기관**

　　　- 국가가 설립한 시험 · 연구기관
　　　-「특정연구기관 육성법」에 따른 특정연구기관
　　　- 산업통상자원부장관이 인정하는 기관

4) **효율관리기자재**

　　　- 전기냉장고
　　　- 전기냉방기
　　　- 전기세탁기
　　　- 조명기기
　　　- 삼상유도전동기
　　　- 자동차
　　　- 그 밖에 고시하는 기자재 및 설비

⑽ 평균에너지소비효율제도

1) 산업통상자원부장관은 각 효율관리지가재의 에너지소비효율 합계를 그 기자재의 총수로 나누어 산출한 평균에너지소비효율에 대하여 총량적인 에너지효율의 개선이 필요하다고 인정하는 기자재로서 승용자동차 등 산업통상자원부령으로 정하는 기자재(평균효율관리기자재)를 제조하거나 수입하여 판매하는 자가 지켜야 할 평균에너지소비효율을 관계 행정정기관의 장과 협의하여 고시하여야 함.

2) **평균에너지소비효율 산정방법**

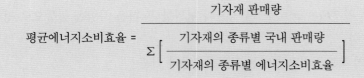

$$\text{평균에너지소비효율} = \frac{\text{기자재 판매량}}{\sum\left[\dfrac{\text{기자재의 종류별 국내 판매량}}{\text{기자재의 종류별 에너지소비효율}}\right]}$$

⑾ 대기전력저감대상제품의 지정

1) 정의

- 외부의 전원과 연결만 되어 있고, 주기능을 수행하지 아니하거나 외부로부터 커짐 신호를 기다리는 상태 에서 소비되는 전력의 저감이 필요하다고 인정되는 에너지사용기자재로서 산업통상자원부령으로 정하는 제품.

2) 고시 내용

- 대기전력저감대상제품의 각 제품별 적용범위
- 대기전력저감기준
- 대기전력의 측정방법
- 대기전력 저감성이 우수한 대기전력저감대상제품의 표시
- 그 밖에 산업통상자원부령으로 정하는 사항

3) 대상제품

1. 컴퓨터	2. 모니터	3. 프린터	4. 복합기	5. 셋톱박스
6. 전자레인지	7. 팩시밀리	8. 복사기	9. 스캐너	10. 비디오테이프레코더
11. 오디오	12. DVD플레이어	13. 라디오카세트	14. 도어폰	15. 유무선전화기
16. 비데	17. 모뎀	18. 홈 게이트웨이	19. 자동절전제어장치	20. 손건조기
21. 서버	22. 디지털컨버터	23. 그 밖에 고시 제품		

⑿ 대기전력경고표지대상제품의 지정

1) 산업통상자원부장관은 대기전력저감대상제품 중 대기전력 저감을 통한 에너지이용의 효율을 높이기 위하여 대기전력저감기준에 적합할 것이 요구되는 제품으로 산업통상자원부령으로 정하는 제품(대기전력경고표지대상제품)에 대하여 다음을 정하여 고시하여야 함.

- 대기전력경고표지대상제품의 각 제품별 적용범위
- 대기전력경고표지대상제품의 경고 표시
- 그 밖에 산업통상자원부령으로 정하는 사항

2) 대상제품

1. 컴퓨터	2. 모니터	3. 프린터	4. 복합기	5. 셋톱박스
6. 전자레인지	7. 팩시밀리	8. 복사기	9. 스캐너	10. 비디오테이프레코더
11. 오디오	12. DVD플레이어	13. 라디오카세트	14. 도어폰	15. 유무선전화기
16. 비데	17. 모뎀	18. 홈 게이트웨이		

⒀ **고효율에너지기자재의 인증**

1) 산업통상자원부장관은 에너지이용의 효율성이 높아 보급을 촉진할 필요가 있는 에너지사용기자재 또는 에너지관련기자재로서 산업통상자원부령으로 정하는 기자재(고효율기자재인증대상기자재)에 대하여 다음 사항을 정하여 고시해야 함. 다만, 건축물에 고정되어 설치, 이용되는 기자재 및 자동차부품을 고효율에너지인증대상기자재로 정하려는 경우에는 국토교통부장관과 협의한 후 다음 사항을 공동으로 정하여 고시해야 함.
   - 고효율에너지인증대상기자재의 각 기자재별 적용범위
   - 고효율에너지인증대상기자재의 인증 기준, 방법 및 절차
   - 고효율에너지인증대상기자재의 성능 측정방법
   - 에너지이용의 효율성이 우수한 고효율에너지인증대상기자재의 인증 표시
   - 그 밖에 산업통상자원부령으로 정하는 사항

2) 고효율에너지인증대상기자재의 제조업자 또는 수입업자는 인증 표시를 하려면 고효율시험기관의 측정을 받아 산업통상자원부장관으로부터 인증을 받아야 함.

3) 인증을 받으려는 자는 산업통상자원부장관에게 인증을 신청해야 함.

4) **고효율시험기관으로 지정받으려는 자**
   - 다음의 어느 하나일 것
     - 국가가 설립한 시험 · 연구기관
     - 특정연구기관
     - 시험 · 검사기관으로 인정받은 기관
     - 산업통상자원부장관이 인정하는 기관
   - 산업통상자원부장관이 고시하는 시험설비 및 전문인력을 갖출 것

5) **대상**
   - 펌프
   - 산업건물용 보일러
   - 무정전전원장치
   - 폐열회수형 환기장치
   - 발광다이오드(LED) 등 조명기기
   - 그 밖에 고시하는 기자재 및 설비

⑭ **에너지절약전문기업의 지원**

1) 정부는 다음에 해당하는 사업을 하는 자로서 산업통상자원부장관에게 등록을 한 자(에너지절약전문기업)가 에너지절약사업과 이를 통한 온실가스의 배출을 줄이는 사업을 하는 데에 필요한 지원을 할 수 있음.

- 에너지사용시설의 에너지절약을 위한 관리, 용역사업
- 금융, 세제상의 지원에 따른 에너지절약형 시설투자에 관한 사업
- 신에너지 및 재생에너지원의 개발 및 보급사업
- 에너지절약형 시설 및 기자재의 연구개발사업

2) 에너지전문기업으로 등록하려는 자는 대통령령으로 정하는 바에 따라 장비, 자산 및 기술인력 등의 등록기준을 갖추어 산업통상자원부장관에게 등록을 신청해야 함.

⑮ **자발적 협약체결기업의 지원**

1) 정부는 에너지사용자 또는 에너지공급자로서 에너지의 절약과 합리적인 이용을 통한 온실가스의 배출을 줄이기 위한 목표와 그 이행방법 등에 관한 계획을 자발적으로 수립하여 이를 이행하기로 정부나 지방자치단체와 약속(자발적 협약)한 자가 에너지절약형 시설이나 그 밖에 대통령령으로 정하는 시설 등에 투자하는 경우에는 지원할 수 있다.

2) **수립계획에 포함되어야 할 사항**

- 협약 체결 전년도의 에너지소비 현황
- 에너지를 사용하여 만드는 제품, 부가가치 등의 단위당 에너지이용효율 향상목표 또는 온실가스배출 감축목표(효율향상목표) 및 그 이행방법
- 에너지관리체제 및 에너지관리방법
- 효율향상목표 등의 이행을 위한 투자계획
- 그 밖에 필요한 사항

3) **자발적 협약의 평가기준**

- 에너지절감량 또는 에너지의 합리적인 이용을 통한 온실가스배출 감축량
- 계획 대비 달성률 및 투자실적
- 자원 및 에너지의 재활용 노력
- 그 밖에 온실가스 배출 감축에 관한 사항

⒃ 에너지다소비사업자의 신고

1) 에너지다소비사업자는 다음 각 호의 사항을 매년 1월 31일까지 관할 시도지사에게 신고해야 함.
- 전년도의 에너지사용량, 제품 생산량
- 해당 연도의 에너지사용예정량, 제품생산예정량
- 에너지사용기자재의 현황
- 전년도의 에너지이용 합리화 실적 및 해당 연도의 계획
- 에너지관리자의 현황

2) 시도지사는 매년 2월 말일까지 산업통상자원부장관에게 보고해야 함.

⒄ 에너지진단

1) 산업통상자원부장관은 에너지다소비사업자가 에너지관리기준을 부문별로 정하여 고시하여야 함.

2) 에너지다소비사업자는 진단기관으로부터 3년 이상의 범위에서 대통령령으로 정하는 기간마다 에너지진단을 받아야 함.

3) 산업통상자원부장관은 대통령령으로 정하는 바에 따라 에너지진단업무에 관한 자료제출을 요구하는 등
진단기관을 관리, 감독함.

4) 산업통상자원부장관은 자체에너지절감실적이 우수한 에너지다소비사업자에 대하여는 에너지진단을 면제
하거나 에너지진단주기를 연장할 수 있음.

5) 산업통상자원부장관은 에너지진단 결과 에너지다소비사업자가 에너지관리기준을 지키고 있지 아니한 경우에는 에너지관리지도를 할 수 있음.

6) 산업통상자원부장관은 에너지다소비사업자가 에너지진단 비용의 전부 또는 일부를 지원할 수 있음.

7) 진단기관의 지정기준은 대통령령으로 정하고, 진단기관의 지정절차와 그 밖에 필요한 사항은 산업통상자원부령으로 정함.

8) 에너지진단의 범위와 방법, 그 밖에 필요한 사항은 산업통상자원부장관이 정하여 고시함.

9) 에너지진단주기

연간 에너지사용량	에너지진단주기
20만 티오이 이상	전체진단 : 5년 부분진단 : 3년
20만 티오이 미만	5년

비고. 20만 티오이 이상인 자에 대해서는 10만 티오이 이상의 사용량을 기준으로 구역별로 나누어 에너지진단을 할 수 있음.

10) 에너지진단비용의 지원

- 산업통상자원부장관은 에너지진단비용을 지원할 수 있는 에너지다소비사업자
  는 다음 요건을 모두 갖춰야 함.
  - 중소기업
  - 연간 에너지사용량이 1만 티오이 미만일 것.

11) 제외대상 사업장

- 전기사업자가 설치하는 발전소
- 아파트
- 연립주택
- 다세대주택
- 판매시설 중 소유자가 2명 이상이며, 공동 에너지사용설비의 연간 에너지사용
  량이 2천 티오이 미만인 사업장
- 오피스텔
- 창고
- 지식산업센터
- 군사시설
- 폐기물처리시설
- 그 밖에 에너지진단의 효과가 적다고 인정하여 고시하는 사업장

12) 에너지진단 면제 또는 에너지진단주기 연장할 수 있는 자

- 자발적 협약을 체결한 자로서 이행실적이 우수한 사업자로 선정된 자
- 에너지절약 유공자로서 중앙행정기관의 장 이상의 표창권자가 준 단체표창을
  받은 자
- 에너지진단 결과를 반영하여 에너지를 효율적으로 이용하고 있다고 고시된 자
- 지난 연도 에너지사용량의 30%이상을 다음에 해당하는 제품, 기자재 및 설비(
  친에너지형 설비) 를 이용하여 공급하는 자

- 금융, 세제상의 지원을 받는 설비
- 효율관리기자재 중 에너지소비효율이 1등급인 제품
- 대기전력저감우수제품
- 인증 표시를 받은 고효율에너지기자재
- 신재생에너지 설비

대상사업자	면제 또는 연장 범위
에너지절약 이행실적 우수사업자	
가. 자발적 협약 우수사업장으로 선정된 자(중소기업인 경우)	에너지진단 1회 면제
나. 자발적 협약 우수사업장으로 선정된 자(중소기업인 아닌 경우)	1회 선정에 에너지진단주기 1년 연장
2. 에너지절약 유공자	에너지진단 1회 면제
3. 에너지진단 결과를 반영하여 에너지를 효율적으로 이용하고 있는 자	1회 선정에 에너지진단주기 3년 연장
4. 지난 연도 에너지사용량의 30%이상을 친에너지형 설비를 이용하여 공급하는 자	에너지진단 1회 면제

13) 에너지진단전문기관의 지정시 제출 서류

- 에너지진단업무 수행계획서
- 보유장비명세서
- 기술인력명세서(자격증 사본, 경력증명서, 재직증명서 포함)

⑱ 목표에너지원단위의 설정

산업통상자원부장관은 관계 행정기관의 장과 협의하여 에너지를 사용하여 만드는 제품의 단위당 에너지사용목표량 또는 건축물의 단위면적당 에너지사용목표량(목표에너지원단위)을 정하여 고시함.

⑲ 붙박이에너지사용기자재의 효율관리

1) 산업통상자원부장관은 건설업자가 설치하여 입주자에게 공급하는 붙박이 가전제품(난방, 냉방, 급탕, 조명, 환기를 위한 제품은 제외)으로서 국토교통부장관과 협의하여 산업통상자원부령으로 정하는 에너지사용기자재(붙박이에너지사용기자재)의 에너지이용 효율을 높이기 위하여 다음 사항을 정하여 고시해야 함.
- 에너지의 최저소비효율 또는 최대사용량의 기준

       – 에너지의 소비효율등급 또는 대기전력 기준

       – 그 밖에 산업통상자원부령으로 정하는 사항

⑳ 폐열의 이용

「집단에너지사업법」에 따른 사업자는 집단에너지공급대상지역으로 지정된 지역에 소
각시설이나 산업시설에서 발생되는 폐열을 활용하기 위하여 적극 노력해야 함.

㉑ 냉난방온도제한건물의 지정

1) 대상

    – 정부, 지방자치단체, 공공기관의 업무용 건물

    – 에너지다소비사업자의 에너지사용시설 중 에너지사용량이 대통령령으로 정하는
      기준량 이상인 건물

      • 연간 에너지사용량이 2천 티오이 이상인 건물

      • 제외 : 공장, 공동주택

2) 제한온도

    – 냉방 : 26℃ 이상(판매시설 및 공항의 경우 25℃ 이상)

    – 난방 : 20℃ 이하

3) 제외 구역

    – 의료기관의 실내구역

    – 식품 등의 품질관리를 위해 냉난방온도의 제한온도 적용이 적절하지 않은 구역

    – 숙박시설 중 객실 내부구역

    – 그 밖에 고시하는 구역

㉒ 특정열사용기자재

    – 보일러

    – 태양열 집열기

    – 압력용기

    – 요업요로

    – 금속요로

⑳ 에너지관리공단

1) 사업

- 에너지이용 합리화 및 이를 통한 온실가스의 배출을 줄이기 위한 사업
- 에너지기술의 개발, 도입, 지도 및 보급
- 에너지이용 합리화, 신에너지 및 재생에너지의 개발과 보급, 집단에너지공급사업을 위한 자금의 융자 및지원
- 에너지절약전문기업의 에너지사용시설의 에너지절약을 위한 관리, 용역사업 / 에너지절약형 시설투자에 관한 사업
- 에너지진단 및 에너지관리지도
- 신에너지 및 재생에너지 개발사업의 촉진
- 에너지관리에 관한 조사, 연구, 교육 및 홍보
- 에너지이용 합리화사업을 위한 토지, 건물 및 시설 등의 취득, 설치, 운영, 대여 및 양도
- 집단에너지사업의 촉진을 위한 지원 및 관리
- 에너지사용기자재, 에너지관련기자재의 효율관리 및 열사용기자재의 안전관리

4. 저탄소 녹색성장 기본법

(1) 목적

이 법은 경제와 환경의 조화로운 발전을 위하여 저탄소(低炭素) 녹색성장에 필요한 기반을 조성하고 녹색기술과 녹색산업을 새로운 성장동력으로 활용함으로써 국민경제의 발전을 도모하며 저탄소 사회 구현을 통하여 국민의 삶의 질을 높이고 국제사회에서 책임을 다하는 성숙한 선진 일류국가로 도약하는 데 이바지함을 목적으로 한다.

(2) 정의

1) 저탄소

화석연료에 대한 의존도를 낮추고 청정에너지의 사용 및 보급을 확대하며 녹색기술 연구개발, 탄소흡수원 확충 등을 통하여 온실가스를 적정수준 이하로 줄이는 것

2) 녹색성장

에너지와 자원을 절약하고 효율적으로 사용하여 기후변화와 환경훼손을 줄이고 청정에너지와 녹색기술의 연구개발,성장동력 확보, 일자리 창출 등 경제와 환경이 조화를 이루는 성장

3) 녹색기술

온실가스 감축기술, 에너지 이용 효율화 기술, 청정생산기술, 청정에너지 기술, 자원순환 및 친환경 기술 등 온실가스 및 오염물질의 배출을 최소화하는 기술

4) 녹색산업

경제활동 전반에 걸쳐 에너지와 자원의 효율을 높이고 환경을 개선할 수 있는 재화의 생산 및 서비스의 제공 등을 통하여 저탄소 녹색성장을 이루기 위한 모든 산업

5) 녹색제품

온실가스 및 오염물질의 발생을 최소화하는 제품

6) 녹색생활

에너지 절약 및 온실가스와 오염물질의 발생을 최소화하는 생활

7) 녹색경영

자원과 에너지 절약 ,온실가스 배출 및 환경오염의 발생을 최소화하면서 사회적, 윤리적 책임을 다하는 경영

8) 지속가능발전

지속가능성에 기초하여 경제의 성장, 사회의 안정과 통합 및 환경의 보전이 균형을 이루는 발전

9) 온실가스

이산화탄소, 메탄, 아산화질소, 수소불화탄소, 과불화탄소, 육불화황 등으로 적외선 복사열을 흡수, 재방출하여 온실효과를 유발하는 대기 중의 가스

10) 온실가스 배출

사람의 활동에 수반하여 발생하는 온실가스를 배출, 방출 또는 누출시키는 직접배출과 다른 사람으로부터 공급된 전기 도는 열을 사용함으로써 온실가스가 배출되도록 하는 간접배출

11) 지구온난화

온실가스가 축적되어 온실가스 농도를 증가시킴으로써 지구 전체적으로 지표 및 대기의 온도가 추가적으로 상승하는 현상

12) 기후변화

사람의 활동으로 인하여 온실가스의 농도가 변함으로써 자연적인 기후변동에 추가적으로 일어나는 기후체계의 변화

13) 자원순환

폐기물의 발생을 억제하고 발생된 폐기물을 재활용 또는 처리하는 등 자원의 순환과정을 환경 친화적으로 이용, 관리하는 것

14) 신재생에너지

- 신에너지 : 기존의 화석연료를 변환시켜 이용하거나 수소, 산소 등의 화학 반응을 통하여 전기 또는 열을 이용하는 에너지
  - 수소에너지
  - 연료전지
  - 석탄을 액화, 가스화한 에너지 및 중질잔사유를 가스화한 에너지
- 재생에너지 : 햇빛, 물, 지열, 강수, 생물유기체 등을 포함하는 재생 가능한 에너지를 변환시켜 이용하는 에너지
  - 태양에너지
  - 풍력
  - 수력
  - 해양에너지
  - 지열에너지
  - 생물자원을 변환시켜 이용하는 바이오에너지
  - 폐기물에너지
  - 그 밖에 대통령령으로 정하는 에너지

15) 에너지 자립도: 국내 총소비에너지량에 대하여 신재생에너지 등 국내 생산에너지량 및 국외에서 개발(지분 취득 포함)한 에너지량을 합한 양이 차지하는 비율

(3) 저탄소 녹색성장 추진의 기본원칙

1) 정부는 기후변화 · 에너지 · 자원 · 문제의 해결, 성장동력 확충, 기업의 경쟁력 강화, 국토의 효율적 활용 및 쾌적한 환경조성 등을 포함하는 종합적인 국가 발전전략을 추진

2) 정부는 시장기능을 활성화하여 민간이 주도하는 저탄소 녹색성장을 추진

3) 정부는 녹색기술과 녹색산업을 경제성장의 핵심 동력, 새로운 일자리 창출, 확대 등 새로운 경제체제 구축

4) 정부는 녹색기술 및 녹색산업 분야에 대한 중점 투자 및 지원 강화

5) 정부는 사회 · 경제 활동에서 에너지와 자원이용의 효율성을 높이고 자원순환을 촉진

6) 정부는 자연자원과 환경의 가치를 보존하면서 국토와 기반시설을 저탄소 녹색성
   장에 적합하게 개편

7) 정부는 환경오염이나 온실가스 배출로 인한 경제적 비용이 재화 또는 서비스의 시
   장가격에 합리적으로 반영되도록 조세체계와 금융체계를 개편하여 자원을 효율적
   으로 배분하고 국민의 소비 및 생활 방식이 저탄소 녹색성장에 기여하도록 적극
   유도

8) 정부는 국민 참여, 국가기관, 지방자치단체, 기업, 경제단체 및 시민단체가 협력하
   여 저탄소 녹색성장을 구현하도록 노력

9) 정부는 저탄소 녹색성장에 관한 국제적 동향을 조기 파악, 분석, 국가 정책에 반영,
   국가의 위상과 품격을 높임.

(4) 녹색건축물의 확대

1) 정부는 에너지이용 효율 및 신재생에너지의 사용비율이 높고 온실가스 배출을 최
   소화하는 건축물(녹색건축물)을 확대하기 위하여 녹색건축물 등급제 등의 정책을
   수립, 시행하여야 함.

2) 정부는 건축물에 사용되는 에너지소비량과 온실가스 배출량을 줄이기 위하여 대통
   령령으로 정하는 기준 이상의 건물에 대한 중장기 및 기간별 목표를 설정, 관리하
   여야 함.
   - 녹색건축물 인증을 받은 건축물
   - 효율적인 에너지 관리를 위한 설계기준에 맞게 설계된 건축물
   - 건축 폐자재를 건축물의 신축공사를 위한 골조공사에 100분의 15 이상 사용한
     건축물
   - 건축물 에너지효율등급 인증을 받은 건축물

3) 정부는 건축물의 설계, 건설, 유지관리, 해체 등의 전 과정에서 에너지, 자원 소비
   를 최소화하고 온실가스 배출을 줄이기 위하여 설계, 건설, 유지관리, 해체 등의 단
   계별 대책 및 기준을 마련하여 시행하여야 함.

4) 정부는 기존 건축물이 녹색건축물로 전환되도록 에너지 진단 및 에너지절약사업
   과 이를 통한 온실가스 배출을 줄이는 사업을 지속적으로 추진하여야 함.

5) 정부는 신축되거나 개축되는 건축물에 대해서는 에너지의 소비량을 조절, 절약할
   수 있는 지능형 계량기를 부착, 관리하도록 할 수 있음.

6) 정부는 중앙행정기관, 지방자치단체, 공공기관 및 교육기관등의 건축물이 녹색건축물의 선도적 역할을 수행하도록 관련규정에 따른 시책을 적용하고 그 이행사항을 점검, 관리하여야 함.
   - 공공기관
   - 지방공사 및 지방공단
   - 연구기관 및 연구회
   - 지방자치단체출연연구원
   - 병원(국립대학병원, 국립대학치과병원, 서울대학교 병원, 서울대학교치과병원)
   - 국립대학 및 공립대학

7) 정부는 대통령령으로 정하는 일정 규모 이상의 신도시의 개발 또는 도시 재개발을 하는 경우에는 녹색건축물을 확대, 보급하도록 노력하여야 함.
   - 330만제곱미터이상의 규모로 시행되는 택지개발사업
   - 행정중심복합도시건설사업
   - 기업도시개발사업
   - 혁신도시개발사업
   - 그 밖에 100만제곱미터 이상의 도시개발사업

8) 정부는 녹색건축물의 확대를 위하여 필요한 경우 대통령령으로 정하는 바에 따라 자금의 지원, 조세의 감면 등의 지원을 할 수 있음.
   - 에너지 절약계획서의 에너지 성능지표(EPI) 점수가 80점이상인 건축물
   - 녹색 건축 인증을 받은 건축물
   - 에너지효율등급 인증을 받은 건축물
   - 에너지 효율을 개선하기 위하여 지원이 필요하다고 인정한 경우
   - 그 밖에 자금의 지원 또는 조세의 감면이 필요하다고 인정한 경우

(5) 에너지기본계획의 수립

① 정부는 에너지정책의 기본원칙에 따라 20년을 계획기간으로 하는 에너지기본계획을 5년마다 수립·시행하여야 한다.

② 에너지기본계획을 수립하거나 변경하는 경우에는 「에너지법」 제9조에 따른 에너지위원회의 심의를 거친 다음 위원회와 국무회의의 심의를 거쳐야 한다. 다만, 대통령령으로 정하는 경미한 사항을 변경하는 경우에는 그러하지 아니하다.

③ 에너지기본계획에는 다음의 사항이 포함되어야 한다.

1. 국내외 에너지 수요와 공급의 추이 및 전망에 관한 사항
2. 에너지의 안정적 확보, 도입·공급 및 관리를 위한 대책에 관한 사항
3. 에너지 수요 목표, 에너지원 구성, 에너지 절약 및 에너지 이용효율 향상에 관 한 사항
4. 신·재생에너지 등 환경친화적 에너지의 공급 및 사용을 위한 대책에 관한 사항
5. 에너지 안전관리를 위한 대책에 관한 사항
6. 에너지 관련 기술개발 및 보급, 전문인력 양성, 국제협력, 부존 에너지자원 개발 및 이용, 에너지 복지 등에 관한 사항

(6) 교통부문의 온실가스 관리

① 자동차 등 교통수단을 제작하려는 자는 그 교통수단에서 배출되는 온실가스를 감축하기 위한 방안을 마련하여야 하며, 온실가스 감축을 위한 국제경쟁 체제에 부응할 수 있도록 적극 노력하여야 한다.

② 정부는 자동차의 평균에너지소비효율을 개선함으로써 에너지 절약을 도모하고, 자동차 배기가스 중 온실가스를 줄임으로써 쾌적하고 적정한 대기환경을 유지할 수 있도록 자동차 평균에너지소비효율기준 및 자동차 온실가스 배출허용기준을 각각 정하되, 이중규제가 되지 않도록 자동차 제작업체(수입업체를 포함한다)로 하여금 어느 한 기준을 택하여 준수토록 하고 측정방법 등이 중복되지 않도록 하여야 한다.

③ 정부는 온실가스 배출량이 적은 자동차 등을 구매하는 자에 대하여 재정적 지원을 강화하고 온실가스 배출량이 많은 자동차 등을 구매하는 자에 대해서는 부담금을 부과하는 등의 방안을 강구할 수 있다.

④ 정부는 하이브리드 자동차, 수소연료전지 자동차 등 저탄소·고효율 교통수단의 제작·보급을 촉진하기 위하여 재정·세제 지원, 연구개발 및 관련 제도 개선 등의 방안을 강구할 수 있다.

(7) 기후변화 영향평가 및 적응대책의 추진

① 정부는 기상현상에 대한 관측·예측·제공·활용 능력을 높이고, 지역별·권역별로 태양력·풍력·조력 등 신·재생에너지원을 확보할 수 있는 잠재력을 지속적으로 분석·평가하여 이에 관한 기상정보관리체계를 구축·운영하여야 한다.

② 정부는 기후변화에 대한 감시·예측의 정확도를 향상시키고 생물자원 및 수자원 등의 변화 상황과 국민건강에 미치는 영향 등 기후변화로 인한 영향을 조사·분석하기 위한 조사·연구, 기술개발, 관련 전문기관의 지원 및 국내외 협조체계 구축 등의 시책을 추진하여야 한다.

③ 정부는 관계 중앙행정기관의 장과 협의하여 기후변화로 인한 생태계, 생물다양성, 대기, 수자원·수질, 보건, 농·수산식품, 산림, 해양, 산업, 방재 등에 미치는 영향 및 취약성을 조사·평가하고 그 결과를 공표하여야 한다.

④ 정부는 기후변화로 인한 피해를 줄이기 위하여 사전 예방적 관리에 우선적인 노력을 기울여야 하며 대통령령으로 정하는 바에 따라 기후변화의 영향을 완화시키거나 건강·자연재해 등에 대응하는 적응대책을 수립·시행하여야 한다.

⑤ 정부는 국민·사업자 등이 기후변화 적응대책에 따라 활동할 경우 이에 필요한 기술적 및 재정적 지원을 할 수 있다.

(8) 녹색국토의 관리

① 정부는 건강하고 쾌적한 환경과 아름다운 경관이 경제발전 및 사회개발과 조화를 이루는 국토를 조성하기 위하여 국토종합계획·도시·군기본계획 등 대통령령으로 정하는 계획을 녹색생활 및 지속가능발전의 기본원칙에 따라 수립·시행하여야 한다.

② 정부는 녹색국토를 조성하기 위하여 다음의 사항을 포함하는 시책을 마련하여야 한다.

1. 에너지·자원 자립형 탄소중립도시 조성
2. 산림·녹지의 확충 및 광역생태축 보전
3. 해양의 친환경적 개발·이용·보존
4. 저탄소 항만의 건설 및 기존 항만의 저탄소 항만으로의 전환
5. 친환경 교통체계의 확충
6. 자연재해로 인한 국토 피해의 완화
7. 그 밖에 녹색국토 조성에 관한 사항

③ 정부는 「국토기본법」에 따른 국토종합계획, 「국가균형발전 특별법」에 따른 지역발전계획 등 대통령령으로 정하는 계획을 수립할 때에는 미리 위원회의 의견을 들어야 된다.

(9) 저탄소 교통체계의 구축

① 정부는 교통부문의 온실가스 감축을 위한 환경을 조성하고 온실가스 배출 및 에너지의 효율적인 관리를 위하여 대통령령으로 정하는 바에 따라 온실가스 감축목표 등을 설정·관리하여야 한다.

② 정부는 에너지소비량과 온실가스 배출량을 최소화하는 저탄소 교통체계를 구축하기 위하여 대중교통분담률, 철도수송분담률 등에 대한 중장기 및 단계별 목표를 설정·관리하여야 한다.

③ 정부는 철도가 국가기간교통망의 근간이 되도록 철도에 대한 투자를 지속적으로 확대하고 버스·지하철·경전철 등 대중교통수단을 확대하며, 자전거 등의 이용 및 연안해운을 활성화하여야 한다.

④ 정부는 온실가스와 대기오염을 최소화하고 교통체증으로 인한 사회적 비용을 획기적으로 줄이며 대도시·수도권 등에서의 교통체증을 근본적으로 해결하기 위하여 다음의 사항을 포함하는 교통수요관리대책을 마련하여야 한다.

1. 혼잡통행료 및 교통유발부담금 제도 개선
2. 버스·저공해차량 전용차로 및 승용차진입제한 지역 확대
3. 통행량을 효율적으로 분산시킬 수 있는 지능형교통정보시스템 확대·구축

⑽ 녹색건축물의 확대

① 정부는 에너지이용 효율 및 신·재생에너지의 사용비율이 높고 온실가스 배출을 최소화하는 건축물을 확대하기 위하여 녹색건축물 등급제 등의 정책을 수립·시행하여야 한다.

② 정부는 건축물에 사용되는 에너지소비량과 온실가스 배출량을 줄이기 위하여 대통령령으로 정하는 기준 이상의 건물에 대한 중장기 및 기간별 목표를 설정·관리하여야 한다.

③ 정부는 건축물의 설계·건설·유지관리·해체 등의 전 과정에서 에너지·자원 소비를 최소화하고 온실가스 배출을 줄이기 위하여 설계기준 및 허가·심의를 강화하는 등 설계·건설·유지관리·해체 등의 단계별 대책 및 기준을 마련하여 시행하여야 한다.

④ 정부는 기존 건축물이 녹색건축물로 전환되도록 에너지 진단 및 「에너지이용 합리화법」 제25조에 따른 에너지절약사업과 이를 통한 온실가스 배출을 줄이는 사업을 지속적으로 추진하여야 한다.

⑤ 정부는 신축되거나 개축되는 건축물에 대해서는 전력소비량 등 에너지의 소비량을 조절·절약할 수 있는 지능형 계량기를 부착·관리하도록 할 수 있다.

⑥ 정부는 중앙행정기관, 지방자치단체, 대통령령으로 정하는 공공기관 및 교육기관 등의 건축물이 녹색건축물의 선도적 역할을 수행하도록 제1항부터 제5항까지의

규정에 따른 시책을 적용하고 그 이행사항을 점검·관리하여야 한다.

⑦ 정부는 대통령령으로 정하는 일정 규모 이상의 신도시의 개발 또는 도시 재개발을 하는 경우에는 녹색건축물을 확대·보급하도록 노력하여야 한다.

⑧ 정부는 녹색건축물의 확대를 위하여 필요한 경우 대통령령으로 정하는 바에 따라 자금의 지원, 조세의 감면 등의 지원을 할 수 있다.

⑪ 친환경 농림수산의 촉진 및 탄소흡수원 확충

① 정부는 에너지 절감 및 바이오에너지 생산을 위한 농업기술을 개발하고, 기후변화에 대응하는 친환경 농산물 생산기술을 개발하여 화학비료·자재와 농약사용을 최대한 억제하고 친환경·유기농 농수산물 및 나무제품의 생산·유통 및 소비를 확산하여야 한다.

② 정부는 농지의 보전·조성 및 바다숲(대기의 온실가스를 흡수하기 위하여 바다 속에 조성하는 우뭇가사리 등의 해조류군을 말한다)의 조성 등을 통하여 탄소흡수원을 확충하여야 한다.

③ 정부는 산림의 보전 및 조성을 통하여 탄소흡수원을 대폭 확충하고, 산림바이오매스 활용을 촉진하여야 한다.

④ 정부는 기후변화에 적극 대응할 수 있는 신품종 개량 등을 통하여 식량자립도를 높일 수 있는 시책을 수립·시행하여야 한다.

⑫ 녹색성장을 위한 생산·소비 문화의 확산

① 정부는 재화의 생산·소비·운반 및 폐기(이하 "생산등"이라 한다)의 전 과정에서 에너지와 자원을 절약하고 효율적으로 이용하며 온실가스와 오염물질의 발생을 줄일 수 있도록 관련 시책을 수립·시행하여야 한다.

② 정부는 재화 및 서비스의 가격에 에너지 소비량 및 탄소배출량 등이 합리적으로 연계·반영되고 그 정보가 소비자에게 정확하게 공개·전달될 수 있도록 하여야 한다.

③ 정부는 재화의 생산등의 전 과정에서 에너지와 자원의 사용량, 온실가스와 오염물질의 배출량 등을 분석·평가하고 그 결과에 관한 정보를 축적하여 이용할 수 있는 정보관리체계를 구축·운영할 수 있다.

④ 정부는 녹색제품의 사용·소비의 촉진 및 확산을 위하여 재화의 생산자와 판매자 등으로 하여금 그 재화의 생산등의 과정에서 발생되는 온실가스와 오염물질의 양에 대한 정보 또는 등급을 소비자가 쉽게 인식할 수 있도록 표시·공개하도록 하는 등의 시책을 수립·시행할 수 있다.

⑬ 녹색생활 실천의 교육 · 홍보

① 정부는 저탄소 녹색성장을 위한 교육 · 홍보를 확대함으로써 산업체와 국민 등이 저탄소 녹색성장을 위한 정책과 활동에 자발적으로 참여하고 일상생활에서 녹색 생활 문화를 실천할 수 있도록 하여야 한다.

② 정부는 녹색생활 실천이 어릴 때부터 자연스럽게 이루어질 수 있도록 교과용 도서를 포함한 교재 개발 및 교원 연수 등 저탄소 녹색성장에 관한 학교교육을 강화하고 일반 교양교육, 직업교육, 기초평생교육 과정 등과 통합 · 연계한 교육을 강화하여야 한다.

③ 정부는 녹색생활 문화의 정착과 확산을 촉진하기 위하여 신문 · 방송 · 인터넷포털 등 대중매체를 통한 교육 · 홍보 활동을 강화하여야 한다.

④ 공영방송은 지구온난화에 따른 기후변화 및 에너지 관련 프로그램을 제작 · 방영하고 공익광고를 활성화하도록 적극 노력하여야 한다.

⑭ 국제협력의 증진

① 정부는 외국 및 국제기구 등과 저탄소 녹색성장에 관한 정보교환, 기술협력 및 표준화, 공동조사 · 연구 등의 활동에 참여하여 국제협력, 국외진출의 증진을 도모하기 위한 각종 시책을 마련하도록 한다.

② 국가는 개발도상국가가 기후변화에 효과적으로 대응하고 지속가능발전을 촉진할 수 있도록 재정 지원을 하는 등 국제사회의 기대에 맞는 국가적 책무를 성실히 이행하고 국가의 외교적 위상을 높일 수 있도록 노력하여야 한다.

③ 정부는 국제기구 및 관련 기관에서 발표하는 공신력 있는 기후변화대응 평가에 대한 국가별 지수에서 우리나라의 위상 및 평가가 올라갈 수 있도록 기후변화대응을 적극 추진하고 국제협력을 강화하며 관련 정보를 충분히 제공하는 등 모든 노력을 기울여야 한다.

5. 전기사업법

전기사업법일부개정

◇ 개정이유

지난 2010년 제5차전력수급계획에서 민간발전사로는 처음으로 STX그룹이 석탄화력발전 사업자로 선정된데 이어 지난 2013년 제6차전력수급계획에서 대규모 민간 석탄화력발전 사업자로 동양그룹이 선정되었음.

그러나 최근 두 그룹 모두 경영부실로 인하여 발전사업자 매각을 추진하고 있어 발전소 건설지연과 그로 인한 전력수급계획의 차질이 불가피한 실정임.

특히, 부실기업을 발전사업자로 허가한 것이나 발전사업자 매각 시 사업허가권만으로 시장가치가 1조원을 호가하는 등 각종 특혜 논란이 계속되고 있음.

현행법상 전기사업자의 양수, 분할, 합병에 대해서는 산업통상자원부장관의 인가를 받도록 하고 있으나, 대주주가 변경될 경우에는 재무능력 등을 재평가할 수 있는 방법이 없음.

따라서 민간발전사업자의 경영권 획득을 목적으로 주식을 취득하는 경우 최초 허가와 같은 절차를 거쳐 새로 인가를 받도록 제도적 장치를 마련할 필요가 있음.

또한, 산업통상자원부장관이 정하여 고시하는 시점까지 정당한 사유 없이 공사계획 인가를 받지 못하여 공사에 착수하지 못하는 경우에는 사업허가를 취소해 전력수급에 차질이 없도록 하려는 것임.

◇ 주요내용

가. 발전소나 발전연료가 특정 지역에 편중되어 전력계통의 운영에 지장을 주지 않도록 전기사업의 허가기준을 강화함(제7조제5항제4호의2 신설).

나. 전기사업자의 경영권을 실질적으로 지배하려는 목적으로 대통령령으로 정하는 기준에 해당하는 주식을 취득하려는 경우 최초 사업의 허가에 준하여 산업통상자원부장관의 인가를 받도록 함(제10조제1항).

다. 산업통상자원부장관이 정하여 고시하는 시점까지 정당한 사유 없이 공사계획 인가를 받지 못하여 공사에 착수하지 못하는 경우 사업허가를 취소하도록 함(제12조제1항제4호의2 신설).

(1) 목적

이 법은 전기사업에 관한 기본제도를 확립하고 전기사업의 경쟁을 촉진함으로써 전기사업의 건전한 발전을 도모하고 전기사용자의 이익을 보호하여 국민경제의 발전에 이바지함을 목적으로 한다.

(2) 전력시장, 전기사업

① 전력시장이란 전력거래를 위하여 한국전력거래소가 개설하는 시장을 말한다.

② 전기사업이란 발전사업·송전사업·배전사업·전기판매사업 및 구역전기사업을 말한다.

전기사업자란 발전사업자 · 송전사업자 · 배전사업자 · 전기판매사업자 및 구역전기사업자를 말한다.

③ 발전사업이란 전기를 생산하여 이를 전력시장을 통하여 전기판매사업자에게 공급하는 것을 주된 목적으로 하는 사업을 말한다.

발전사업자란 발전사업의 허가를 받은 자를 말한다.

④ 송전사업이란 발전소에서 생산된 전기를 배전사업자에게 송전하는 데 필요한 전기설비를 설치 · 관리하는 것을 주된 목적으로 하는 사업을 말한다.

송전사업자란 송전사업의 허가를 받은 자를 말한다.

⑤ 배전사업이란 발전소로부터 송전된 전기를 전기사용자에게 배전하는 데 필요한 전기설비를 설치 · 운용하는 것을 주된 목적으로 하는 사업을 말한다.

배전사업자란 배전사업의 허가를 받은 자를 말한다. 발전소에서 배전용 변전소까지의 전력수송을 송전이라 하고, 배전용 변전소에서 가정까지의 전력수송을 배전이라 한다.

⑥ 전기판매사업이란 전기사용자에게 전기를 공급하는 것을 주된 목적으로 하는 사업을 말한다.전기판매사업자란 전기판매사업의 허가를 받은 자를 말한다.전기판매사업자는 전력시장에서 전기를 구매하여 전기사용자에게 전기를 공급함. 다시 말해, 전기판매사업자는 도매시장에서 전기를 구매하여 전기사용자에게 판매(= 소매)하는 것이다.

⑦ 구역전기사업이란 3만 5000kW 이하의 발전설비를 갖추고 특정한 공급구역의 수요에 맞추어 전기를 생산하여 전력시장을 통하지 아니하고 그 공급구역의 전기사용자에게 공급하는 것을 주된 목적으로 하는 사업을 말한다.

(에어컨 스탠드형 12평형 1500W. 사람, 보통 100W, 격렬한 운동 800W)

구역전기사업자란 구역전기사업의 허가를 받은 자를 말한다.

표 1-9	구역전기사업자(= 전기직판 사업자) 현황			
순번	사업명	사업자명	설비규모(MW)	허가시기
1	울산 미포국가산업단지	(주)한주	165.0	'87.08
2	여수 국가산업단지	여천NCC(주)	178.0	'76.07
3	대구 염색지방산업단지	대구염색산업단지 관리공단	73.1	'85.01
4	서산 대죽지방산업단지	서해파워(주)	92.0	'90.07
5	이천 공업지역1	이천에너지(주)	20.0	
6	이천 공업지역2	사이스이천열병합발전	250.0	'93.04

7	여수 국가산업단지	금호석유화학(주)	199.4	'88.02
8	서산 대죽지방산업단지	(주)씨텍	97.0	'99.11
9	여수 국가산업단지	LG석유화학(주)	65.0	'00.05
10	부산 정관지구 (지역냉난방)	부산정관에너지(주)	100.3	'99.12
11	인천국제공항 (지역냉난방)	인천공항에너지(주)	127.0	'97.11
12	대구 죽곡지구	대구도시가스	9.0	'05.01
13	양주 고읍지구	경기CES	21.0	'05. 3
14	천안 청수지구	중부도시가스	25.3	'05. 6
15	서울 가락동 한라아파트단지	한국지역난방공사	0.8	'06. 6
16	서울 동남권 유통단지 (= 서울 송파 가든파이브)	한국지역난방공사	32.0	'06. 8
17	아산탕정 제2일반 지방산단 사원주거지	삼성에버랜드	7.3	'06. 9
18	광주 수완지구	수완에너지	109.0	'06. 7
19	광명 역세권지구	삼천리	48.1	'05.12
20	부산 정관지구 (지역냉난방)	부산정관에너지(주)	100.3	99.12
21	서울 사당 극동아파트 단지	케너텍	2.0	'04.11
22	서울 상암 2지구	한국지역난방공사	6.0	'06. 9
23	여수 국가산업단지	여수열병합발전(주)	250.0	'08. 3
24	대전 학하지구	충남도시가스	37.0	'06. 9
25	아산 배방지구	대한주택공사	101.7	'05. 3
26	서울 가재울 뉴타운지구	한국지역난방공사	9.0	'07. 7
27	고양 삼송지구	한국지역난방공사	100.0	'07. 8
28	서울 신도림 디큐브씨티	대성산업(주) 코젠사업부	9.0	'09.01

(3) 전력계통, 전선로 등

1) 전력계통, 전선로 등

① 전력계통이란 전기의 원활한 흐름과 품질유지를 위하여 전기의 흐름을 통제 · 관리하는 체제를 말한다.

② 전선로란 발전소 · 변전소 · 개폐소 및 이에 준하는 장소와 전기를 사용하는 장소 상호간의 전선 및 이를 지지하거나 수용하는 시설물을 말한다.

③ 변전소란 변전소의 밖으로부터 전압 5만V 이상의 전기를 전송받아 이를 변성하여 변전소 밖의 장소로 전송할 목적으로 설치하는 변압기와 그 밖의 전기설비

전체를 말한다.(변성이란 전압을 올리거나 내리는 것 또는 전기의 성질을 변경시키는 것을 말한다.)

④ 개폐소란 다음의 곳의 전압 5만V 이상의 송전선로를 연결하거나 차단하기 위한 전기설비를 말한다.

　가. 발전소 상호간

　나. 변전소 상호간

　다. 발전소와 변전소 간

2) 송전선로, 배전선로, 전기수용설비

① 송전선로란 다음 각 목의 곳을 연결하는 전선로와 이에 속하는 전기설비를 말한다. (이 전선로에서 통신용으로 전용하는 것은 제외한다.)

　가. 발전소 상호간

　나. 변전소 상호간

　다. 발전소와 변전소 간

② 배전선로란 다음 각 곳을 연결하는 전선로와 이에 속하는 전기설비를 말한다.

　가. 발전소와 전기수용설비

　나. 변전소와 전기수용설비

　다. 송전선로와 전기수용설비

　라. 전기수용설비 상호간

③ 전기수용설비란 수전설비와 구내배전설비를 말한다.

④ 수전설비란 타인의 전기설비 또는 구내발전설비로부터 전기를 공급받아 구내배전설비로 전기를 공급하기 위한 전기설비로서 수전지점으로부터 배전반까지의 설비를 말한다.

배전반이란 구내배전설비로 전기를 배전하는 전기설비를 말한다.

⑤ 구내배전설비란 수전설비의 배전반에서부터 전기사용기기에 이르는 전선로ㆍ개폐기ㆍ차단기ㆍ분전함ㆍ콘센트ㆍ제어반ㆍ스위치 및 그 밖의 부속설비를 말한다.

3) 전압

① "저압"이란 직류에서는 750V 이하의 전압을 말하고, 교류에서는 600V 이하의 전압을 말한다.

② "고압"이란 직류에서는 750V를 초과하고 7000V 이하인 전압을 말하고, 교류에서는 600V를 초과하고 7000V 이하인 전압을 말한다.

③ "특고압"이란 7000V를 초과하는 전압을 말한다.

구 분	저 압 (V)	고 압	특고압
직류	~ 750	~ 7000	7000 ~
교류	~ 600	~ 7000	

(4) 전기설비

① 전기설비란 발전 · 송전 · 변전 · 배전 또는 전기사용을 위하여 설치하는 기계 · 기구 · 댐 · 수로 · 저수지 · 전선로 · 보안통신선로 및 그 밖의 설비*로서 다음 각 목의 것을 말한다.
  - 위 '그 밖의 설비'에서 댐건설 및 주변지역지원 등에 관한 법률에 따라 건설되는 댐 · 저수지와 선박 · 차량 또는 항공기에 설치되는 것과 그 밖에 대통령령으로 정하는 것은 제외한다.
    1. 전기사업용 전기설비
    2. 일반용 전기설비
    3. 자가용 전기설비
② 전기사업용 전기설비란 전기설비 중 전기사업자가 전기사업에 사용하는 전기설비를 말한다.
③ 자가용 전기설비란 전기사업용 전기설비 및 일반용 전기설비 외의 전기설비를 말한다.
  (600V 초과, 75kW 이상 수전, 20kW 이상, 10kW 초과 발전 ⇨ 중규모)
④ 자가용 전기설비에 해당하는 경우
    1. 자가용 전기설비를 설치하는 자가 그 자가용 전기설비의 설치장소와 동일한 수전장소에 설치하는 전기설비
    2. 다음의 위험시설에 설치하는 용량 20kW 이상의 전기설비
        가.「총포 · 도검 · 화약류 등 단속법」제2조제3항에 따른 화약류(장난감용 꽃불은 제외한다)를 제조하는 사업장
        나.「광산보안법 시행령」제4조제3항에 따른 갑종탄광
        다.「도시가스사업법」에 따른 도시가스사업장,「액화석유가스의 안전관리 및 사업법」에 따른 액화석유가스의 저장 · 충전 및 판매사업장 또는「고압가스 안전관리법」에 따른 고압가스의 제조소 및 저장소
        라.「위험물 안전관리법」제2조제1항제3호 및 제5호에 따른 위험물의 제조소 또는 취급소

3. 다음의 여러 사람이 이용하는 시설에 설치하는 용량 20kW 이상의 전기설비

> 가. 「공연법」 제2조제4호에 따른 공연장
> 나. 「영화 및 비디오물의 진흥에 관한 법률」 제2조제10호에 따른 영화상영관
> 다. 「식품위생법 시행령」에 따른 유흥주점·단란주점
> 라. 「체육시설의 설치·이용에 관한 법률」에 따른 체력단련장
> 마. 「유통산업발전법」 제2조제3호 및 제6호에 따른 대규모점포 및 상점가
> 바. 「의료법」 제3조에 따른 의료기관
> 사. 「관광진흥법」에 따른 호텔
> 아. 「소방시설 설치유지 및 안전관리에 관한 법률 시행령」에 따른 집회장

⑤ 일반용 전기설비란 산업통상자원부령으로 정하는 소규모의 전기설비로서 한정된 구역에서 전기를 사용하기 위하여 설치하는 전기설비를 말한다.

　1. 전압 600V 이하로서 용량 75kW(제조업 또는 심야전력을 이용하는 전기설비는 용량 100kW) 미만의 전력을 타인으로부터 수전하여 그 수전장소에서 그 전기를 사용하기 위한 전기설비

　　• 위 수전장소에 담·울타리 또는 그 밖의 시설물로 타인의 출입을 제한하는 구역을 포함한다.

　2. 전압 600V 이하로서 용량 10kW 이하인 발전기

(5) 국가 등의 과제

1) 국가·지방의 과제

① 산업통상자원부장관은 이 법의 목적을 달성하기 위하여 전력수급(電力需給)의 안정과 전력산업의 경쟁촉진 등에 관한 기본적이고 종합적인 시책을 마련하여야 한다.

② 특별시장·광역시장·도지사·특별자치도지사(= 시·도지사) 및 시장·군수·구청장은 그 관할 구역의 전기사용자가 전기를 안정적으로 공급받기 위하여 필요한 시책을 마련하여야 하며, 위 산업통상자원부장관의 전력수급 안정을 위한 시책의 원활한 시행에 협력하여야 한다.

2) 전기사업자의 과제

① 전기사업자는 전기사용자의 이익을 보호하기 위한 방안을 마련하여야 한다.

② 전기사업자는 전기설비를 설치하여 전기사업을 할 때에는 자연환경 및 생활환경을 적정하게 관리·보존하는 데 필요한 조치를 마련하여야 한다.

3) 보편적 공급, 안전관리

① "보편적 공급"이란 전기사용자가 언제 어디서나 적정한 요금으로 전기를 사용할 수 있도록 전기를 공급하는 것을 말한다.

② 전기사업자는 전기의 보편적 공급에 이바지할 의무가 있다.

③ 산업통상자원부장관은 다음 사항을 고려하여 전기의 보편적 공급의 구체적 내용을 정한다.

    1. 전기기술의 발전 정도

    2. 전기의 보급 정도

    3. 공공의 이익과 안전

    4. 사회복지의 증진

④ "안전관리"란 국민의 생명과 재산을 보호하기 위하여 이 법에서 정하는 바에 따라 전기설비의 공사·유지 및 운용에 필요한 조치를 하는 것을 말한다.

(6) 전력 수급의 안정

1) 산업부장관, 전력수급기본계획

① 산업통상자원부장관은 전력수급의 안정을 위하여 전력수급기본계획을 수립하고 공고하여야 한다.

② 기본계획에는 다음의 사항이 포함되어야 한다.

    1. 전력수급의 기본방향에 관한 사항

    2. 전력수급의 장기전망에 관한 사항

    3. 전기설비 시설계획에 관한 사항

    4. 전력수요의 관리에 관한 사항

    5. 그 밖에 전력수급에 관하여 필요하다고 인정하는 사항

③ 전력수급기본계획은 2년 단위로 수립·시행한다.

④ 산업통상자원부장관은 기본계획의 수립을 위하여 필요한 경우에는 전기사업자, 한국전력거래소, 그 밖에 대통령령으로 정하는 관계 기관 및 단체에 관련 자료의 제출을 요구할 수 있다.

2) 전기사업자, 전기설비의 시설계획 및 전기공급계획

① 전기사업자는 전기설비의 시설계획 및 전기공급계획을 작성하여 산업통상자원부장관에게 신고하여야 한다. 신고한 사항을 변경하는 경우에도 또한 같다. 전기사업자는 매년 12월 말까지 계획기간을 3년 이상으로 한 전기설비의 시설계획 및 전기공급계획을 작성하여 산업통상자원부장관에게 신고하여야 한다.

② 송전사업자·배전사업자 및 구역전기사업자는 전기의 수요·공급의 변화에 따라 전기를 원활하게 송전 또는 배전할 수 있도록 산업통상자원부장관이 정하여 고시하는 기준에 적합한 설비를 갖추고 이를 유지·관리하여야 한다.

③ 원자력발전연료를 원자력발전사업자에게 제조·공급하려는 자는 장기적인 원자력발전연료의 제조·공급계획을 작성하여 산업통상자원부장관의 승인을 받아야 한다. 승인받은 사항을 변경하려는 경우에도 또한 같다.

3) 산업부장관, 전기 공급 명령

① 산업통상자원부장관은 천재지변, 전시·사변, 경제사정의 급격한 변동, 그 밖에 이에 준하는 사태가 발생하여 공공의 이익을 위하여 특히 필요하다고 인정하는 경우에는 전기사업자 또는 자가용 전기설비를 설치한 자에게 다음 각 호의 어느 하나에 해당하는 사항을 명할 수 있다.

1. 특정한 전기판매사업자 또는 구역전기사업자에 대한 전기의 공급
2. 특정한 전기사용자에 대한 전기의 공급
3. 특정한 전기판매사업자·구역전기사업자 또는 전기사용자에 대한 송전용 또는 배전용 전기설비의 이용 제공

② 위 명령이 있는 경우 당사자 간에 지급 또는 수령할 금액과 그 밖에 필요한 사항에 관하여는 당사자 간의 협의에 따른다.

③ 산업통상자원부장관은 위 명령에 따라 전기사업자 또는 자가용 전기설비를 설치한 자가 손실을 입은 경우에는 정당한 보상을 하여야 한다.

(7) 산업부장관, 전기사업 허가

1) 전기사업 종류별 허가(원칙)

① 전기사업을 하려는 자는 전기사업의 종류별로 산업통상자원부장관의 허가를 받아야 한다.

- 허가받은 사항 중 산업통상자원부령으로 정하는 중요 사항을 변경하려는 경우에도 또한 변경 허가를 받아야 한다.

② 산업통상자원부장관은 전기사업을 허가 또는 변경허가를 하려는 경우에는 미리 전기위원회의 심의를 거쳐야 한다.

2) 복수 허가(예외)

동일인에게는 두 종류 이상의 전기사업을 허가할 수 없는 것이 원칙이다.
대통령령으로 정하는 경우에는 그러하지 아니하다.
동일인이 두 종류 이상의 전기사업을 할 수 있는 경우는 다음과 같다.

1. 배전사업과 전기판매사업을 겸업하는 경우
2. 도서지역에서 전기사업을 하는 경우
3. [집단에너지사업법]의 집단에너지공급사업 허가를 받음에 따라 [전기사업법]의 발전사업의 허가를 받은 것으로 보는 집단에너지사업자가, 전기판매사업을 겸업하는 경우. 다만, 같은 법 제9조에 따라 허가받은 공급구역에 전기를 공급하려는 경우로 한정한다.

3) 구분 허가(예외)

산업통상자원부장관은 필요한 경우 사업구역 및 특정한 공급구역별로 구분하여 전기사업의 허가를 할 수 있다. 다만, 발전사업의 경우에는 발전소별로 허가할 수 있다.

⑻ 전기설비의 설치 및 사업의 개시 의무

① 전기사업자는 산업통상자원부장관이 지정한 준비기간에 사업에 필요한 전기설비를 설치하고 사업을 시작하여야 한다.

② 위 준비기간은 10년을 넘을 수 없다. 다만, 산업통상자원부장관이 정당한 사유가 있다고 인정하는 경우에는 준비기간을 연장할 수 있다.

⑼ 전기사업 양수 등에 대한 인가, 사업 승계

① 전기사업자의 사업의 전부 또는 일부를 양수하거나 전기사업자인 법인의 분할이나 합병을 하려는 자는 산업통상자원부장관의 인가를 받아야 한다.
산업통상자원부장관은 위 인가를 하려는 경우에는 전기위원회의 심의를 거쳐야 한다.

② 다음의 어느 하나에 해당하는 자는 전기사업자의 지위를 승계한다.

1. 법인이 아닌 전기사업자가 사망한 경우에는 그 상속인
2. 위 ①에 따른 인가를 받아 전기사업자의 사업을 양수한 자
3. 법인인 전기사업자가 위 ①에 따른 인가를 받아 합병한 경우 합병 후 존속하는 법인이나 합병으로 설립되는 법인
4. 법인인 전기사업자가 위 ①에 따른 인가를 받아 법인을 분할한 경우 그 분할에 의하여 설립되는 법인

⑽ 전기사업 허가 취소

① 산업통상자원부장관은 전기사업자가 다음에 해당하는 경우에는 전기위원회의 심의를 거쳐 그 허가를 취소하거나 6개월 이내의 기간을 정하여 사업정지를 명할 수 있다.

다만, 제1호부터 제4호까지의 어느 하나에 해당하는 경우에는 그 허가를 취소하여야 한다.

1. 결격사유의 어느 하나에 해당하게 된 경우
2. 정해진 준비기간에 전기설비의 설치 및 사업을 시작하지 아니한 경우
3. 원자력발전소를 운영하는 원자력발전사업자에 대한 외국인의 투자가 [외국인투자 촉진법] 제2조 제1항 제4호에 해당하게 된 경우
4. 거짓이나 그 밖의 부정한 방법으로 제7조제1항에 따른 허가 또는 변경허가를 받은 경우

② 산업통상자원부장관은 전기사업자가 '허가를 취소할 수 있거나 6개월 이내의 영업정지 사유'에 해당하는 경우로서 그 사업정지가 전기사용자 등에게 심한 불편을 주거나 그 밖에 공공의 이익을 해칠 우려가 있는 경우에는 사업정지명령을 갈음하여 5000만원 이하의 과징금을 부과할 수 있다.

③ 산업통상자원부장관은 위 허가를 취소하려면 청문을 하여야 한다.

⑾ 각 전기사업자별 의무

1) 발전·전기판매, 전기 공급 의무

- 발전사업자 및 전기판매사업자는 정당한 사유 없이 전기의 공급을 거부하여서는 아니 된다.

2) 송전·배전, 이용요금 인가

① 송전사업자 또는 배전사업자는 전기설비의 이용요금과 그 밖의 이용조건에 관한 사항을 정하여 산업통상자원부장관의 인가를 받아야 한다.
산업통상자원부장관은 위 인가를 하려는 경우에는 전기위원회의 심의를 거쳐야 한다.

② 송전사업자 또는 배전사업자는 그 전기설비를 다른 전기사업자 또는 대용량이어서 전력시장에서 전력을 직접 구매하는 전기사용자에게 차별 없이 이용할 수 있도록 하여야 한다.

3) 전기판매, 기본공급약관 인가

① 전기판매사업자는 전기요금과 그 밖의 공급조건에 관한 약관(= 기본공급약관)을 작성하여 산업통상자원부장관의 인가를 받아야 한다.
산업통상자원부장관은 위 인가를 하려는 경우에는 전기위원회의 심의를 거쳐야 한다.

② 전기판매사업자는 그 전기수요를 효율적으로 관리하기 위하여 필요한 범위에서 기본공급약관으로 정한 것과 다른 요금이나 그 밖의 공급조건을 내용으로 정하는 약관(= 선택공급약관)을 작성할 수 있으며, 전기사용자는 기본공급약관을 갈음하여 선택공급약관으로 정한 사항을 선택할 수 있다.

③ 전기판매사업자는 공급약관에 따라 전기를 공급하여야 한다.

④ 전기판매사업자는 전기사용자에게 청구하는 전기요금 청구서에 요금 명세를 항목별로 구분하여 명시하여야 한다.

4) 구역전기-전기판매, 전력 거래

① 구역전기사업자는 사고나 그 밖에 산업통상자원부령으로 정하는 사유로 전력이 부족하거나 남는 경우에는 부족한 전력 또는 남는 전력을 전기판매사업자와 거래할 수 있다.

② 전기판매사업자는 정당한 사유 없이 위 거래를 거부하여서는 아니 된다.

③ 전기판매사업자는 위 거래에 따른 전기요금과 그 밖의 거래조건에 관한 사항을 내용으로 하는 약관(= 보완공급약관)을 작성하여 산업통상자원부장관의 인가를 받아야 한다.

⑿ 전력량계의 설치·관리

다음의 자는 시간대별로 전력거래량을 측정할 수 있는 전력량계를 설치·관리하여야 한다.

1. 발전사업자(도서지역에서 전력시장 거치지 않고 거래하는 발전사업자는 제외한다)
2. 자가용 전기설비를 설치한 자(예외적으로 전력시장에서 전력을 거래하는 경우만 해당한다)
3. 구역전기사업자(예외적으로 전력시장에서 전력을 거래하는 경우만 해당한다)
4. 배전사업자
5. 대용량이어서 전력시장에서 전력을 직접 구매하는 전기사용자

⒀ 전기사업자, 전기 품질 유지, 설비 대여

① 전기사업자는 산업통상자원부령으로 정하는 바에 따라 그가 공급하는 전기의 품질을 유지하여야 한다.

② 전기사업자 및 한국전력거래소는 전기품질을 측정하고 그 결과를 기록·보존하여야 한다.

③ 전기사업자는 [국가정보화 기본법]에 전기통신 선로설비의 설치를 필요로 하는 자에게 전기설비를 대여할 수 있다.

⒁ 전기사업자, 불공정행위 금지

① 전기사업자는 전력시장에서의 공정한 경쟁을 해치거나 전기사용자의 이익을 해칠 우려가 있는 다음 각 호의 어느 하나의 행위를 하거나 제3자로 하여금 이를 하게 하여서는 아니 된다.

   1. 전력거래가격을 부당하게 높게 형성할 목적으로 발전소에서 생산되는 전기에 대한 거짓 자료를 한국전력거래소에 제출하는 행위

   2. 송전용 또는 배전용 전기설비의 이용을 제공할 때 부당하게 차별을 하거나 이용을 제공하는 의무를 이행하지 아니하는 행위 또는 지연하는 행위

   3. 송전용 또는 배전용 전기설비의 이용을 제공함으로 인하여 알게 된 다른 전기사업자에 관한 정보를 이용하여 다른 전기사업자의 영업활동 또는 전기사용자의 이익을 부당하게 해치는 행위

   4. 비용이나 수익을 부당하게 분류하여 전기요금이나 송전용 또는 배전용 전기설비의 이용요금을 부당하게 산정하는 행위

   5. 전기사업자의 업무처리 지연 등 전기공급 과정에서 전기사용자의 이익을 현저하게 해치는 행위

   6. 전력계통의 운영에 관한 한국전력거래소의 지시를 정당한 사유 없이 이행하지 아니하는 행위

② 산업통상자원부장관은 공공의 이익을 보호하기 위하여 필요하다고 인정되거나 전기사업자가 위 금지행위를 한 것으로 인정되는 경우에는 전기위원회 소속 공무원으로 하여금 이를 확인하기 위하여 필요한 조사를 하게 할 수 있다. 산업통상자원부장관은 위 조사를 하는 경우에는 조사 7일 전까지 조사 일시, 조사 이유 및 조사 내용 등을 포함한 조사계획을 조사대상자에게 알려야 한다.

③ 산업통상자원부장관은 전기사업자가 위 금지행위를 한 것으로 인정하는 경우에는 전기위원회의 심의를 거쳐 전기사업자에게 송전용 또는 배전용 전기설비의 이용 제공, 금지행위의 중지 등의 조치를 명할 수 있다.

④ 산업통상자원부장관은 전기사업자가 위 금지행위를 한 경우에는 전기위원회의 심의를 거쳐 그 전기사업자의 매출액의 5/100 의 범위에서 과징금을 부과·징수할 수 있다.

다만, 매출액이 없거나 매출액의 산정이 곤란한 경우로서 대통령령으로 정하는 경우에는 10억원 이하의 과징금을 부과·징수할 수 있다.

⒂ 전력시장에서 전력거래

① 발전사업자 및 전기판매사업자는 전력시장운영규칙으로 정하는 바에 따라 전력시장에서 전력거래를 하여야 한다. 다만, 도서지역 등 대통령령으로 정하는 경우에는 그러하지 아니하다.

② 자가용 전기설비를 설치한 자는 그가 생산한 전력을 전력시장에서 거래할 수 없다.
- 다만, 대통령령으로 정하는 경우에는 그러하지 아니하다.(자기가 생산한 전력의 연간 총생산량의 50% 미만의 범위에서 전력을 거래하는 경우)

③ 구역전기사업자는 대통령령으로 정하는 바에 따라 특정한 공급구역의 수요에 부족하거나 남는 전력을 전력시장에서 거래할 수 있다.

④ 전기판매사업자는 다음의 자가 생산한 전력을 전력시장운영규칙으로 정하는 바에 따라 우선적으로 구매할 수 있다.

1. 설비용량이 2만kW 이하인 발전사업자
2. 자가용 전기설비를 설치한 자 (위 ②, 50% 미만 범위의 전력거래를 하는 경우만 해당한다)
3. [신에너지 및 재생에너지 개발·이용·보급 촉진법] 제2조제1호에 따른 신·재생에너지를 이용하여 전기를 생산하는 발전사업자
4. [집단에너지사업법] 제48조에 따라 발전사업의 허가를 받은 것으로 보는 집단에너지사업자
5. 수력발전소를 운영하는 발전사업자

⒃ 전기사용자, 직접 구매 금지 원칙

① 전기사용자는 전력시장에서 전력을 직접 구매할 수 없다.

② 다만, 수전설비(受電設備)의 용량이 3만kV암페어(A) 이상인 전기사용자는 직접 구매할 수 있다.

⒄ 한국전력거래소 업무

① 한국전력거래소는 그 목적을 달성하기 위하여 다음 업무를 수행한다.

1. 전력시장의 개설·운영에 관한 업무
2. 전력거래에 관한 업무
3. 회원의 자격 심사에 관한 업무
4. 전력거래대금 및 전력거래에 따른 비용의 청구·정산 및 지불에 관한 업무
5. 전력거래량의 계량에 관한 업무

6. 제43조에 따른 전력시장운영규칙 등 관련 규칙의 제정·개정에 관한 업무
7. 전력계통의 운영에 관한 업무
8. 제18조제2항에 따른 전기품질의 측정·기록·보존에 관한 업무

② 한국전력거래소는 전력거래량, 전력거래가격 및 전력수요 전망 등 전력시장에 관한 정보를 공개하여야 한다.

⑱ 한국전력거래소, 전력시장운영규칙

① 한국전력거래소는 전력시장 및 전력계통의 운영에 관한 규칙을 정하여야 한다.
② 한국전력거래소는 전력시장운영규칙을 제정·변경 또는 폐지하려는 경우에는 산업통상자원부장관의 승인을 받아야 한다.
③ 산업통상자원부장관은 전력시장운영규칙을 승인하려면 전기위원회의 심의를 거쳐야 한다.
④ 전력시장운영규칙에는 다음의 사항이 포함되어야 한다.

1. 전력거래방법에 관한 사항
2. 전력거래의 정산·결제에 관한 사항
3. 전력거래의 정보공개에 관한 사항
4. 전력계통의 운영 절차와 방법에 관한 사항
5. 전력량계의 설치 및 계량 등에 관한 사항
6. 전력거래에 관한 분쟁조정에 관한 사항
7. 그 밖에 전력시장의 운영에 필요하다고 인정되는 사항

⑲ 전력산업기반조성계획, 전력산업기반기금, 전기위원회 등

① 산업통상자원부장관은 전력산업의 지속적인 발전과 전력수급의 안정을 위하여 전력산업의 기반조성을 위한 계획을 수립·시행하여야 한다.
② 전력수급 및 전력산업기반조성에 관한 중요 사항을 심의하기 위하여 산업통상자원부에 전력정책심의회를 둔다.
③ 정부는 전력산업의 지속적인 발전과 전력산업의 기반조성에 필요한 재원을 확보하기 위하여 전력산업기반기금을 설치한다.
④ 산업통상자원부장관은 전력산업기반기금에 의한 사업을 수행하기 위하여 전기사용자에 대하여 전기요금의 65/1000 이내에서 부담금을 부과·징수할 수 있다.

⑤ 전기사업의 공정한 경쟁환경 조성 및 전기사용자의 권익 보호에 관한 사항의 심의
와 전기사업과 관련된 분쟁의 재정(裁定)을 위하여 산업통상자원부에 전기위원회
를 둔다.

⑳ 전기사업용 전기설비, 공사계획 사전 인가

① 전기사업자는 전기사업용 전기설비의 설치공사 또는 변경공사로서 산업통상자원
부령으로 정하는 공사를 하려는 경우에는 그 공사계획에 대하여 산업통상자원부
장관의 인가를 받아야 한다. 인가받은 사항을 변경하려는 경우에도 또한 변경 인가
를 받아야 한다.

인가를 받은 사항 중 산업통상자원부령으로 정하는 경미한 사항을 변경하려는 경
우에는 산업통상자원부장관에게 신고하여야 한다.

② 전기사업자는 전기설비가 사고·재해 또는 그 밖의 사유로 멸실·파손되거나 전
시·사변 등 비상사태가 발생하여 부득이하게 공사를 하여야 하는 경우에는 위 규
정에도 불구하고 공사를 시작한 후 지체 없이 그 사실을 산업통상자원부장관에게
신고하여야 한다.

㉑ 자가용 전기설비, 공사계획 사전 인가

① 자가용 전기설비의 설치공사 또는 변경공사로서 산업통상자원부령으로 정하는 공
사를 하려는 자는 그 공사계획에 대하여 산업통상자원부장관의 인가를 받아야 한
다. 인가받은 사항을 변경하려는 경우에도 또한 같다.

위 인가를 받아야 하는 공사 외의 자가용 전기설비의 설치 또는 변경공사로서 산업
통상자원부령으로 정하는 공사를 하려는 자는 공사를 시작하기 전에 시·도지사에
게 신고하여야 한다. 신고한 사항을 변경하려는 경우에도 또한 같다.

② 산업통상자원부령으로 정하는 저압(低壓)에 해당하는 자가용 전기설비의 설치 또
는 변경공사의 경우에는 사용 전 검사(使用前檢査) 신청으로 공사계획 신고를 갈음
할 수 있다.

㉒ 전기사업용·자가용, 검사 합격 후 사용, 임시사용

① 전기사업용 또는 자가용 전기설비의 설치공사 또는 변경공사를 한 자는 산업통상
자원부장관 또는 시·도지사가 실시하는 검사(사용 전 검사)에 합격한 후에 이를 사
용하여야 한다.

② 산업통상자원부장관 또는 시·도지사는 위 검사에 불합격한 경우에도 안전상 지
장이 없고 전기설비의 임시사용이 필요하다고 인정되는 경우에는 사용 기간 및 방

법을 정하여 그 설비를 임시로 사용하게 할 수 있다. 이 경우 산업통상자원부장관 또는 시 · 도지사는 그 사용 기간 및 방법을 정하여 통지를 하여야 한다.
전기설비의 임시사용기간은 3개월 이내로 한다. 다만, 임시사용기간에 임시사용의 사유를 해소할 수 없는 특별한 사유가 있다고 인정되는 경우에는 전체 임시사용기간이 1년을 초과하지 아니하는 범위에서 임시사용기간을 연장할 수 있다

㉓ 전기사업용·자가용, 정기검사

① 전기사업자 및 자가용 전기설비의 소유자 또는 점유자는 산업통상자원부령으로 정하는 전기설비에 대하여 산업통상자원부장관 또는 시 · 도지사로부터 정기적으로 검사를 받아야 한다.
② 정기검사의 대상이 되는 전기설비 별로, 그 검사의 시기는 2년 · 3년 · 4년 이내로 한다.
③ 한국전기안전공사는 '임시사용의 허용'과 '정기검사'에 관한 규정에 따라 검사를 한 경우에는 검사완료일부터 5일 이내에 검사확인증을 검사신청인에게 내주어야 한다. 다만, 검사 결과 불합격인 경우에는 그 내용 · 사유 및 재검사 기한을 통지하여야 한다.
④ 전기사업자 및 자가용전기설비의 소유자 또는 점유자는 정기검사 결과 불합격인 경우 적합하지 아니한 부분에 대하여 검사완료일부터 3개월 이내에 재검사를 받아야 한다.

㉔ 일반용 전기설비점검

① 산업통상자원부장관은 일반용 전기설비가 안전관리 기술기준에 적합한지 여부에 대하여 그 전기설비의 사용 전과 사용 중에 정기적으로 한국전기안전공사 또는 전기판매사업자로 하여금 점검하도록 하여야 한다. 위 점검에서 전기판매사업자는 사용 전 점검 중 대통령령으로 정하는 전기설비의 경우에 한한다.
② 다만, 주거용 시설물에 설치된 일반용 전기설비를 정기적으로 점검하는 경우 그 소유자 또는 점유자로부터 점검의 승낙을 받을 수 없는 경우에는 그러하지 아니하다.
③ 일반용 전기설비의 사용 전 점검은 전기설비의 설치공사 또는 변경공사가 완료된 후 전기를 공급받기 전에 받아야 한다.
④ 사용 전 점검을 받으려는 자는 사용 전 점검 신청서에 일정한 서류를 첨부하여 점검을 받으려는 날의 3일 전까지 한국전기안전공사 또는 전기판매사업자에게 제출하여야 한다.

⑤ 한국전기안전공사 또는 전기판매사업자는 사용 전 점검 결과 적합한 경우에는 지체 없이 사용 전 점검 확인증을 점검신청인에게 내주어야 한다. 다만, 사용 전 점검 결과 부적합한 경우에는 그 내용 및 사유를 지체 없이 점검신청인에게 통지하여야 한다.

6. 전기공사업법

전기공사업법일부개정

◇ 개정이유

「민법」의 개정으로 종전의 금치산·한정치산 제도가 후견제도(성년후견·한정후견 등)로 변경된 것을 반영하여 전기공사업 등록의 결격사유에서 금치산자를 피성년후견인으로 대체하는 한편, 기술기준에 적합하지 않은 시공으로 인하여 하자담보책임기간 이내에 주요 전력시설물이 파손되어 공공위험을 발생시킨 경우에 대한 벌칙 규정을 현행 5년 이하의 징역 또는 5천만원 이하의 벌금에서 7년 이하의 징역 또는 7천만원 이하의 벌금으로 상향하여 다른 법률과의 편차를 조정하려는 것임.

◇ 주요내용

가. 전기공사업 등록의 결격사유에서 금치산자를 피성년후견인으로 대체하고, 피한정후견인은 결격사유에서 배제함(제5조제1호).

나. 기술기준에 적합하지 않은 시공으로 인하여 하자담보책임기간 이내에 주요 전력시설물이 파손되어 공공위험을 발생시킨 자에 대한 벌칙을 5년 이하의 징역 또는 5천만원 이하의 벌금에서 7년 이하의 징역 또는 7천만원 이하의 벌금으로 조정함(제40조제1항).

다. 수수료 외의 금품을 받은 사람, 전기공사에 관하여 알게 된 비밀을 누설한 공사업자 등에 대한 벌칙을 현행 300만원 이하의 벌금에서 500만원 이하의 벌금으로 조정함(제43조).

[신·구조문대비표]

현 행	개 정 안
제53조(전기위원회의 설치 및 구성) ① (생략)	제53조(전기위원회의 설치 및 구성) ① (현행과 같음)
② 전기위원회는 위원장 1명을 포함한 9명 이내의 위원으로 구성하되, 위원 중 대통령령으로 정하는 수의 위원은 상임으로 한다. 〈후단 신설〉	②_____ .
	이 경우 위원에는 제54조제1항제6호의 자격을 갖춘 사람이 2명 이상 포함되어야 한다.
③·④ (생략)	③·④ (현행과 같음)
제54조(위원의 자격 등) ① 전기위원회 위원은 다음 각 호의 어느 하나에 해당하는 사람으로 한다.	제54조(위원의 자격 등) ①_____ .
1. ~ 4. (생략)	1. ~ 4. (현행과 같음)
5. 전기 관련 단체 또는 소비자보호 관련 단체에서 10년 이상 종사한 경력이 있는 사람	5. 전기 관련 단체에서 10년 이상 종사한 경력이 있는 사람
〈신 설〉	6. 소비자보호 관련 단체에서 10년 이상 종사한 경력이 있는 사람
②·③ (생 략)	②·③ (현행과 같음)

(1) 목적

전기공사업법은 전기공사업과 전기공사의 시공 · 기술관리 및 도급에 관한 기본적인 사항을 정함으로써 전기공사업의 건전한 발전을 도모하고 전기공사의 안전하고 적정한 시공을 확보함을 목적으로 한다.

(2) 용어의 정의

1) 전기공사

전기공사란 다음의 어느 하나에 해당하는 설비 등을 설치 · 유지 · 보수하는 공사 및 이에 따른 부대공사로서 대통령령으로 정하는 것을 말한다.

① 「전기사업법」 제2조 제16호에 따른 전기설비
② 전력 사용 장소에서 전력을 이용하기 위한 전기계장설비
③ 전기에 의한 신호표지

2) 공사업

공사업이란 도급이나 그 밖에 어떠한 명칭이든 상관없이 전기공사를 업으로 하는 것을 말한다.

3) 공사업자

공사업자란 공사업의 등록을 한 자를 말한다.

4) 발주자

발주자란 전기공사를 공사업자에게 도급을 주는 자를 말한다. 다만, 수급인으로서 도급받은 전기공사를 하도급 주는 자는 제외한다.

5) 도급

도급이란 원도급, 하도급, 위탁, 그 밖에 어떠한 명칭이든 상관없이 전기공사를 완성할 것을 약정하고, 상대방이 그 일의 결과에 대하여 대가를 지급할 것을 약정하는 계약을 말한다.

6) 하도급

하도급이란 도급받은 전기공사의 전부 또는 일부를 수급인이 다른 공사업자와 체결하는 계약을 말한다.

7) 수급인

수급인이란 발주자로부터 전기공사를 도급받은 공사업자를 말한다.

8) 하수급인

하수급인이란 수급인으로부터 전기공사를 하도급받은 공사업자를 말한다.

9) 전기공사기술자

전기공사기술자란 다음의 어느 하나에 해당하는 사람으로서 산업통상자원부장관의 인정을 받은 사람을 말한다.

① 「국가기술자격법」에 따른 전기 분야의 기술자격을 취득한 사람
② 일정한 학력과 전기 분야에 관한 경력을 가진 사람

10) 전기공사관리

전기공사관리란 전기공사에 관한 기획, 타당성 조사·분석, 설계, 조달, 계약, 시공관리, 감리, 평가, 사후관리 등에 관한 관리를 수행하는 것을 말한다.

11) 시공책임형 전기공사관리

시공책임형 전기공사관리란 전기공사업자가 시공 이전 단계에서 전기공사관리 업무를 수행하고 아울러 시공 단계에서 발주자와 시공 및 전기공사관리에 대한 별도의 계약을 통하여 전기공사의 종합적인 계획·관리 및 조정을 하면서 미리 정한 공사금액과 공사기간 내에서 전기설비를 시공하는 것을 말한다. 다만, 「전력기술관리법」에 따른 설계 및 공사감리는 시공책임형 전기공사관리 계약의 범위에서 제외한다.

(3) 전기공사의 제한 등

1) 전기공사자의 자격

전기공사는 공사업자가 아니면 도급받거나 시공할 수 없다. 다만, 대통령령으로 정하는 경미한 전기공사는 예외로 한다.

시행령 제5조(경미한 전기공사 등)

① 법 제3조 제1항 단서에서 "대통령령으로 정하는 경미한 전기공사"란 다음 각 호의 공사를 말한다.

1. 꽂음접속기, 소켓, 로제트, 실링블록, 접속기, 전구류, 나이프스위치, 그 밖에 개폐기의 보수 및 교환에 관한 공사
2. 벨, 인터폰, 장식전구, 그 밖에 이와 비슷한 시설에 사용되는 소형변압기(2차측 전압 36볼트 이하의 것으로 한정한다)의 설치 및 그 2차측 공사
3. 전력량계 또는 퓨즈를 부착하거나 떼어내는 공사
4. 「전기용품안전 관리법」에 따른 전기용품 중 꽂음접속기를 이용하여 사용하거나 전기기계·기구(배선기구는 제외한다. 이하 같다) 단자에 전선(코드, 캡타이어케이블 및 케이블을 포함한다. 이하 같다)을 부착하는 공사
5. 전압이 600볼트 이하이고, 전기시설 용량이 5킬로와트 이하인 단독주택 전기시설의 개선 및 보수 공사. 다만, 전기공사기술자가 하는 경우로 한정한다.

2) 직접 전기공사를 할 수 있는 경우

다음의 자는 그 수요에 의한 전기공사로서 전기설비가 멸실되거나 파손된 경우 또는 재해나 그 밖의 비상시에 부득이하게 하는 복구공사와 전기설비의 유지에 필요한 긴급보수공사를 직접 할 수 있다.

① 국가
② 지방자치단체
③ 「전기사업법」 제7조 제1항에 따라 전기사업의 허가를 받은 자

3) 준용규정

전기공사를 직접 하는 경우에는 제16조(전기공사의 시공관리), 제17조(시공관리책임자의 지정), 제22조(전기공사의 시공) 및 제27조 제2호(전기공사기술자가 아닌 자에게 전기공사의 시공관리를 맡긴 경우의 시정명령 등)·제3호(전기공사의 시공관리를 하는 전기공사기술자가 부적당하다고 인정되는 경우의 시정명령 등)·제4호(시공관리책임자를 지정하지 아니한 경우의 시정명령 등)·제5호(전기공사업법, 기술기준 및 설계도서에 적합하게 시공하지 아니한 경우의 시정명령 등)를 준용한다.

(4) 공사업의 등록

1) 공사업의 등록

① 공사업을 하려는 자는 산업통상자원부령으로 정하는 바에 따라 주된 영업소의 소재지를 관할하는 특별시장·광역시장·도지사 또는 특별자치도지사(이하 시·도지사)에게 등록하여야 한다.

② 시·도지사는 공사업의 등록을 받으면 등록증 및 등록수첩을 내주어야 한다.

시행규칙 제6조(등록증 및 등록수첩의 발급)

① 법 제4조 제4항에 따라 시·도지사는 법 제4조 제1항에 따른 공사업의 등록을 받았을 때에는 별지 제10호 서식의 전기공사업 등록증(이하 "등록증"이라 한다) 및 등록수첩을 신청인에게 발급해 주어야 한다.

② 시·도지사는 제1항에 따라 등록증 및 등록수첩을 발급하였을 때에는 그 사실을 지정공사업자단체에 알려 줘야 한다.

③ 공사업자가 등록증 또는 등록수첩을 잃어버리거나 헐어 못 쓰게 된 경우 또는 기재란이 부족하게 된 경우에는 별지 제12호 서식의 등록증 또는 등록수첩 재발급신청서(전자문서로 된 신청서를 포함한다)를 지정공사업자단체를 거쳐 시·도지사에게 제출하여 등록증 또는 등록수첩을 재발급받을 수 있다.

④ 제3항에 따라 등록증 또는 등록수첩을 재발급받으려는 자는 그 재발급신청서에 이미 발급받은 등록증 또는 등록수첩을 첨부하여 제출하여야 한다. 다만, 등록증 또는 등록수첩을 잃어버리고 재발급을 신청하는 경우에는 그러하지 아니하다.

2) 공사업의 등록기준

① 공사업의 등록을 하려는 자는 대통령령으로 정하는 기술능력 및 자본금 등을 갖추어야 한다.

---

1. 기술능력

위 표 중 전기공사기술자는 별표 4의2에 따른 전기공사기술자를 말하며, 상근의 임원 또는 직원 신분으로 소속돼 있어야 한다. 다만, 외국인인 경우에는 「출입국관리법 시행령」 별표 1 제16호부터 제18호까지의 규정에 따른 주재, 기업투자 또는 무역경영의 체류자격에 적합해야 한다.

2. 자본금

가. 자본금은 공사업을 위한 실질자본금으로서 공사업 외의 자본금은 제외하고, 주식회사 외의 법인의 경우 "자본금"은 "출자금"으로 한다.

나. 법인의 경우 납입자본금과 실질자본금이 각각 등록기준의 자본금 이상이어야 한다. 다만, 외국법인(외국의 법령에 따라 설립된 법인 또는 외국법인이 자본금의 100분의 50 이상을 출자했거나, 임원수의 2분의 1 이상이 외국인인 법인을 말한다)이 지사를 설치하여 공사업을 신청하는 경우의 자본금은 국내지사 설립자본금(주된 영업소의 자본금을 말한다)을 기준으로 한다.

---

② 공사업을 등록한 자 중 등록한 날부터 5년이 지나지 아니한 자는 기술능력 및 자본금 등(이하 등록기준)에 관한 사항을 등록한 날부터 3년이 지날 때마다 산업통상자원부령으로 정하는 바에 따라 시·도지사에게 신고하여야 한다.

(5) 결격사유

다음의 어느 하나에 해당하는 자는 공사업의 등록을 할 수 없다.

① 금치산자(피한정후견인) 또는 한정치산자(피성년후견인)

② 파산선고를 받고 복권되지 아니한 자

③ 다음의 어느 하나에 해당되어 금고 이상의 실형을 선고받고 그 집행이 끝나거나(집행이 끝난 것으로 보는 경우를 포함) 면제된 날부터 2년이 지나지 아니한 사람

　㉠ 「형법」 제172조의2(전기 방류), 제173조(전기 공급방해), 제173조의2[과실폭발성물건파열 등. 전기의 경우만 해당하며, 제172조 제1항(폭발성물건파열)의 죄를 범한 사람은 제외], 제174조[미수범. 전기의 경우만 해당하며, 제164조 제1항(현주건조물 등에의 방화), 제165조(공용건조물 등에의 방화), 제166조 제1항(일반건조물 등에의 방화) 및 제172조 제1항의 미수범은 제외] 또는 제175조(예비·음모. 전기의 경우만 해당하며, 제164조 제1항, 제165조, 제166조 제1항 및 제172조 제1항의 죄를 범할 목적으로 예비 또는 음모한 사람은 제외)를 위반한 사람

　㉡ 전기공사업법을 위반한 사람

④ ③에 따른 죄를 범하여 금고 이상의 형의 집행유예를 선고받고 그 유예기간에 있
는 사람

⑤ 공사업의 등록이 취소된 후 2년이 지나지 아니한 자. 이 경우 공사업의 등록이 취
소된 자가 법인인 경우에는 그 취소 당시의 대표자와 취소의 원인이 된 행위를 한
사람을 포함한다.

⑥ 임원 중에 ①부터 ⑤까지의 규정 중 어느 하나에 해당하는 사람이 있는 법인

(6) 영업정지처분 등을 받은 후의 계속공사

1) 계속공사를 하는 경우

등록취소처분이나 영업정지처분을 받은 공사업자 또는 그 포괄승계인은 그 처분
을 받기 전에 도급계약을 체결하였거나 관계 법률에 따라 허가·인가 등을 받아 착
공한 전기공사에 대하여는 이를 계속하여 시공할 수 있다. 이 경우 등록취소처분을
받은 공사업자 또는 그 포괄승계인이 전기공사를 계속하는 경우에는 해당 전기공
사를 완성할 때까지는 공사업자로 본다.

2) 처분의 통지 등

① 처분의 통지 : 등록취소처분이나 영업정지처분을 받은 공사업자 또는 그 포괄
승계인은 그 처분의 내용을 지체 없이 해당 전기공사의 발주자 및 수급인에게
알려야 한다.

② 도급계약의 해지 : 전기공사의 발주자 및 수급인은 특별한 사유가 있는 경우를
제외하고는 해당 공사업자로부터 등록취소처분이나 영업정지처분 내용의 통지
를 받은 날 또는 그 사실을 안 날부터 30일 이내에 한하여 도급계약을 해지할
수 있다.

(7) 공사업의 승계

1) 공사업자의 지위 승계인

다음의 어느 하나에 해당하는 자는 공사업자의 지위를 승계한다.

① 공사업자가 사망한 경우 그 상속인

② 공사업자가 그 영업을 양도한 경우 그 양수인

③ 법인인 공사업자가 합병한 경우 합병 후 존속하는 법인이나 합병에 따라 설립
되는 법인

2) 공사업자의 지위 승계 신고

공사업자의 지위를 승계한 자는 산업통상자원부령으로 정하는 바에 따라 시·도지
사에게 신고하여야 한다.

3) 준용규정

공사업자의 지위 승계인에 관하여는 공사업자의 결격사유를 준용한다.

(8) 공사업 양도의 제한

1) 시공 중인 공사업의 양도 제한

공사업자는 시공 중인 전기공사가 있는 공사업을 양도하려면 그 전기공사 발주자의 동의를 받아 전기공사의 도급에 따른 권리·의무를 함께 양도하거나 그 전기공사의 도급계약을 해지한 후에 양도하여야 한다.

2) 하자담보책임기간 존재 공사업의 양도 제한

공사업자는 하자담보책임기간이 끝나지 아니한 전기공사가 있는 공사업을 양도하려면 그 하자보수에 관한 권리·의무를 함께 양도하여야 한다.

(9) 등록사항의 변경신고 등

1) 변경신고

공사업자는 등록사항 중 대통령령으로 정하는 중요 사항이 변경된 경우에는 시·도지사에게 그 사실을 신고하여야 한다.

2) 폐업신고

공사업자는 공사업을 폐업한 경우에는 시·도지사에게 그 사실을 신고하여야 한다.

시행규칙 제9조(공사업의 폐업신고)

① 법 제9조 제2항에 따라 공사업의 폐업신고를 하려는 자는 별지 제18호 서식의 전기공사업 폐업신고서(전자문서로 된 신고서를 포함한다)에 등록증 및 등록수첩을 첨부하여 시·도지사에게 제출하여야 한다.

② 시·도지사는 제1항에 따라 공사업의 폐업신고를 받았을 때에는 그 사실을 지정공사업자단체에 알려야 한다.

③ 제2항에 따라 공사업의 폐업신고를 통보 받은 지정공사업자단체는 다음 각 호의 사항을 전기공사종합정보시스템에 공시하여야 한다.

1. 폐업 연월일
2. 등록번호
3. 상호 및 성명(법인의 경우에는 대표자의 성명을 말한다)
4. 주된 영업소의 소재지
5. 폐업사유

⑽ 전기공사 및 시공책임형 전기공사관리의 분리발주

1) 전기공사의 분리발주

전기공사는 다른 업종의 공사와 분리발주하여야 한다.

2) 시공책임형 전기공사관리의 분리발주

시공책임형 전기공사관리는 「건설산업기본법」에 따른 시공책임형 건설사업관리 등 다른 업종의 공사관리와 분리발주하여야 한다.

3) 분리발주의 예외

① 공사의 성질상 분리하여 발주할 수 없는 경우

② 긴급한 조치가 필요한 공사로서 기술관리상 분리하여 발주할 수 없는 경우

③ 국방 및 국가안보 등과 관련한 공사로서 기밀 유지를 위하여 분리하여 발주할 수 없는 경우

⑾ 전기공사의 도급계약 등

1) 계약서의 작성 및 보관

도급 또는 하도급의 계약당사자는 그 계약을 체결할 때 도급 또는 하도급의 금액, 공사기간, 그 밖에 대통령령으로 정하는 사항을 계약서에 분명히 기재하여야 하며, 서명날인한 계약서를 서로 주고받아 보관하여야 한다.

2) 도급대장의 비치

공사업자는 산업통상자원부령으로 정하는 바에 따라 도급·하도급 및 시공에 관한 사항을 적은 전기공사 도급대장을 비치하여야 한다.

⑿ 수급자격의 추가제한 금지

국가·지방자치단체 또는 「공공기관의 운영에 관한 법률」 제4조에 따라 공공기관으로 지정된 기관(이하 공공기관)인 발주자는 이 법 및 다른 법률에 특별한 규정이 있는 경우를 제외하고는 공사업자에 대하여 수급자격에 관한 제한을 하여서는 아니 된다.

⒀ 하도급의 제한 등

1) 공사업자의 하도급 금지

① 원칙 : 공사업자는 도급받은 전기공사를 다른 공사업자에게 하도급 주어서는 아니 된다.

② 예외

㉠ 대통령령으로 정하는 경우에는 도급받은 전기공사의 일부를 다른 공사업자에게 하도급 줄 수 있다.

시행령 제10조(하도급의 범위)

법 제14조 제1항 단서에 따라 도급받은 전기공사의 일부를 다른 공사업자에게 하도급 줄 수 있는 경우는 다음 각 호 모두에 해당하는 경우로 한다.

1. 도급받은 전기공사 중 공정별로 분리하여 시공하여도 전체 전기공사의 완성에 지장을 주지 아니하는 부분을 하도급하는 경우
2. 수급인이 법 제17조에 따른 시공관리책임자를 지정하여 하수급인을 지도·조정하는 경우

㉡ 공사업자는 전기공사를 하도급 주려면 미리 해당 전기공사의 발주자에게 이를 서면으로 알려야 한다.

2) 하수급인의 하도급 금지

① 원칙 : 하수급인은 하도급받은 전기공사를 다른 공사업자에게 다시 하도급 주어서는 아니 된다.

② 예외

㉠ 하도급받은 전기공사 중에 전기기자재의 설치 부분이 포함되는 경우로서 그 전기기자재를 납품하는 공사업자가 그 전기기자재를 설치하기 위하여 전기공사를 하는 경우에는 하도급 줄 수 있다.

㉡ 하수급인은 전기공사를 다시 하도급 주려면 미리 해당 전기공사의 발주자 및 수급인에게 이를 서면으로 알려야 한다.

시행규칙 제11조(하도급 통지서)

① 법 제14조 제3항 또는 제4항에 따른 하도급 통지서는 별지 제20호 서식에 따른다.

② 제1항에 따른 하도급 통지서에는 다음 각 호의 서류를 첨부하여야 한다.

1. 하도급(재하도급)계약서 사본
2. 하도급(재하도급) 내용이 명시된 공사명세서
3. 공사 예정 공정표
4. 하수급인 또는 다시 하도급받은 공사업자의 전기공사기술자 보유현황
5. 하수급인 또는 다시 하도급받은 공사업자의 등록수첩 사본

⒁ 하수급인의 변경 요구 등

1) 하수급인 등의 변경 요구

① 공사업자의 하도급 통지 또는 하수급인 하도급 통지를 받은 발주자 또는 수급인은 하수급인 또는 다시 하도급받은 공사업자가 해당 전기공사를 하는 것이 부적당하다고 인정되는 경우에는 수급인 또는 하수급인에게 그 사유를 명시하여 하수급인 또는 다시 하도급받은 공사업자를 변경할 것을 요구할 수 있다.

② 발주자 또는 수급인이 하도급받거나 다시 하도급받은 공사업자의 변경을 요구할 때에는 그 사유가 있음을 안 날부터 15일 이내 또는 그 사유가 발생한 날부터 30일 이내에 서면으로 요구하여야 한다.

2) 도급계약 등의 해지

발주자 또는 수급인은 수급인 또는 하수급인이 정당한 사유 없이 변경 요구에 따르지 아니하여 전기공사 결과에 중대한 영향을 초래할 우려가 있다고 인정되는 경우에는 그 전기공사의 도급계약 또는 하도급계약을 해지할 수 있다.

⒂ 전기공사 수급인의 하자담보책임

1) 하자담보책임 기간

수급인은 발주자에 대하여 전기공사의 완공일부터 10년의 범위에서 전기공사의 종류별로 대통령령으로 정하는 기간에 해당 전기공사에서 발생하는 하자에 대하여 담보책임이 있다.

표 1-10 전기공사의 종류별 하자담보책임기간

전기공사의 종류	하자담보책임기간
1. 발전설비공사	
가. 철근콘크리트 또는 철골구조부	7년
나. 가목 외 시설공사	3년
2. 터널식 및 개착식 전력구 송전 · 배전설비공사	
가. 철근콘크리트 또는 철골구조부	10년
나. 가목 외 송전설비공사	5년
다. 가목 외 배전설비공사	2년
3. 지중 송전 · 배전설비공사	
가. 송전설비공사(케이블공사 및 물밑 송전설비공사를 포함한다)	5년
나. 배전설비공사	3년

4. 송전설비공사	3년
5. 변전설비공사(전기설비 및 기기설치공사를 포함한다)	3년
6. 배전설비공사	
가. 배전설비 철탑공사	3년
나. 가목 외 배전설비공사	2년
7. 그 밖의 전기설비공사	1년

2) 하자담보책임의 부존재

수급인은 다음의 어느 하나의 사유로 발생하는 하자에 대하여는 담보책임이 없다.

① 발주자가 제공한 재료의 품질이나 규격 등의 기준미달로 인한 경우

② 발주자의 지시에 따라 시공한 경우

3) 다른 법률과의 관계

공사에 관한 하자담보책임에 관하여 다른 법률에 특별한 규정(「민법」 제670조 및 제671조는 제외)이 있는 경우에는 그 법률에서 정하는 바에 따른다.

⑯ 전기공사의 시공관리

1) 전기공사의 시공관리의 제한

공사업자는 전기공사기술자가 아닌 자에게 전기공사의 시공관리를 맡겨서는 아니 된다.

2) 전기공사기술자의 시공관리 구분

공사업자는 전기공사의 규모별로 대통령령으로 정하는 구분에 따라 전기공사기술자로 하여금 전기공사의 시공관리를 하게 하여야 한다.

1. 1999년 6월 30일 이전에 「국가기술자격법」 제9조 및 같은 법 시행규칙에 따라 전기공사기사의 자격을 취득한 사람 중 이 영에 따른 초급 전기공사기술자 또는 중급 전기공사기술자의 등급에 해당하는 사람은 종전의 「전기공사업법 시행령」(대통령령 제16448호로 전부개정되기 전의 것을 말한다)의 전기공사의 규모별 전기기술자의 시공관리 구분에 따라 모든 전기공사를 시공관리할 수 있다.

2. 1999년 3월 27일 이전에 종전의 「국가기술자격법」에 따른 전기공사기사 2급 자격을 취득한 후 개정된 「국가기술자격법」 제9조 및 같은 법 시행규칙에 따라 1999년 3월 28일 이후에 전기공사산업기사로 그 자격이 변경된 사람 중 이 영

에 따른 초급 전기공사기술자의 등급에 해당하는 사람은 종전의 「전기공사업법 시행령」(대통령령 제16448호로 전부개정되기 전의 것을 말한다)의 전기공사의 규모별 전기기술자의 시공관리 구분에 따라 사용전압이 100,000볼트 이하인 전기공사를 시공관리할 수 있다.

표 1-11	전기공사기술자의 시공관리 구분	
전기공사기술자의 구분	전기공사의 규모별 시공관리 구분
1. 특급 전기공사기술자 또는 고급 전기공사기술자	• 모든 전기공사
2. 중급 전기공사기술자	• 전기공사 중 사용전압이 100,000볼트 이하인 전기공사
3. 초급 전기공사기술자	• 전기공사 중 사용전압이 1,000볼트 이하인 전기공사

⒄ 시공관리책임자의 지정

공사업자는 전기공사를 효율적으로 시공하고 관리하게 하기 위하여 전기공사기술자 중에서 시공관리책임자를 지정하고 이를 그 전기공사의 발주자(공사업자가 하수급인인 경우에는 발주자 및 수급인, 공사업자가 다시 하도급받은 자인 경우에는 발주자 · 수급인 및 하수급인을 말함)에게 알려야 한다.

⒅ 전기공사기술자의 인정

1) 전기공사기술자의 인정 신청

① 전기공사기술자로 인정을 받으려는 사람은 산업통상자원부장관에게 신청하여야 한다.

② 전기공사기술자로 인정을 받으려는 사람은 산업통상자원부령으로 정하는 바에 따라 신청서를 제출하여야 한다. 등급의 변경 또는 경력인정을 받으려는 경우에도 또한 같다.

2) 전기공사기술자로 인정하는 경우

① 산업통상자원부장관은 신청인이 다음의 어느 하나에 해당하면 전기공사기술자로 인정하여야 한다.

㉠ 「국가기술자격법」에 따른 전기 분야의 기술자격을 취득한 사람

㉡ 일정한 학력과 전기 분야에 관한 경력을 가진 사람

② 산업통상자원부장관은 전기공사기술자로 인정한 사람의 경력 및 등급 등에 관한 기록을 유지·관리하여야 한다.

3) 전기공사기술자의 등급 및 인정기준

1. "국가기술자격자"란 「국가기술자격법」에 따른 국가기술자격 종목 중 다음의 어느 하나에 해당하는 기술자격을 취득한 사람을 말한다.

   가. 기술사 : 발송배전, 건축전기 설비, 전기응용, 철도신호, 전기철도, 산업계측제어, 원자력발전, 전기안전
   나. 기능장 : 전기
   다. 기사 : 전기, 전기공사, 철도신호, 전기철도, 원자력
   라. 산업기사 : 전기, 전기공사, 철도신호, 전기철도
   마. 기능사 : 전기, 철도신호, 전기철도

2. "전기 관련 학과"의 범위는 다음과 같다. 이 경우 가목 외의 학과 또는 학부는 전기전공으로 한정한다.

   가. 전기공학과
   나. 전자·전기공학과
   다. 전기·전자공학과
   라. 전기제어공학과
   마. 기계·전기공학과
   바. 그 밖에 가목부터 마목까지에 해당하지 아니한 것으로서 가목과 유사한 학과 또는 학부

3. "학력자"의 학력 인정 범위는 다음과 같다.

   가. 전기 관련 학과의 학사 이상의 학위에 해당하는 학력으로 인정하는 사람
      1) 「고등교육법」에 따른 해당 학교에서 전기 관련 학과의 학사·석사 또는 박사 학위과정을 이수하고 졸업한 사람
      2) 그 밖의 관계 법령에 따라 국내 또는 외국에서 이와 같은 수준 이상의 학력이 있다고 인정되는 사람
   나. 전기 관련 학과의 전문학사 이상의 학위에 해당하는 학력으로 인정하는 사람
      1) 「고등교육법」에 따른 해당 학교에서 전기 관련 학과의 전문학사 학위과정을 이수하고 졸업한 사람(고등전문학교에서 전기 관련 학과의 교육과정을 이수한 사람과 전기 관련 학과의 학사 학위과정 3년을 이수한 사람을 포함)
      2) 그 밖의 관계 법령에 따라 국내 또는 외국에서 이와 같은 수준 이상의 학력이 있다고 인정되는 사람
   다. 전기 관련 학과의 고등학교 졸업에 해당하는 학력으로 인정하는 사람
      1) 「초·중등교육법」에 따른 해당 학교에서 발전과, 송전과, 배전과, 전기신호과 및 신호과 등 전기 관련 학과의 고등학교과정을 이수하고 졸업한 사람
      2) 고등학교 졸업 이상의 학력을 가진 사람으로서 국가가 인정한 전기 분야 교육기관에서 6개월 이상의 전기공사 관련 교육과정을 이수한 사람
      3) 「고등교육법」에 따른 4년제 대학에서 2년 이상, 2년제 대학 또는 전문대학에서 1년 이상 전기 관련 학과의 교육과정을 이수한 사람
      4) 그 밖의 관계 법령에 따라 국내 또는 외국에서 이와 같은 수준 이상의 학력이 있다고 인정되는 사람

라. 전기 관련 학과 외의 학사 이상의 학위에 해당하는 학력으로 인정하는 사람

    1) 「고등교육법」에 따른 해당 학교에서 전기 관련 학과 외의 학사·석사 또는 박사 학위과정을 이수하고 졸업한 사람으로서 전체 이수학점에 대한 전기 관련 학과목의 이수학점 비중이 30/100 이상인 사람

    2) 그 밖의 관계 법령에 따라 국내 또는 외국에서 이와 같은 수준 이상의 학력이 있다고 인정되는 사람

마. 전기 관련 학과 외의 전문학사 학위에 해당하는 학력으로 인정하는 사람

    1) 「고등교육법」에 따른 해당 학교에서 전기 관련 학과 외의 전문학사 학위과정을 이수하고 졸업한 사람으로서 전체 이수학점에 대한 전기 관련 학과목의 이수학점 비중이 30/100 이상인 사람

    2) 그 밖의 관계 법령에 따라 국내 또는 외국에서 이와 같은 수준 이상의 학력이 있다고 인정되는 사람

4. "전기공사업무를 수행한 사람"이란 다음의 어느 하나에 해당하는 사람을 말한다.

    가. 전기공사업체에서 시공 또는 시공관리 업무를 수행한 사람

    나. 전기공사 관련 해당 분야에서 전기공사 관련 설계·공사감독·감리·전기공사재해예방기술지도 업무를 수행한 사람

    다. 「공무원임용령」 별표 1 또는 「지방공무원임용령」 별표 1에 따른 공업 직렬란 중 (일반)전기 직류 및 종전의 「공무원임용령」(대통령령 제19515호로 일부개정되기 전의 것을 말함) 별표 1 또는 종전의 「지방공무원임용령」(대통령령 제19822호로 일부개정되기 전의 것을 말함) 별표 1에 따른 (일반)전기 직렬에 보직되어 전기시설의 관리 및 시공에 관한 업무를 수행한 사람

    라. 「교육기본법」 제14조 제6항, 「근로자직업능력 개발법」 제33조 제1항, 「고용보험법」 제31조 제1항 및 「산업재해보상보험법」 제73조 제1항, 「기능대학법」 제8조 제4항 및 「학원의 설립·운영 및 과외교습에 관한 법률」 제3조에 따른 전기 관련 교원(강사를 포함)으로서 전기시공에 관한 교육업무를 수행한 사람

    마. 전기공사 관련 해당 분야에서 전기공사의 계획·시험·검사·유지관리·전기안전관리·전기공사연구 업무를 수행한 사람

    바. 「소방시설공사업법」 제4조 제1항에 따른 소방시설공사업으로 등록된 곳에서 「국가기술자격법」에 따른 소방설비 기술자격(전기분야)을 가지고 소방설비 전기공사 또는 도난방지 시설공사 업무를 수행한 사람

    사. 「군인사법」 제5조 제1항 제1호에 따른 공병병과(시설병과를 포함)에서 장교 또는 부사관으로 복무하거나 전공병, 발전병 등으로 복무한 사람

5. 전기공사업무를 수행한 사람의 경력을 산정하는 비율은 다음과 같다.

    가. 제4호 가목에 해당하는 경력 : 100/100

    나. 제4호 나목부터 라목까지의 규정에 해당하는 경력 : 80/100

    다. 제4호 마목부터 사목까지의 규정에 해당하는 경력 : 50/100

    라. 국가기술자격 또는 최종학력의 취득 이전의 경력 : 가목부터 다목까지에서 정한 경력의 50/100

    마. 전기기능사(전기공사기능사를 포함) 시험이 면제되는 기능경기대회에 입상한 사람의 입상 이전의 경력 : 100/100

    바. 전기공사기술자로 인정된 사람이 전기 관련 상위의 국가기술자격 또는 학력을 취득한 이후의 경력 : 100/100

6. 전기공사업무를 수행한 사람의 경력을 산정하는 경우 다음의 경력은 제외한다.
   가. 만 18세 미만인 기간 동안의 경력. 다만, 만 18세 미만인 기간 동안 국가기술자격을 취득한 경우는 경력에 포함한다.
   나. 주간학교 재학 중의 경력
   다. 제5조에 따른 경미한 전기공사 및 「전기사업법」 제2조 제16호에 따라 전기설비에서 제외되는 선박, 차량 및 항공기 등의 전기공사 경력
   라. 이중취업으로 확인된 기간 동안의 경력
   마. 전기공사업무 외의 경력으로 확인된 기간 동안의 경력
   바. 다른 업종의 기술능력으로 등록된 기간 동안의 경력

7. 외국인 기술자에 대한 전기공사기술자격은 외국인 기술자의 전기공사기술자격 또는 학력·경력에 따라 인정하되, 그 인정기준에 관하여는 제1호부터 제6호까지의 규정을 준용한다.

⒆ 전기공사기술자의 양성교육훈련

1) 지정교육훈련기관

산업통상자원부장관은 전기공사기술자의 원활한 수급과 안전한 시공을 위하여 산업통상자원부장관이 지정하는 교육훈련기관(이하 지정교육훈련기관)이 전기공사기술자의 양성교육훈련을 실시하게 할 수 있다.

2) 교육훈련기관의 지정요건

① 최근 3년간 전기공사 기술인력에 대한 교육실적이 있을 것
② 연면적 200㎡ 이상의 교육훈련시설이 있을 것

3) 교육훈련기관의 지정신청

① 서류의 제출

지정교육훈련기관의 지정을 받으려는 자는 양성교육훈련기관 지정신청서에 다음의 서류를 첨부하여 산업통상자원부장관에게 제출하여야 한다.
㉠ 최근 3년간 전기공사기술인력의 교육실적을 증명하는 서류
㉡ 연면적 200㎡ 이상의 교육훈련시설의 보유를 증명하는 서류

② 법인 등기사항증명서의 확인

신청을 받은 산업통상자원부장관은 「전자정부법」 제36조 제1항에 따른 행정정보의 공동이용을 통하여 법인 등기사항증명서(법인인 경우만 해당)를 확인하여야 한다.

4) 지정 내용의 변경신고

지정교육훈련기관은 그 지정된 내용 중 산업통상자원부령으로 정하는 중요 사항이 변경된 경우에는 산업통상자원부령으로 정하는 기간에 산업통상자원부장관에게 그 사실을 신고하여야 한다.

3 기본계획 및 인·허가 받기

1. 태양광발전시스템 인·허가 절차 흐름도

| 그림 1-4 | 태양광발전시스템 인·허가 절차 흐름도 |

사업자 등록

발전사업허가신청

- 주무관청 : 시, 도지사(3,000kW 이하)
- 관련법안 : 전기사업법 7조, 시행규칙 4조
- 관련서류 : 전기사업허가신청서, 사업계획서, 송전관계일람도, 발전원가명세서 등

공사시행 전 공사계획신고

- 주무관청 : 시, 도지사(10,000kW 미만)
- 관련법안 : 공사계획신고서, 별표3-2호 규정서류 및 기술자료, 공사공정표, 기술서, 감리원 배치를 확인할 수 있는 서류

발전소 공사

- 태양전지, 인버터, 판매용 계량설비 외 계통 인입선 선로공사(판매용 계량설비의 위치는 수전용 계량기 옆으로 한다)
- 발전기 − 인버터 − ELB − 계량기 − NFB − 한전 순으로 공사
  * ELB : 누전차단기   * NFB : 배선용차단기

사용 전 검사

- 주무관청 : 한전전기안전공사(검사 받기 7일전)
- 관련법안 : 전기사업법 63조, 시행규칙 31조 4항, 5항
- 신고양식 : 사용 전 검사 신청서, 감리원 배치확인서, 설계도, 태양전지규격서, 시험성적서, 발전사업허가증
- 첨부서류 : 별지 28호, 공사계획 인가서 또는 신고수리서 사본, 설계도면, 감리서류, 전기안전관리 선임신고 필증

발전전력수급 계약체결

- 주무관청 : 한국전력 거래실 구입전력팀, 지역한전지점
- 관련서류 : 발전사업허가증, 사업자등록증, 사용 전 검사필증, 표준계약서

사업개시신고

- 주무관청 : 시 도지사
- 관련법안 : 전기사업법 9조 4항, 시행규칙 8조
- 관련서류 : 별지 6호

예제 1 다음 중에서 자재계획 단계순서를 적합하게 나열하시오.

① 재고계획   ② 원단위산정   ③ 사용계획   ④ 구매계획

풀이

① 원단위산정 → ② 사용계획 → ③ 재고계획 → ④ 구매계획

자재계획이란 자재관리의 시작으로서 생산계획에 따른 자재 소비량의 산출, 자재 구매량의 결정, 불요자재의 처분계획에 이르는 일련의 생산전반에 관한 계획이며, 자재계획 방침의 수립, 자재계획의 제요인 및 원단위 산정, 구매계획, 사용계획 등이 포함된다.

PART 2

설 계

1 시스템구성 설계하기

1. 태양광발전시스템 설계·계획 순서

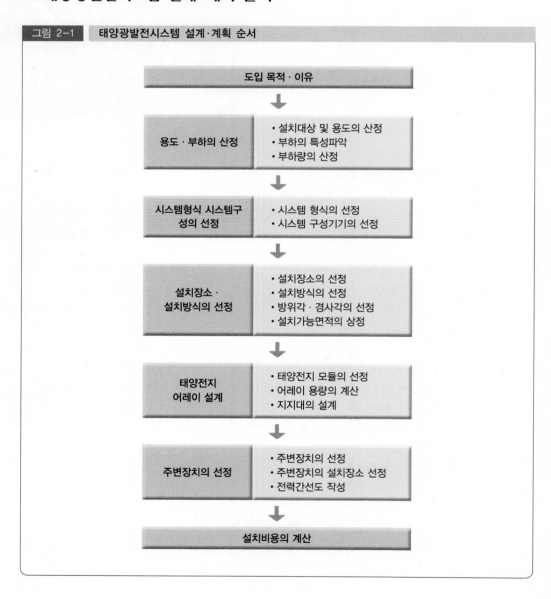

그림 2-1 태양광발전시스템 설계·계획 순서

도입 목적·이유

용도·부하의 산정
- 설치대상 및 용도의 산정
- 부하의 특성파악
- 부하량의 산정

시스템형식 시스템구성의 선정
- 시스템 형식의 선정
- 시스템 구성기기의 선정

설치장소·설치방식의 선정
- 설치장소의 선정
- 설치방식의 선정
- 방위각·경사각의 선정
- 설치가능면적의 상정

태양전지 어레이 설계
- 태양전지 모듈의 선정
- 어레이 용량의 계산
- 지지대의 설계

주변장치의 선정
- 주변장치의 선정
- 주변장치의 설치장소 선정
- 전력간선도 작성

설치비용의 계산

2. 태양광발전시스템 설계 시 고려사항

표 2-1	태양광발전시스템 설계 시 고려사항	
구 분	**일반적 측면**	**기술적 측면**
설치위치 결정	• 양호한 일사조건	• 태양고도별 비 음영지역 선정
설치방법의 결정	• 설치의 차별화 • 건물과의 통합성	• 태양광발전과 건물과의 통합수준 • 유지보수의 적절성
디자인 결정	• 조화로움 • 실용성 • 혁신성 • 실현가능성 설계의 유연성	• 경사각, 방위각의 결정 • 건축물과의 결합방법 결정 • 구조 안정성 판단 • 시공방법
태양전지 모듈의 선정	• 시장성 • 제작가능성	• 설치형태에 적합한 모듈 선정 • 건자재로서의 적합성 여부
설치면적 및 시스템 용량 결정	• 건축물과 모듈 크기	• 모듈크기에 따른 설치면적 결정 • 어레이 구성방안 고려
사업비의 적정성	• 경제성	• 건축재 활용으로 인한 설치비의 최소화
시스템 구성	• 최적시스템 구성 • 실시설계 • 사후관리 • 복합시스템 구성방안	• 성능과 효율 • 어레이 구성 및 결선방법 결정 • 계통연계 방안 및 효율적 전력공급 방안 • 발전량 시뮬레이션 • 모니터링 방안
구성요소별 설계	• 최대발전 보장 • 기능성 • 보호성	• 최대발전 추종제어(MPPT) • 역전류 방지 • 단독운전 방지 • 최소 전압강하 • 내외부 설치에 따른 보호기능

설계

3. 태양광발전시스템 설계순서

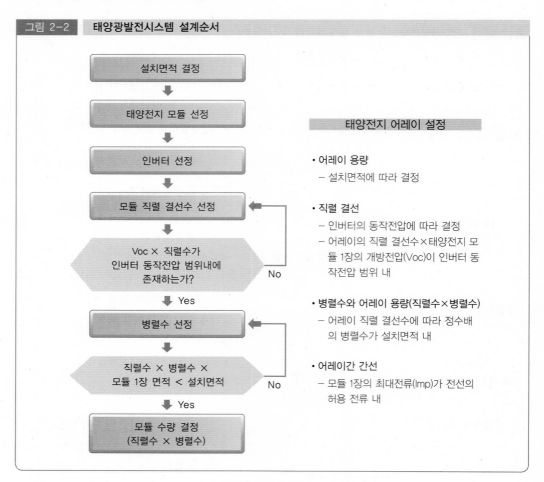

그림 2-2 태양광발전시스템 설계순서

태양전지 어레이 설정

- 어레이 용량
  - 설치면적에 따라 결정

- 직렬 결선
  - 인버터의 동작전압에 따라 결정
  - 어레이의 직렬 결선수×태양전지 모듈 1장의 개방전압(Voc)이 인버터 동작전압 범위 내

- 병렬수와 어레이 용량(직렬수×병렬수)
  - 어레이 직렬 결선수에 따라 정수배의 병렬수가 설치면적 내

- 어레이간 간선
  - 모듈 1장의 최대전류(Imp)가 전선의 허용 전류 내

4. 구조물 설계 시 설계하중

표 2-2 구조물 설계 시 설계하중

구 분		내 용
수직 하중	고정하중	어레이 + 프레임 + 서포트 하중
	적설하중	경사계수 및 눈의 단위질량 고려
	활하중	건축물 및 공작물을 점유 사용함으로서 발생하는 하중
수평 하중	풍하중	어레이에 가한 풍압과 지지물에 가한 풍압의 합 풍력계수, 환경계수, 용도계수 등을 고려
	지진하중	지지층의 전단력 계수 고려

※ 하중의 크기 : 폭풍 시 〉적설 시 〉지진 시

5. 일사량과 일조량

(1) 일사량(日射量)

① 일사량은 태양에서 오는 빛의 복사에너지(일사)가 지표면에 닿는 양을 말한다.

② 일사량은 태양광선에 직각으로 놓은 1㎠ 넓이에 1분 동안의 복사량(輻射量)으로 측정한다.

③ 하루 중의 일사량은 태양고도가 가장 높은 때인 남중할 때, 1년 중 하지 경에 일사량은 최대가 되는데 이는 태양의 고도가 높으므로 지표면에 도달하기까지 통과하는 대기의 두께가 얇기 때문이다.

④ 즉 태양의 고도가 높을수록 일사량 또한 증가하며 태양이 천장에 위치할 때 일사량은 최대가 된다.

(2) 일조량(日照量)

① 일조량은 태양의 직사광선이 구름, 안개, 먼지 등에 차단되지 않고 지표면에 비치는 햇볕의 양을 말한다.

② 하루 동안 혹은 정해진 시간동안 빛이 지상에 비춰졌는가 하는 것을 측정한다. 때문에 일조량의 단위는 주로 시간이 된다.

③ 태양의 중심이 동쪽의 지평선 위로 나타나서 서쪽의 지평선으로 질 때까지의 시간을 가조시간(可照時間)이라고 하며 실제로 지표면에 태양이 비쳐진 시간을 일조시간(日照時間)이라 한다.

④ 구름에 없는 맑은 날씨일 경우에는 가조시간과 일조시간이 일치하지만 구름이 많아지면 많은 만큼 일조시간은 짧아진다.

⑤ 가조시간에 대한 일조시간의 비를 일조율(日照率)이라고 한다.

6. 태양의 고도와 방위각 및 음영

(1) 태양의 고도와 방위각

1) 태양의 고도(高度, Altitude)

① 지평선을 기준으로 하여 측정한 천체의 높이를 각도로 나타낸 것을 고도라 하며. 지평선을 기준으로 하여 태양의 높이를 각도로 나타낸 것을 태양의 고도라 한다.

② 태양의 고도는 해가 뜬 후 점점 높아져 낮 12시에 가장 높고, 낮 12시가 지나면 다시 낮아진다. 태양이 지평선에 있을 때 태양의 고도는 0도이고, 머리 위에 있을 때는 90도이다. 태양이 정남의 위치에 왔을 때의 고도를 태양의 남중고도라 하는데, 우리나라는 약 12시 30분경이며, 이 때가 하루 중 그림자의 길이가 가장 짧다. 계절에 따라 태양의 고도도 달라지는데, 하지 때 태양의 고도가 가장 높고, 동지 때 가장 낮다.

③ 태양의 고도에 의해 태양전지판의 설치각도 및 전후면 이격거리가 결정된다.

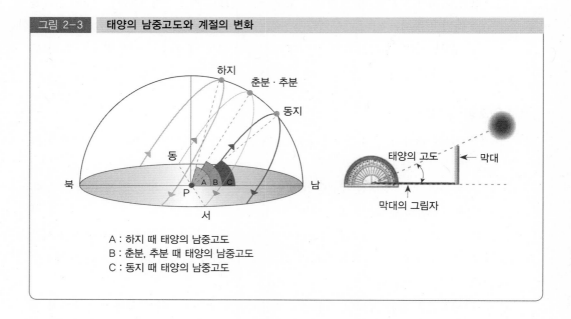

그림 2-3 태양의 남중고도와 계절의 변화

A : 하지 때 태양의 남중고도
B : 춘분, 추분 때 태양의 남중고도
C : 동지 때 태양의 남중고도

2) 방위각(方危角, Azimuth)

① 방위를 나타내는 각도로. 관측점으로부터 정남을 향하는 직선과 주어진 방향과의 사이의 각으로 나타내며 정남에서 서쪽으로 돌면서 0~360° 측정하지만, 일반적으로는 서쪽으로 돌면서 측정하는 경우를 ＋, 동쪽으로 돌면서 측정하는 경우를 － 로 한다.

② 이 각은 천구에 대하여 말하면 지평선상에서 자오선과의 교점과 방위각과의 교점인 두점간의 각 거리에 해당된다.

③ 또 일반적으로 태양 방위각은 정면으로부터의 편위각도(S-30°-E, S-40°-W등)로 나타낸다.

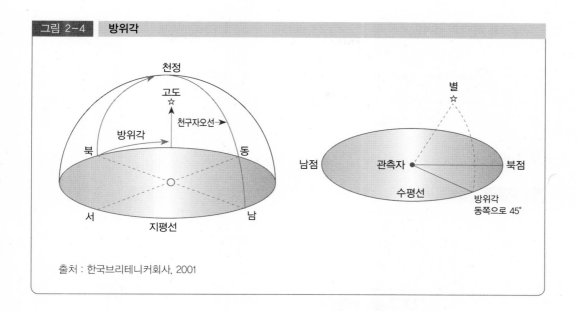

그림 2-4 　방위각

출처 : 한국브리테니커회사, 2001

(2) 음영의 발생요인 및 대책 분석

1) 음영(shade and shadow, shadow, 陰影)의 발생요인

① 음영이란 그늘진 부분으로 건물이나 물체에 광선이 비치어 생기는 그림자와 그늘을 말한다.

② 음영은 그림에서 보여주는 바와 같이 건물자체에 있는 매스요소(난간, 냉각탑 등), 인접건물과 식재 등의 장애물 또는 PV 모듈 구조체 상호간에 의해 발생된다.

③ PV 모듈에 음영이 드리워질 경우 직접 전달되는 일사량 자체가 줄어들기 때문에 발전량이 감소하는 것이 당연하지만 부분음영에 의한 전체시스템의 발전량 감소도 매우 큰 영향요소이다.

④ 직렬로 연결된 태양전지의 일부분에 음영이 지면 마치 배관 내 일부분에 병목현상이 발생하는 것과 같은 원리로 전체시스템의 발전효율도 크게 감소한다.

2) 음영의 대책

① 태양전지 어레이의 최적설계 및 음영이 드리워진 부분을 바이패스(By-Pass)할 수 있도록 바이패스다이오드(By-Pass Diode)를 PV 모듈 내부에 삽입하여 설계하고 일반적으로 그늘과 같은 방향으로 직렬배선하는 것이 유리하다.

② 최적의 설계는 그늘의 모양이나 움직이는 방향이 다양하기 때문에 음영도를 작성한 뒤에 종합적으로 배선계획을 검토하는 것이 필요하다.

3) 음영의 분석

① 계산에 의한 분석

$$\tan r = \frac{h_2 - h_1}{d} \text{ 에서 상승각 } r = \tan^{-1} \frac{h_2 - h_1}{d}$$

② 어안렌즈 카메라 + 소프트웨어 내장 분석기 : suneye 210 등

그림 2-5 음영의 분석

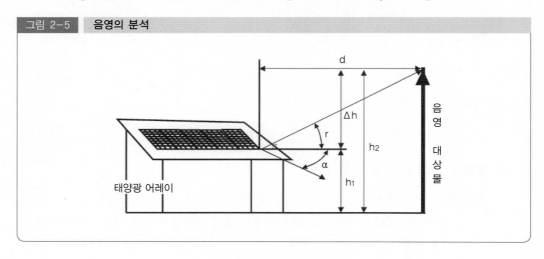

예제 1 주변건물 음영의 영향력 분석 및 음영요소와의 1m일 때 최소 확보거리는?

그림 2-6 주변건물 음영의 영향력 분석

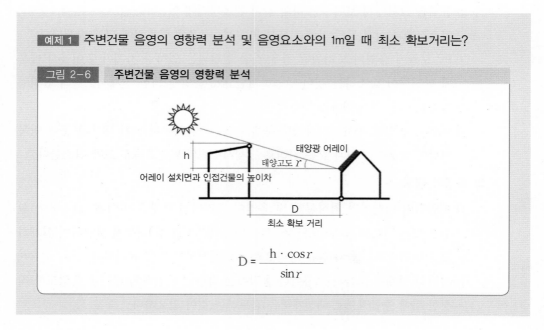

$$D = \frac{h \cdot \cos r}{\sin r}$$

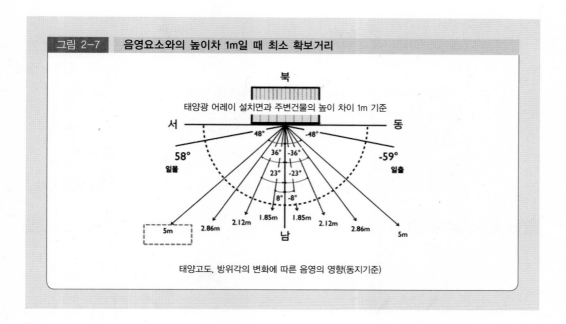

그림 2-7   음영요소와의 높이차 1m일 때 최소 확보거리

태양고도, 방위각의 변화에 따른 음영의 영향(동지기준)

(3) 태양전지 어레이의 방위각과 경사각

태양에너지를 효과적으로 활용하기 위해서는 태양전지 어레이의 방위각, 경사각이 중요하다.

방위각은 일반적으로는 태양전지의 발전전력량이 최대가 되는 남향, 경사각은 태양전지의 발전전력량이 최대로 되는 연간 최적 경사각으로 하는 것이 바람직하나, 대규모 상업용 발전의 경우 양방향 추적 경사각으로도 설치할 수도 있고, 고정식으로 설치할 경우는 연중 최적 경사각으로 설치하는 것이 바람직하나, 건물에 설치할 경우는 건물의 방향 및 입지조건에 따라 방위각 및 경사각은 조정되어 설치될 수 있다.

1) 어레이 설계 시 고려대상

① 방위각

태양광 어레이가 남향과 이루는 각(정남향 0도)으로 그림자의 영향을 받지 않는 곳에 정남향으로 하고, 현장여건에 따라 정남을 기준으로 동·서로 45도의 범위 내에서 설치하여야 하며, 다음과 같은 사항을 고려하여 설치한다.

- 남향
- 옥상 및 토지의 방위각
- 건물 및 산의 그림자를 피할 수 있는 각도
- 낮 최대부하 시의 각도

② 경사각

태양광 어레이와 지면과의 각(지면 0도)으로 발전전력량이 연간 최대가 되는 연간 최적 경사각을 선정하며, 경사진 기존의 지붕을 이용할 경우에는 지붕의 경사각을 따르며, 다음과 같은 사항을 고려하여 설치한다.

• 연간 최적 경사각

• 옥상의 경사각

• 눈을 고려한 경사각

• 부하전력과 발전전력량에 따른 태양광 어레이의 용량을 최소로 하는 경사각

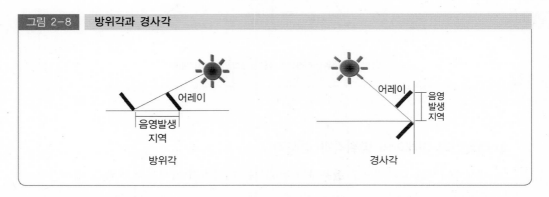

그림 2-8 방위각과 경사각

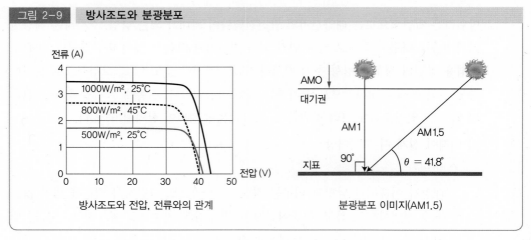

그림 2-9 방사조도와 분광분포

③ 방향성 및 설치 경사각도

㉠ 연간 태양궤적에 비추어 볼 때 지구 북반구에서의 태양전지설비 방향은 남향으로 하여야 한다. 그리고 태양전지 표면에 태양광이 가능한 한 직각에 가깝게 비치도록 하여야 태양광선의 밀도가 커져 최대의 에너지양을 얻을 수 있다.

ⓛ 지축이 약 23.5° 기울어져 자전과 공전을 하는 지구의 특성상 태양의 고도가 매일 달라져 태양전지 수평면에 조사되는 입사각도가 변하며, 우리나라의 경우 위도 37° 기준으로 할 때 태양광의 입사각도는 하지 정오에 약 76°, 동지 정오에 약 30° 범위에서 연간 태양의 고도가 변하게 된다.

ⓒ 항상 태양광선의 입사각을 전지표면에 직각으로 유지할 수 있는 태양광 추적형 발전설비는 이러한 태양고도의 변화가 문제가 되지 않지만, 고정식 발전설비는 특정지역에서의 최적 설치각도와 방향파악을 위하여 해당지역에서 측정된 다년간의 일사량 자료의 분석이 선행되어야 한다.

ⓓ 태양의 일사량은 지역별 특성에 따라 다소 차이는 있으나, 그 양은 위도, 계절 등에 따라 변화하며 발전량은 시스템의 설치위치와 특히 경사각 및 방위각에 의해 결정이 된다.

| 그림 2-10 | 방향성 및 설치 경사각도 |

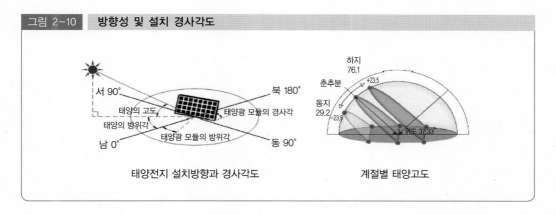

태양전지 설치방향과 경사각도   계절별 태양고도

④ 음영

주변에 일사량을 저해하는 장애물이 없어야 하며, 오전 9시에서 오후 4시 사이에 모듈전면에 음영이 없어야 한다.

2) 일사량

일사량은 지표면에 도달하는 태양광선에 직각으로 놓인 1㎠의 넓이에 1분 동안의 태양에서 오는 빛의 복사로 정의되며, 하루 중의 일사량은 태양고도가 가장 높을 때인 남중시에 최대이고, 1년 중에는 하지경이 최대가 된다. 우리나라는 1,200W/㎡ ~1,500W/㎡ 정도로서 비교적 높은 일사량을 보이고 있어 태양광 에너지의 활용에 있어서 유리한 조건을 가지고 있고, 현재 기상청에서 국내에 일사량 기기를 설치하여 계측 중인 지역은 22개로서, 일반적으로 10년간 측정데이터의 평균값을 태양광 발전설비 설치 타당성 검토를 위한 기초자료로 사용한다.

예제 1 STC(표준시험조건)에 적용되는 AM = 1.5의 태양 입사각을 구하시오.

풀이

$$AM = 1.5 = \frac{1}{\sin\alpha}$$

$$\therefore \alpha \fallingdotseq 41.8°$$

(1) 태양광 정수(Solar Contant)

태양광이 대기전에 도달한 세기 : 1370W/㎡(AM = 0)

(2) 지표면에 도달한 세기 : 1060W/㎡(AM = 1.5)

(3) STC(Standard test condition) 표준시험조건

   • AM = 1.5   • 1000W/㎡   • 25℃

(4) AM(Air Mass : 대기질량 정수(계수))

1AM : 태양광이 대기권 입구에서 적도해발 0m까지 도달하는 구간

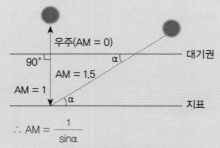

$$\therefore AM = \frac{1}{\sin\alpha}$$

(α : 태양입사각, 축전도 sin90°로써 AM = 1)

예제 2 위도가 38°일 때, 춘분, 추분, 하지, 동지에서의 태양의 남중고도를 구하시오.

그림 2-11   **태양의 남중고도와 계절의 변화**

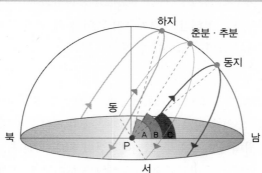

A : 하지 때 태양의 남중고도
B : 춘분, 추분 때 태양의 남중고도
C : 동지 때 태양의 남중고도

① 춘분, 추분일 때의 태양의 남중고도는?
② 하지일 때의 태양의 남중고도는?
③ 동지일 때의 태양의 남중고도는?

풀이

■ 태양의 남중고도

1) 지구의 자전축이 공전축에 대해 66.5° 기울어져 있는 상태로 공전하기 때문에 태양의 남중
   고도에 변화가 생기며, 이것이 계절변화의 원인이 된다.
2) 하지 때 태양의 남중고도는 북반구에서 최대가 되며, 남반구에서는 최소가 된다.
3) 동지 때는 태양의 남중고도는 북반구에서는 최소가 되고, 남반구에서는 최대가 되며, 춘분
   과 추분일 때는 적도에서 최대가 된다.
4) 대기차를 무시하고
   ① 태양광의 적우(황도와 적도의 기울기 상수, 23.5°)를 δ
   ② 그 땅의 위도를 Φ 로 하면
   ∴ 태양의 남중고도는 $90° - \Phi + \delta$ 이다.

∴ 위도 38° 기준, 절기별 태양의 남중고도는
  ① 춘분, 추분일 때의 태양의 남중고도는?
    정답 : $90° - 38° + 0° = 52°$
  ② 하지일 때의 태양의 남중고도는?
    정답 : $90° - 38° + 23.5° = 75.5°$
  ③ 동지일 때의 태양의 남중고도는?
    정답 : $90° - 38° - 23.5° = 28.5°$

예제 3 위도 38° 기준, 절기별 태양의 남중고도는

① 춘분, 추분일 때의 태양의 남중고도는?
② 하지일 때의 태양의 남중고도는?
③ 동지일 때의 태양의 남중고도는?

풀이
① $90° - 38° + 0° = 52°$
② $90° - 38° + 23.5° = 75.5°$
③ $90° - 38° - 23.5° = 28.5°$

예제 4 서울(대한민국)의 위도가 37° 일 때, 절기별 남중고도는?

춘분	하지	추분	동지

풀이
- 춘·추분 : $90 - \Phi = 90 - 37 = 53°$
- 하지 : $90 - (\Phi - 23.5) = 76.5°$
- 동지 : $90 - (\Phi + 23.5) = 29.5°$

(1) 계절과 고도(남중고도)
- 태양복사강도는 무엇보다도 태양고도각에 의존한다.
- 직달광선과 수평면이 이루는 각도이며, 수평면과 태양의 중심이 이루는 각이다.
- 특히 남중고도란 하루 중 태양의 고도가 가장 높을 때의 고도를 말한다.

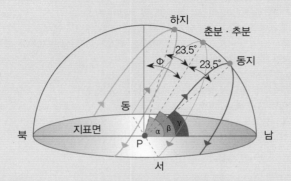

α : 하지 남중고도   β : 춘·추분 남중고도   γ : 동지남중고도 Φ : 위도

하지 남중고도각(α) = $90 - (\Phi - 23.5)$
춘·추분 남중고도(β) = $90 - \Phi$
동지 남중고도각(γ) = $90 - (\Phi + 23.5)$

예제 5 입사 일사량(복사에너지)과 주위온도에 따른 태양전지의 전압, 전류, 출력 특성을 설명하시오.

풀이
(1) 입사 일사량(복사에너지)과 전압, 전류, 출력 특성

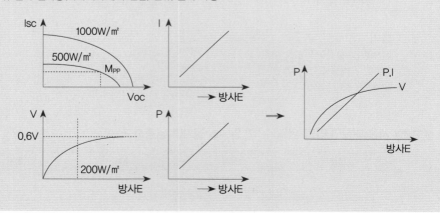

설계

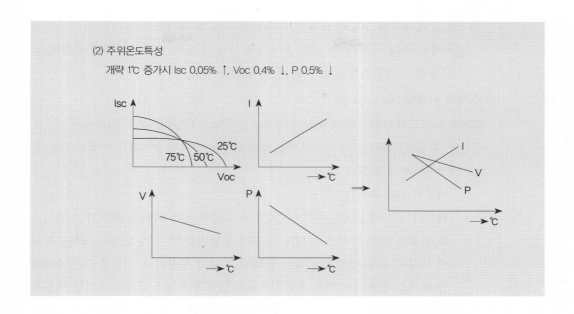

(2) 주위온도특성

개략 1℃ 증가시 Isc 0.05% ↑, Voc 0.4% ↓, P 0.5% ↓

7. 태양전지 어레이

(1) 어레이 설치형태에 따른 분류

1) 경사고정식 어레이

① 태양의 고도와 구조물의 경사면을 일정한 각도를 두어서 고정되게 설치하는 방식으로 대부분 정남향으로 태양광 모듈의 구조물(어레이)를 말 그대로 고정을 시키고 구조물(태양광 모듈 면)의 경사각도는 위도에 따라서 다르나 대략 30~33도의 범위 내에서 고정 · 유지를 시키는 형태를 말한다.

② 별도로 인위적인 기술이나 인력이 거의 필요가 없어서 유지보수 비용이 저렴한 것이 장점이나, 우리나라의 특성 상 위도와 경도에 맞게 사계절 태양의 고도각에 따라서 태양광 모듈의 경사면과 태양의 고도각을 일치를 시킬 수가 없어서 전력량이 떨어지는 것이 단점이다.

2) 경사가변식 어레이

① 태양의 고도와 구조물, 어레이(모듈)의 경사면을 변경 시키는 형태로 고정식에서 탈피하여서 4계절 태양의 고도각을 중심으로 구조물(어레이)의 경사각을 조절(수동)하여서 전력량을 최대가 되게 하는 방식으로 동절기 구조물 각도는 대략 위도에 따라 다르나 47~52도, 춘추절기 32~37도, 하절기 15~20도를 유지한다. 반 능동식이라고 볼 수 있다.

② 4계절 태양광의 고도와 모듈의 수평면의 각도를 직각으로 최대한 유지하여서 전력량을 증대를 시킬 수 있는 것이 장점이나, 별도로 인력을 통하여 절기에 따라서 구조물 각도조절을 해야 하는 것이 단점이다.

3) 추적식 어레이(Tracking array)

발전효율을 극대화하기 위해 태양의 직사광선이 항상 태양전지판의 전면에 수직으로 입사할 수 있도록 동력이나 기기조작을 통해 태양의 위치를 축적하는 방식을 말한다.

① 추적방향에 따른 분류

　㉠ 단방향(1축) 축적식

　　태양의 고도에 맞게 동과 서 방향으로 태양이동에 따라서 추적하는 방식으로 동쪽에 떠서 서쪽으로 해가 질 때까지 발전을 할 수가 있어서 경사고정식에 비하여 10% 정도 전기량이 증대되는 것이 장점이나, 남북으로는 추적이 안 되므로 양축식에 비하여 발전효율이 떨어지며 구동장치에 전기를 사용하므로 구동모터의 고장이 발생하면 추적에 불편을 초래할 수도 있고 유지보수에도 신경을 써야 하는 단점이 있다.

　㉡ 양방향(2축) 축적식

　　태양의 고도각에 맞추어서 동서, 남북으로 태양이동에 따라서 추적하는 방식으로 동서, 남북으로 움직이는 태양의 방향을 따라서 궤적을 추적하듯이 하여서 발전효율이 증대되며 경사고정식에 비하여 10~15% 정도 전기량이 증대되는 것이 장점이며, 단점은 단축식과 동일하나 추적하는 축이 하나 더 있어서 전기사용량이나 고장발생이 더 일어 날 수 있고 유지보수에도 더 신경을 써야 한다.

② 추적방식에 따른 분류

　㉠ 감지식 추적방식(광센서 방식)

　　광센서에 의한 추적방식은 감지부를 이용하여 최대 일사량을 추적하는 방식으로 프로그램방식 대비 상대적으로 가격이 저렴하며 지역에 따른 태양고도 정보값 필요없이 설치가 간편한 장점이 있으나 광센서의 민감도와 제조업체의 기술수준에 따라 오작동 가능성과 구름이 태양을 가리거나 부분음영이 발생하는 경우 감지부의 정확한 태양궤도 추적은 기대할 수 없다는 단점이 있다.

　㉡ 프로그램 추적방식

　　프로그램 추적방식의 장점은 이미 입력된 프로그램을 수행하기 때문에 오작동의 위험이 적으나 각 지역에 따른 정확한 정보값을 입력하기가 힘들며, 프로그램 오작동이 발생하였을 경우 유지관리가 어렵고 부품이 비싸다는 단점이 있다.

ⓒ 혼합식 추적방식

감지식 추적방식과 프로그램 추적방식을 동시에 만족할 수 있도록 보완된
방식으로 프로그램 추적방식 중심으로 운영하나 설치위치에 발생하는 편차
를 감지부를 이용하여 주기적으로 보정 및 수정을 해 주는 방식으로 많이 이
용되고 있다.

③ 설치방향에 따른 분류

㉠ 수평형 추적시스템

회전축의 방향에 따라 남북을 수평축으로 하고 동서로 회전하는 시스템이다.

㉡ 경사형 추적시스템

고정식과 같이 남북방향으로 최적의 각도로 경사를 제공한 상황에서 동서방
향으로 태양을 추적하는 시스템이다.

(2) 태양전지 어레이 설계

설치할 장소와 설치방식이 결정되었으면 태양전지는 발전용량에 알맞은 모듈을 선정
하고 이에 따라 태양전지 어레이 용량과 지지대를 설계하여 신재생에너지설비인증을
위한 기술기준에 적합하도록 진행한다.

예제 1 경사지붕면적이 100㎡(10m×10m)인 건축물에 PVS 설비를 구축하려고 한다. 165Wp
급 모듈의 가로길이가 1.6m, 세로길이가 0.8m, 모듈의 온도에 따른 전압범위가
28~42V일때

1) 모듈의 설치 가능 개수는?
2) 발전 가능 용량 kWp은?

단, 인버터의 동작전압은 150~540V, 효율은 92%(설치간격 및 기타 손실 등은 무시하는 것으로 한다)

풀이

1) 모듈의 설치 가능 개수(최대)
   ① 가로배열 : 10/1.6 = 6.25 = 6개
   ② 세로배열 : 10/0.8 = 12.5 = 12개
2) 발전 가능 용량[kWp]
   – 12개 직렬연결 시 최저전압 28 × 12 = 336V
     12개 직렬연결 시 최고전압 42 × 12 = 504V 동작범위 내에 있다.
   – 발전 가능 용량 = 모듈수 × 모듈 1개의 Wp × PCS효율
     　　　　　　　 = 72 × 165 × 0.92
     　　　　　　　 = 10929.6Wp
     　　　　　　　 = 10.93kWp

예제 2 피측정 태양전지 모듈의 표준상태에서 최대출력 P_{max} = 250W, 가로 = 2000mm, 세로 = 1000mm인 태양광 모듈의 효율을 구하시오.(단, E : 입사광 강도 1000W/㎡, S : 수광면적(㎡)이다.)

풀이

$E = P_{max}$ / (A × E) × 100%

    = 250 / (2 × 1000) × 100

    = 12.5%

A = 수광면적

    = 2000mm × 1000mm

    = 2m × 1m

    = 2㎡

E = 입사광강도

    = 1000W/㎡

P_{max} = 최대출력

    = 250W

∴ 12.5%

예제 3 단결정 전지를 설치할 때 1kWp당 필요한 면적은 얼마로 하면 적당한가?

풀이

일반적으로

① 250W 모듈 SIZE : 1,650mm × 985mm ≒ 1.63㎡

② 1kW 모듈면적 : 1.63㎡ × 4ea = 6.52㎡

③ cos28° ~ cos36° = 0.88 ~ 0.81

④ 필요 대지 단면적 : 5.74 ~ 5.29㎡

∴ 6 ~ 7㎡

예제 4 아래와 같은 모듈 규격에 대하여 (1) F·F (2) 변환효율을 구하시오.

85Wp 5인치 type

셀	Voc	Isc	Vmpp	Impp	Size
125 × 125mm 단결정 36개	21.6V	5.3A	17	5	1190 × 540 t : 40mm

풀이

(1) F·F(Fill Factor)

$$\frac{V_{mpp} \times I_{mpp}}{V_{OC} \times I_{SC}} = \frac{17 \times 5}{21.6 \times 5.3} = 74.2(\%)$$

(2) 변환효율

$$\frac{V_{mpp} \times I_{mpp}}{1000(W/m^2) \times A(m^2) \times n} = \frac{17 \times 5}{1000 \times (0.125)^2 \times 36} = 15.5(\%)$$

예제 5 출력이 180(W), 가로길이 1.5(m), 세로길이가 0.9(m)인 모듈의 변환효율을 구하시오.
(단, 일사강도는 1000(W/m²)이다.)

풀이

$$모듈변환효율 = \frac{모듈 출력 (W)}{모듈에 입사된 에너지량 (W)} \times 100(\%)$$

모듈에 입사된 에너지량 (W) = 모듈면적 (m²) × 1000(W/m²)

모듈에 입사된 에너지량 = 1.6 × 0.9 × 1000 = 1440(W)

$$모듈변환효율 = \frac{180}{1440} \times 100 = 12.5(\%)$$

2) 지지대 설계순서

그림 2-12 | **지지대 설계순서**

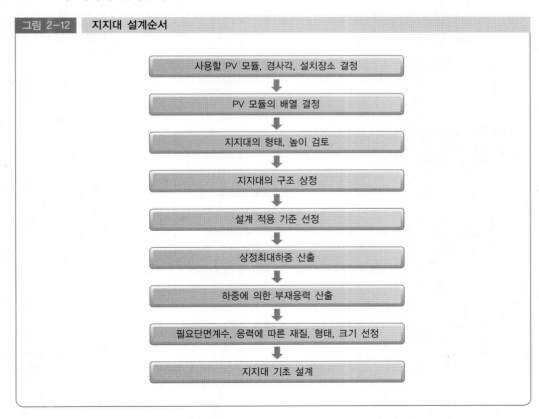

3) 구조물 이격거리 산출적용 설계요소

태양전지 어레이는 소요되는 출력을 얻을 수 있도록 다수를 직병렬 조합을 하는데 전열의 어레이가 후열의 어레이에 그림자의 영향을 주지 않도록 배치하여야 하는데 이 최소 이격거리는 다음과 같이 구한다.

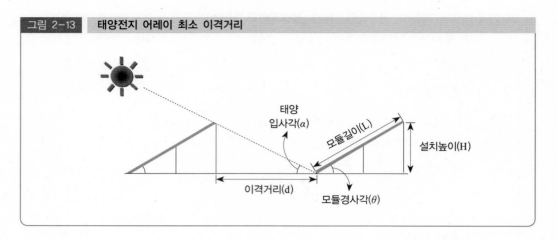

| 그림 2-13 | 태양전지 어레이 최소 이격거리 |

태양광발전시스템 설계 시 가장 널리 사용되는 태양전지 어레이 이격거리 산정식은 아래과 같다.

$$d = \frac{H}{\tan \alpha} \quad \cdots\cdots (1)$$

d : 이격거리(mm)
H : 설치높이
α : 태양의 입사각(˚)

$$d = \frac{L \times \sin \theta}{\tan \alpha} \quad \cdots\cdots (2)$$

L : 모듈길이(mm)

$$d = L \{\cos \theta + \sin \theta \times \tan (lat + 23.5˚)\} \quad \cdots\cdots (3)$$

d : 이격거리(mm)
L : 모듈길이(mm)
θ : 모듈 경사각(˚)
lat : 설치지역의 위도(˚)

식 (3)은 설치지역의 위도를 직접 대입해 태양의 고도를 적용한 식이고,

식 (1)와 식 (2)는

다음의 식 (4)와 동일한 방식으로 태양의 고도를 따로 계산하여 설계 시 감안한다.

$$A = \sin^{-1} \alpha$$

$$\alpha = (\sin \Phi \times \sin \delta) + \cos \Phi \times \cos \delta \times \cos(h) \cdots\cdots (4)$$

A : 태양의 고도각(˚)
Φ : 설치지역의 위도(˚)
δ : 적위(하지:23.5˚/춘 · 추분:0˚/동지:−23.5˚)
h : 계산시각의 각(12시:90˚/ 9시,15시:45˚)

예제 1 태양전지 어레이(길이 2.58m, 경사각 30˚)가 남북방향으로 설치되어 있으며, 앞면 어레이의 높이는 약 1.5m, 뒷면 어레이에 태양입사각이 45˚일 때, 앞면 어레이의 그림자 길이(m)는?

풀이

태양광발전시스템 설계 시 가장 널리 사용되는 태양전지 어레이 간격 산정식은 다음과 같다.

$$d = \frac{H}{\tan \alpha}$$

d : 이격거리(mm)
H : 설치높이
α : 태양의 입사각(˚)

$$d = \frac{1.5}{\tan 45˚}$$

$\tan 45˚ = 1$ 이므로

$\therefore d = 1.5$

예제 2 다음과 같은 조건일 때 어레이와 어레이간의 최소 이격거리(m)는 얼마인가?(단, 경사 고정식으로 정 남향임)

d : 모듈 어레이 길이 3m
θ : 모듈 어레이 경사각 30˚
lat : 설치지역의 위도 35.5˚

풀이

$$d = L \{\cos \theta + \sin \theta \times \tan (lat + 23.5°)\}$$

d : 이격거리(mm)
L : 모듈길이(mm)
θ : 모듈 경사각(°)
lat : 설치지역의 위도(°)

$$d = 3 \{\cos 30° + \sin 30° \times \tan (35.5° + 23.5°)\}$$
$$= 3 (0.866 + 0.5 \times 1.66)$$
$$= 3 \times 1.696$$
$$= 5.088$$
$$\fallingdotseq 5m$$

예제 3 어레이(Array) 길이 1.25m 어레이 경사각 35° 설치 위도(lat) 37.5° 시, 어레이의 최소 이격거리(m)는?

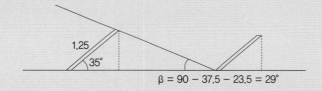

$$\beta = 90 - 37.5 - 23.5 = 29°$$

풀이

(1) $D = L(\cos\alpha + \dfrac{\sin \alpha}{\tan \beta})$

$\quad = 1.25 (\cos35° + \dfrac{\sin 35°}{\tan 29°})$

$\quad = 2.32(m)$

(2) $D = L \dfrac{\sin (\alpha + \beta)}{\sin \beta})$

$\quad = 1.25 \dfrac{\sin (35 + 29)°}{\tan 29°})$

$\quad = 1.252.34(m)$

(3) $D = L [(\cos\alpha + \sin\alpha \cdot \tan(\Phi + 23.5)]$

$\quad = 1.25(\cos35° + \sin35° \cdot \tan61°)$

$\quad = 2.31(m)$

∴ 간략은 (2)이고, 경사각과 위도가 있을 때는 음영각을 동지기준 태양고도로 계산한다.

예제 4 200Wp 모듈의 크기는 986mm × 1,500mm이고, 태양고도가 가장 낮은 동짓날의 오전 9시부터 오후 3시까지의 그림자 경사각은 18.3°일 때 태양광발전설비의 이격거리를 구하시오.

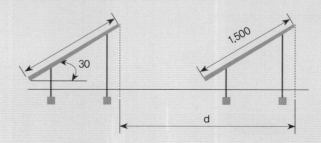

풀이

① 200Wp 모듈의 크기 : 986mm × 1,500mm
② 태양고도가 가장 낮은 동짓날의 오전 9시와 오후 3시의 경사각 : 18.3도
③ 한 장씩 종배치를 한 경우

$$d = b \times \frac{\sin(180 - \beta - \gamma)}{\sin \gamma}$$

$$= 1.5 \times \frac{\sin(180 - 30 - 18.3)}{\sin 18.3}$$

$$= 1.5 \times \frac{0.7466}{0.314}$$

$$= 3.566(m)$$

D : L의 2.37배

예제 5 어레이 길이(L) 1.5m 경사각 30° 어레이 최소 이격거리(D) 3.4m일 때 설치장소의 위도는?

풀이

$D = L\ [(\cos\alpha + \sin\alpha \cdot \tan(\Phi + 23.5)]$

$3.4 = 1.5\ (\cos 30° + \sin 30° \cdot \tan x)(x = \Phi + 23.5)$

$3.4 = 1.5\ (\sqrt{3}\ /\ 2 + 0.5\tan x) \fallingdotseq 1.299 + 0.75\tan x$

$\therefore\ x = \tan^{-1}\ (3.4 - 1.299)\ /\ 0.75 = \tan^{-1} 2.801 \fallingdotseq 70.35$

$\therefore\ \Phi = 70.35 - 23.5 \fallingdotseq 46.85°$

예제 6 그림은 태양광발전설비와 태양전지판의 크기를 나타낸 것이다. 햇빛이 지표면에 수직으로 입사할 때 1m²의 지표면에서 단위 시간당 받는 빛에너지가 1000W이고 태양전지의 변환효율이 15%일 때, 이 태양광발전 시설이 2시간 동안 생산하는 전력량은 몇 Wh인가? (단, 햇빛은 2시간 내내 동일하게 지면에 수직으로 입사하며, 태양전지 표면에서 빛의 반사는 일어나지 않는다.)

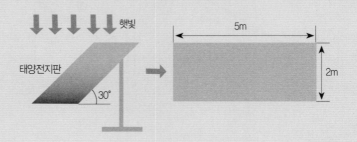

풀이

1. 전지판 면적 : 5m × 2m = 10m²

2. 1m²당 빛의 에너지가 1000(W)

3. 10m²일 때 : 10(m²) × 1000(W) = 10,000(W)

4. 변환효율이 15(%) : 10,000(W) × 0.15 = 1500(W)

5. 전지판과 어레이 구조물 사이의 각 $\cos\theta$ = 30°이므로 $\dfrac{\sqrt{3}}{2}$ 의 크기가 발생

6. 발전시간은 2시간 기준 : 1500(W) ×2(h) × $\dfrac{\sqrt{3}}{2}$ = $1500\sqrt{3}$ (Wh)

4) 태양전지 용량 산출(계(계통연계형)

배치된 태양전지 어레이의 면적으로부터 태양광발전설비의 용량이 결정되며 이 용량 Pas는 다음과 같이 산출한다.

$$Pas = \eta ps \times Hs \times A$$

Pas : 표준상태에 있어서 태양전지 어레이 출력용량(kWp)
ηps : 표준상태에 대한 태양전지 Array 변환효율
Hs : 표준상태에 대한 일사강도(1 kW/m²)
A : 태양전지 Array 면적

Pas 용량은 주어진 면적에서 생산 가능한 태양전지의 최대생산량을 의미하며 이 생산량은 적절한 규모의 인버터를 선정할 수 있도록 현실적인 출력단위로 나누어

야 한다. 단위구분의 기준은 사용하고자 하는 인버터의 입력전압 범위와 출력이며 다음과 같이 계산한다.

$$Pinst = Ns \times Np \times Pu / 1,000$$

Pinst : 태양전지설비의 단위용량(최대출력 설치용량, kWp)
Ns : 인버터에 필요한 전압을 얻기 위한 직렬연결 모듈의 개수
Np : 인버터에 적합한 출력을 얻기 위한 모듈들의 병렬조합
Pu : 단위모듈의 최대출력(W)

예제 1 1-sun 조건에서 모듈의 NOCT(Normal Operation Cell Temperature, 공칭 셀 동작 온도)는 46℃, 대기온도는 30℃일 때, 셀(cell)의 온도는?

풀이

$$Tcell = 30 + (\frac{46 - 20}{0.8}) \cdot 1 \ (S = 1kW/m^2)$$
$$= 62.5$$

예제 2 $I_o = 10^{-12} A/cm^2$, 100mm × 100mm(4인치)의 셀을 25℃ 40mA/cm²으로 생산할 때 50% 태양광 입사 시 V_{oc}와 I_{sc}는 얼마인가?

풀이

$I_o = 10^{-12} \times 100cm^2 = 10^{-10}(A)$
① 100% 태양광 입사 시
$I_{sc} = 0.04A/cm^2 \times 100cm^2 = 4A$

$$v_{oc} = 0.0257\ln (\frac{I_{sc}}{I_o} + 1)$$

$$v_{oc} = 0.0257\ln (\frac{4}{10^{-10}} + 1) = 0.627 \ [V]$$

② 50% 태양광 입사 시
$I_{sc} \propto$ 입사광 세기
∴ 2A

$$v_{oc} = 0.0257\ln (\frac{2}{10^{-10}} + 1) = 0.610 \ [V]$$

전류는 일사량에 의해 대폭 감소, V_{oc}는 약간 감소

8. 관제시스템 구성

(1) 방범시스템

① 태양광발전시스템은 대도시 건축물이나 도시의 한 복판에 설치될 수도 있지만, 인적이 드문 산간지방이나 넓은 평야에 설치되는 경우도 많다.

② 우리나라의 경우 그 동안 시설된 태양광발전설비들을 살펴보면 무인발전소가 그 대부분을 차지하고 있으며, 혹시 관리인 등이 근무한다 하더라도 깊은 밤에는 위험하기 때문에 불법 침입자나 고가의 설비의 도난방지를 위한 방범시스템이 필수적으로 요구된다.

③ 방범설비로는 우선 CCTV를 통한 감시방법도 있겠지만, 정문 및 곳곳에 감지장치를 설치하여 2중 3중으로 감시하는 설비를 갖추고 있다.

④ 특히 태양광발전소 준공 시 사설경비업체를 별도로 선정하여 안전과 도난방지를 위한 용역계약을 맺고 있는 발전소가 늘어나고 있다.

(2) 방재시스템

태양광발전시스템에서 방재설비는 그 주목적이 화재나 발전소와 관련된 설비 및 건축물 등에서 발생될 수 있는 모든 재난을 방지하는 설비를 말한다.

1) 뇌에 관해서

태양전지 어레이는 넓은 면적과 주로 옥외에 설치되고 있기 때문에 뇌에 의한 과대한 전압의 영향을 받기 쉬워 태양광발전시스템을 설치하는 지역이나 그 중요도에 맞도록 내뢰대책을 별도로 구성할 필요가 있다.

2) 뇌서지 대책

태양광발전시스템에는 일반적으로 SPD(Surge Protective Device, 서지보호장치), 서지업서버, 어레스터 등을 사용한다.

① 어레스터(Arrester)

뇌에 의한 충격성 과전압에 대해서 전기설비의 단자전압을 규정치 이하로 감소시켜 정전을 일으키지 않고 원상으로 복귀하는 장치이다.

② 서지업서버(Surge Absorber)

전선로에서 침입하는 이상전압의 크기를 완화시켜 각각의 파고치를 저하시키도록 하는 장치이다.

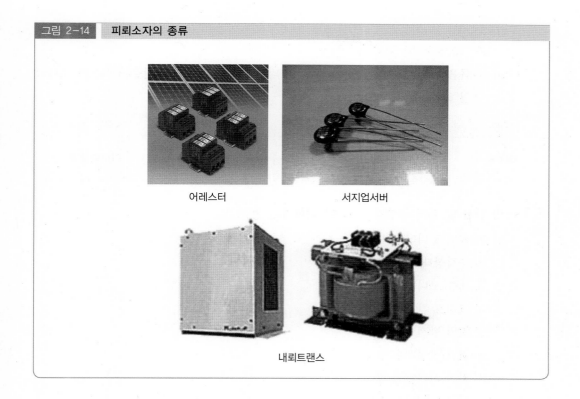

| 그림 2-14 | 피뢰소자의 종류 |

어레스터

서지업서버

내뢰트랜스

③ 내뢰트랜스

실드부착 절연트랜스에 어레스터 및 콘데서를 복합적으로 조합한 것으로 뇌서지가 침입한 경우 내부에 있는 어레스터에서의 제어 및 1차측과 2차측간의 고절연화, 실드에 따라 뇌서지의 흐름이 완전하게 차단될 수 있도록 하는 장치이다.

(3) 모니터링 설비

1) 모니터링 설비 설치 기준

단위사업별 설비용량기준으로 50kW 이상의 발전설비를 설치하는 경우, 단위시설별로 에너지 생산량 및 가동상태를 확인할 수 있는 모니터링 설비를 다음과 같이 하여야 한다.

① 설비요건

모니터링 설비의 계측설비는 다음을 만족하도록 설치하여야 한다.

계측설비	요구사항	확인방법
인버터	CT 정확도 3% 이내	• 관련 내용이 명시된 설비 스펙 제시 • 인증 인버터는 면제

② 측정위치 및 모니터링 항목

다음의 요건을 만족하여 측정된 에너지 생산량 및 생산시간을 누적으로 모니터링 하여야 한다.

구분	모니터링 항목	데이터(누계치)	측정항목
태양광	일일발전량(kWh)	24개(시간당)	인버터 출력
	생산시간(분)	1개(1일)	

2) 감시 및 원격 중앙감시 소프트웨어의 구성

① 채널 모니터 감시화면

② 동작상태 감시화면

③ 계통 모니터 감시화면

④ 그래프 감시화면(일보1)

⑤ 일일 발전현황(일보2)

⑥ 월간 발전현황(월보1)

⑦ 월간 시간대별 발전현황(월보2)

⑧ 이상발생 기록화면

3) 모니터링 프로그램 기능

① 데이터 수집기능

각각의 인버터에서 서버로 전송되는 데이터는 데이터 수집 프로그램에 의하여 인버터로부터 전송받아 데이터를 가공 후 데이터베이스에 저장한다. 10초 간격으로 전송받은 데이터는 태양전지 출력전압, 출력전류, 인버터 상 각 상전류, 각 상전압, 출력전력, 주파수, 역률, 누적 전력량, 외기온도, 모듈표면온도, 수평면 일사량, 경사면 일사량 등 각각의 데이터로 분리하고, 데이터베이스의 실시간 테이블 형식에 맞도록 데이터를 수집한다.

② 데이터 저장기능

데이터베이스의 실시간 테이블 형식에 맞도록 수집된 데이터는 데이터베이스에 실시간 테이블로 저장되며, 매 10분마다 60개의 저장된 데이터를 읽어 산술 평균값을 구한 뒤 10분 평균값으로 10분 평균데이터를 저장하는 테이블에 데이터를 저장한다.

③ 데이터 분석기능

데이터베이스에 저장된 데이터를 표로 작성하여 각각의 계측요소마다 일일평

그림 2-15 통합 태양광발전 모니터링 시스템

균값과 시간에 따른 각 계측값의 변화를 알 수 있도록 표의 테이블 형식으로 데이터를 제공한다.

④ 데이터 통계기능

데이터베이스에 저장된 데이터를 일간과 월간의 통계기능을 구현하여 엑셀에서 지정날짜 또는 지정월의 통계 데이터를 출력한다.

2 계산서 작성하기

1. 구조설계

(1) 구조설계의 기본방향

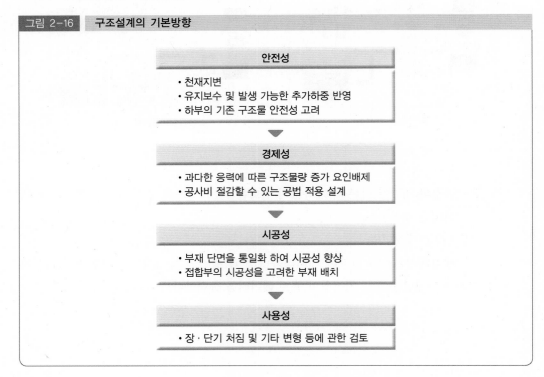

그림 2-16 │ 구조설계의 기본방향

안전성
- 천재지변
- 유지보수 및 발생 가능한 추가하중 반영
- 하부의 기존 구조물 안전성 고려

▼

경제성
- 과다한 응력에 따른 구조물량 증가 요인배제
- 공사비 절감할 수 있는 공법 적용 설계

▼

시공성
- 부재 단면을 통일화 하여 시공성 향상
- 접합부의 시공성을 고려한 부재 배치

▼

사용성
- 장·단기 처짐 및 기타 변형 등에 관한 검토

(2) 구조설계 시의 고려사항(풍하중·적설하중 등)

1) 진행과정

- 태양광 전지판과 철골 자체중량 산출
- 풍하중과 적설하중에 대한 저항값 선정
- 태양광전지판과 구조체의 접합 시 철골의 경우 허용응력설계법이나 한계상태설계법에 의해 계산하거나 RC의 경우 한계상태설계법이나 극한강도설계법에 의해 계산하여서 내력을 만족

- 풍하중에 의한 처짐 검토
- 구조체의 수평하중이 기둥으로 전달되면서 발생하는 좌굴 검토
- 축력에 의해 베이스플레이트의 크기와 앵커의 깊이, 크기 산출

2) 전지판 설치가대 공사

① 기본구조의 검토

모듈의 외형치수와 층수/열수의 배열, 설치가능 범위, 설치장소의 형상 및 구조, 작업성 등을 고려하여 가대의 기본구조와 높이를 검토한다.

② 하중의 계산

태양전지 모듈 및 가대에 가해지는 하중을 설치장소의 기상조건이나 배치방식 등에 의해 계산한다.

• 풍압하중	= 풍압계수 × 설계용 속도압(N/m^2) × 수직풍 면적(m^2)
• 설계용 속도압	= 기준 속도압(N/m^2) × 높이보정계수 × 용도계수 × 환경계수
• 기준 속도압	= 1/2 × 공기밀도(N · s^2/m^4) × (설계용 기준풍속(m/s))^2
• 높이 보정계수	= (어레이의 지상높이 / 기준 지상높이)1/8

③ 부재선정과 기초의 설계

기초를 필요로 하는 어레이의 경우는 설치면에 가해지는 가대의 하중을 계산, 기초를 설계하고 시방을 명확히 한다. 그리고 기초를 포함한 하중이 건물강도를 상회하지 않다는 것을 확인하여야한다.

④ 구조적 설계 포인트

가대의 기본구조는 가대의 조립, 모듈의 가대에의 설치 및 모듈 간 배선 등 각 작업을 용이하게 할 수 있는 구조로 하여야 한다.

(3) 구조물 설계 시 설계하중

1) 수직하중

① 고정하중

- 태양광 모듈의 하중은 최대 0.15kN/m^2이다.
- 지붕 마감재는 시공되지 않으나 태양광 모듈 설치용 잡철물 및 기타 추가하중을 고려하여 주 구조체 자중을 포함한 총 고정하중 0.45kN/m^2을 적용한다.

② 활하중

- 등분포 활하중은 적용하지 않는다.

- 보 부재 중간에는 고정하중 외에 추가로 5kN의 집중 활하중을 고려한다.

③ 적설하중
- 최소 지상 적설하중 $0.5kN/m^2$을 적용하고 태양광 모듈 경사면에서의 눈의 미끄러짐에 의한 저감은 안전측 설계를 위하여 반영하지 않는다.

2) 수평하중

① 풍하중
- 기본풍속(VO) : 30m/sec
- 지표면조도 : B
- 중요도 계수(IW) : 1.1(중요도 특)
- 거스트 영향계수(Gf) : 2.2

② 지진하중
- 지역계수(A) : 0.11(지진구역 1)
- 지반의 분류 : SD
- 내진등급 : 특
- 반응수정계수 : 6.0(철골모멘트골조)
- 중요도 계수(IE) : 1.50

예제 1 어레이 설치지역의 유효수압면적이 0.7(m^2), 설계 속도압이 40(N/m^2)일 때 어레이의 풍하중[N]을 구하시오.(단, 풍압계수는 1.3)

풀이

$$풍하중(W)[N] = C_f \times q_z \times A$$

C_f : 풍압계수

q_z : 임의의 높이(z)에서의 설계 속도압[N/m^2] $q_z = \dfrac{1}{2}\,pV_z^2$

설계 속도압 $q_z = \dfrac{1}{2}\,pV_z^2$

속도압 q_z는 압력(pressure)의 단위는 [N/m^2] 또는 [Pa]

p : 공기밀도(1.25[kg/m^3])
V_z : 지역별 기본 풍속(25~45[m/s])에 지형, 중요도, 바람의 분포 등을 고려한 값
A : 유효수압면적 [m^2]

$$\therefore W[N] = C_f \times q_z \times A$$
$$= 40 \times 0.7 \times 1.3$$
$$= 36.4\,[N]$$

예제 2 다음 조건의 설계 풍압(N/㎡)을 계산하시오.

구 분	적용값
V_0 (기본풍속)	30[m/s]
C_3 (고도분포계수)	1.15
C_4 (풍속할증계수)	1.00
C_5 (중요도계수)	1.00
p (밀도)	0.00125[kN $\cdot$ s²/m⁴]
C_1 (가스트영향계수)	2.2
C_2 (풍력계수)	1.2

풀이

W(Kn/㎡)= $q \cdot C_1 \cdot C_2$ 에서

q(설계속도압 kN/㎡)

$$\frac{1}{2} pv^2 = \frac{1}{2} \cdot p \, (V_0 \times C_3 \times C_4 \times C_5)^2 \text{ 에서}$$

$$\frac{1}{2} \times 0.00125 \times (30 \times 1.15 \times 1 \times 1)^2$$

$$= \frac{1}{2} \, 0.00125 \times (34.5)^2 = 0.74 (kN/㎡)$$

$$\therefore \ W = 0.74 \times 2.2 \times 1.2 = 1.95 (kN/㎡)$$

예제 3 다음 조건의 설계 풍압(N/㎡)을 계산하시오.

구 분	적용값
V_0 (기본풍속)	30[m/s]
C_3 (고도분포계수)	1.2
C_4 (풍속할증계수)	1.0
C_5 (중요도계수)	1.0
p (밀도)	1.25[N $\cdot$ S²/m²]
C_1 (가스트영향계수)	2.0
C_2 (풍력계수)	1.1

풀이

C_1 : 가스트영향계수

C_2 : 풍력계수

C_3 : 고도분포계수

C_4 : 풍속할증계수

C_5 : 중요도계수

$$v = V_0 \times C_3 \times C_4 \times C_5 \,(\text{m/s})$$

$W(\text{kN/m}^2) = q \cdot C_1 \cdot C_2$ 에서

q(설계속도압kN/m²)

$$\frac{1}{2}pv^2 = \frac{1}{2} \cdot p \,(V_0 \times C_3 \times C_4 \times C_5)^2 \,\text{에서}$$

$$\frac{1}{2} \times 1.25 \times (30 \times 1.2 \times 1 \times 1)^2 = 810 (\text{N/m}^2)$$

$$\therefore W = 810 \times 2.0 \times 1.1 = 1.782(\text{N/m}^2)$$

예제 4 경사지붕의 적설하중을 구하시오.

[조 건]

- 노출계수(Ce) : A, 온도계수(Ct) : 비(非)난방 구조물
- 중요도계수(Is) : 2층 경사지붕 10m × 6m
- 지상 적설하중(Sg) : 서울지역
- 지붕 경사도 계수(Cs) : 거친 표면으로 1.0 적용
- 기본 지붕 적설하중계수(Cb) : 0.7 적용

(1) 노출계수(Ce)

주변환경	Ce
A. 지형, 높은 구조물, 나무 등 주변 환경에 의해 모든 면이 바람막이가 없이 노출된 지붕이 있는 거센 바람 부는 지역	0.8
B. 약간의 바람막이가 있는 거센 바람 부는 지역	0.9
C. 바람에 의한 눈의 제거가 지형, 높은 구조물 또는 근처의 몇몇 나무들 때문에 지붕 하중의 감소를 기대할 수 없는 위치	1.0
D. 바람의 영향이 많지 않은 지역 및 지형과 높은 구조물 또는 몇몇 나무들에 의하여 지붕에 바람막이가 있는 지형	1.1
E. 바람의 영향이 거의 없는 조밀한 숲 지역으로써, 촘촘한 침엽수 사이에 위치한 지붕	1.2

(2) 온도계수(Ct)

난방상태	Ct
난방 구조물(적설하중 제어구조)	1.0
비난방 구조물(적설하중 비제어구조)	1.2

(3) 중요도계수(Is)

	중요도		Is
특	- 연면적이 1천 제곱미터 이상인 위험물 저장 및 처리시설, 종합병원, 병원, 방송국, 전신전화국, 발전소, 소방서, 공공업무시설 및 노약자시설 - 15층 이상 아파트 및 오피스텔		1.2
1	- 연면적이 5천 제곱미터 이상인 관람집회시설, 운동시설, 운수시설, 전기시설 및 판매시설 - 5층 이상인 숙박시설, 오피스텔, 기숙사 및 아파트 - 3층 이상인 학교		1.1
2	- 중요도(특), (1) 및 (3)에 해당하지 않는 건축물		1.0
3	- 가설 건축물, 농가 건축물 및 소규모 창고		0.8

(4) 지상 적설하중의 기본값(Sg)

지 역	지상적설하중(kN/㎡)
서울, 수원, 춘천, 서산, 청주, 대전, 추풍령, 포항, 군산, 대구, 전주, 울산, 광주, 부산, 충무, 목포, 여수, 제주, 서귀포, 진주, 울진, 이천	0.5
인천	0.8
속초	2.0
강릉	3.0
울릉도, 대관령	7.0

주1) 최소 지상 적설하중은 0.5kN/㎡로 한다.

풀이

(1) 평지붕하중의 적설하중(kN/㎡)

$$S_f = C_b \times C_e \times C_t \times I_s \times S_g$$
$$= 0.7 \times 0.8 \times 1.2 \times 1.0 \times 0.5 = 0.336(kN/㎡)$$

(2) 경사지붕 적설하중(kN/㎡)

$$S_s = S_f \times C_s$$
$$= 0.336 \times 1.0 = 0.336(kN/㎡)$$

$$\therefore \ 0.336(kN/㎡) \times 10m \times 6m = 20.16kN$$

2. 전압강하

(1) 전압강하율의 산출식

전압강하율(%) = [(Es - Er) / Er] × 100

Es = 송전단 전압(인입 전압) [V]
Er = 수전단 전압(부하측 전압) [V]
Es - Er = 전압강하 [V]

(2) 전선의 길이에 따른 전압강하 허용치

태양전지 모듈에서 인버터 입력단간 및 인버터 출력단과 계통연계점간의 전압강하는 각 3%를 초과하지 말아야 한다. 단, 전선의 길이가 60m를 초과하는 경우에는 [표 2-3]에 따라 시공할 수 있다.

표 2-3 전선길이에 따른 전압강하 허용치

전선길이	전압강하
120m 이하	5%
200m 이하	6%
200m 초과	7%

(3) 전기방식에 따른 전압강하 및 전선 단면적 계산식

전기방식	전압강하		전선단면적
단상3선식 직류3선식 3상4선식	$e_1 = IR$	$e_1 = \dfrac{17.8LI}{1{,}000A}$	$A = \dfrac{17.8LI}{1{,}000e_1}$
단상2선식 및 직류2선식	$e_2 = 2IR = 2e_1$	$e_2 = \dfrac{35.6LI}{1{,}000A}$	$A = \dfrac{35.6LI}{1{,}000e_2}$
3상3선식	$e_3 = \sqrt{3}IR = \sqrt{3}e_1$	$e_3 = \dfrac{30.8LI}{1{,}000A}$	$A = \dfrac{30.8LI}{1{,}000e_3}$

• e : 각 선간의 전압강하 (V) • A : 전선의 단면적 (㎟) • L : 도체 1본의 길이 (m) • I : 전류 (A)

예제 1 3상3선식 220[V]로 수전하는 수용가의 구내 배선길이 150[m], 부하역률 85[%], 부하전력 95[kW]일 때 배선에서 전압강하를 6[V]까지 허용한다면 구내배선의 굵기는 얼마로 할 수 있는지 계산하시오.

풀이

1) KSC IEC 전선규격

 1.5, 2.5, 4, 6, 10, 16, 25, 35, 50, 70, 95, 120, 150, 185, 240, 300, 400, 500, 630 [㎟]

2) 전압강하 및 전선단면적 공식

전기방식	전압강하		전선단면적
단상3선식 직류3선식 3상4선식	$e_1 = IR$	$e_1 = \dfrac{17.8\,LI}{1,000A}$	$A = \dfrac{17.8\,LI}{1,000\,e_1}$
단상2선식 및 직류 2선식	$e_2 = 2IR = 2e_1$	$e_2 = \dfrac{35.6\,LI}{1,000A}$	$A = \dfrac{35.6\,LI}{1,000\,e_2}$
3상3선식	$e_3 = \sqrt{3}IR = \sqrt{3}\,e_1$	$e_3 = \dfrac{30.8\,LI}{1,000A}$	$A = \dfrac{30.8\,LI}{1,000\,e_3}$

3) 3상3선식 전선단면적

$$A = \frac{30.8 \times LI}{1000 \times e}$$

$$A = \frac{30.8 \times 150 \times \dfrac{95000}{3 \times 220 \times 0.85}}{1000 \times 6}$$

$$= 225.85 \ [㎟]$$

$$\therefore 240 \ [㎟]$$

예제 2 165W 태양전지(5[A], 33[V])가 10개는 직렬로, 30개는 병렬로 설치된 태양전지 어레이에서 전선의 단면적이 50[㎟], 파워컨디셔너 설치위치까지의 거리가 50[m]일 때, 전압강하율[%]은 얼마로 하면 적정한지 계산하시오.

풀이

1) 직류2선식의 전압강하

$$e = \frac{35.6 \times L \times I}{1000 \times A}$$

2) 최대출력전류 $I = 5 \times 30 = 150\,[A]$

 최대출력전압 $V = 33 \times 10 = 330\,[V]$

3) 1)의 공식에서

$$e = \frac{35.6 \times L \times I}{1000 \times A}$$
$$= \frac{35.6 \times 50 \times 150}{1000 \times 50}$$
$$= 5.34 \, [V]$$

4) 전압강하율

$$\varepsilon = \frac{전압강하}{최대출력전압} \times 100\%$$
$$= \frac{5.34}{330} \times 100\%$$
$$\fallingdotseq 1.62\%$$

예제 3 태양광 발전 분전반에서 25m 거리에 4.4㎾의 교류 단상 220V 전열기를 설치하여 전압강하를 2% 이내가 되도록 하기 위한 전선의 굵기를 구하시오.(단, 배선방법은 금속관공사로 전류 감소계수는 0.7로 하며, 전선은 공칭 단면적으로 한다.)

풀이

(1) 전압강하 2% 일 때

$e = 220V \times 0.02 = 4.4 \, [V]$

(2) 부하전류

$I = 44.00/220 = 20[A]$

(3) $A = \dfrac{35.6 \times L \times I}{1000\,e}$ 에서 전류감소계수를 고려하여

$A = \dfrac{35.6 \times 25 \times 20}{1000 \times e \times 0.7} = 5.78$

$\therefore A = 5.78 \, [A]$

답 6㎟

예제 4 175 Wp 모듈(Impp 5A Vmpp 35V) 직렬 10개, 병렬 20개로 어레이 구성하여 인버터까지 120m일 때 최소 굵기의 케이블 공칭 단면적(㎟)을 구하시오.

풀이

(1) String 전압 35 × 10 = 350V

총 DC 전류 5 × 20 병렬 = 100A

e(%)는 120m로 5% 이므로

350V × 0.05 = 17.5(V)

$$(2)\ A = \frac{35.6\,LI}{1000\,e}$$

$$= \frac{35.6 \times 120 \times 100}{1000\,A}$$

$$\therefore A = \frac{35.6 \times 120 \times 100}{1000 \times 17.5} = 24.41$$

$$\therefore 25\text{mm}^2$$

3. 변압기 용량

변압기 용량은 인버터 출력용량보다 크게 설계한다.

① 인버터 출력용량 = 인버터 효율 × 어레이 최대출력용량

② 어레이 최대출력용량 = 직렬수 × 병렬수 × 모듈 최대출력용량

4. 차단기 용량

$$P_s\,[\text{MVA}] = \sqrt{3} \times V_s\,[\text{kV}] \times I_s\,[\text{kA}]$$

$$P_s\,[\text{MVA}] = \frac{100P}{\%Z}$$

$$I_s = \frac{100}{\%Z} = \frac{100\,I_n}{\%Z}$$

P_s : 정격차단용량
P : 정격용량
V_s : 정격전압
I_s : 정격차단전류(단락전류)
I_n : 정격전류
$\%Z$: 전원 측 합성 임피던스(% 임피던스)

예제 1 22.9[kV] / 380[V] 3상 선로의 정격전류가 1,519[A], 5.5[%]일 때, 차단기의 정격차단 전류 [kA]를 구하시오.(단, 전동기의 기여전류는 무시한다).

풀이

1)

$$I_s = \frac{100I_n}{\%Z} \ (전원 \ 측 \ 합성 \ 임피던스, \ \% \ 임피던스)$$

$$= \frac{100 \times 1519}{5.5}$$

$$\fallingdotseq 27,618 \ [A]$$

$$\fallingdotseq 27.62 \ [kA]$$

2)

$$\%Z = \frac{ZI}{E} \ (E : 상전압, \ ZI : 임피던스 \ Z에 \ 의한 \ 전압강하)$$

$$\therefore ACB는 \ 380[V]급 \ 28[kA] \ 이상의 \ 것을 \ 선정$$

예제 2 PVG SYS 연계 계통에서 22.9KV VCB의 차단용량을 구하시오.(단, 기존 한전 100MVA 기준 선로 %Z=40%로 하고 비대칭 계수를 고려한 여유계수는 1.5로 한다.)

풀이

(1) $I_s = \dfrac{100 \ I_n}{\%Z} \times 100$에서

$$I_n = \frac{100 \times 10^3}{\sqrt{3} \times 22.9} = 2521.11(A)$$

$$\therefore I_s = \frac{100 \times 2521.11}{3 \times 22.9} = 6302.77(A)$$

여기서 MF를 고려, 여유계수 적용 시 6302.77 × 1.5 = 9454.16(A)

정격 12.5kA선정한다.

(2) $P_s = \sqrt{3} \times 24kV \times 12.5kV \fallingdotseq 520(MVA)$

5. 인버터 용량

(1) 정현파 인버터, 유사정현파 인버터

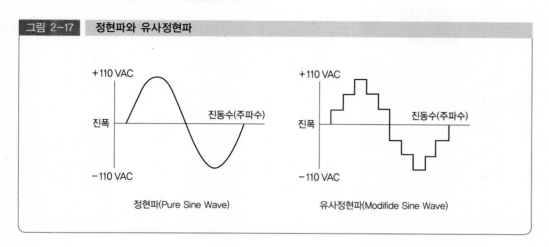

그림 2-17 | 정현파와 유사정현파

정현파(Pure Sine Wave)

유사정현파(Modifide Sine Wave)

(2) 인버터 절연방식에 따른 분류

① 상용주파수 변압기 절연방식

PWM(Pulse Width Modulation, 펄스 폭 변조) 인버터를 이용하여 상용주파수의 교류를 만들고, 상용주파수의 변압기를 이용하여 절연과 전압변환을 한다. 내뢰성과 노이즈컷이 뛰어나지만, 상용주파수의 변압기를 이용하기 때문에 중량이 무겁다.

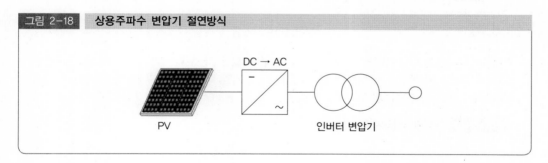

그림 2-18 | 상용주파수 변압기 절연방식

DC → AC

PV

인버터 변압기

② 고주파 변압기 절연방식

직류출력을 고주파의 교류로 변환한 후 소형의 고주파변압기로 절연을 한다. 그 다음 일단 직류로 변환하고 다시 상용주파수의 교류로 변환하는 방식이며, 소형 경량이지만 회로가 복잡하다.

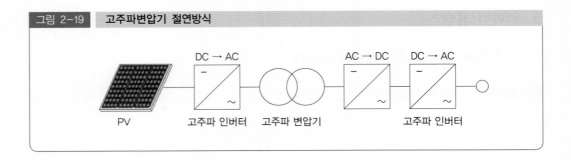

그림 2-19 고주파변압기 절연방식

③ 트랜스리스(Transless)방식

직류출력을 DC-DC 컨버터로 승압하고 인버터에서 상용주파의 교류로 변환하는 방식이다. 소형 경량이며, 저렴하고 효율면에서 우수하고 신뢰성도 높지만 상용전원과의 사이는 절연되지 않아서 안전성이 떨어진다.

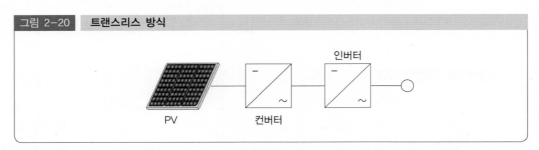

그림 2-20 트랜스리스 방식

 체크포인트

하이브리드시스템

하이브리드시스템은 태양광발전시스템에서 풍력발전, 열병합발전, 디젤발전 등의 에너지원의 발전시스템과 결합하여 축전지, 부하 혹은 상용계통에 전력을 공급하는 시스템이다. 하이브리드시스템은 시스템 구성 및 부하종류에 따라 계통연계형 및 독립형 시스템에 모두 적용 가능하다.

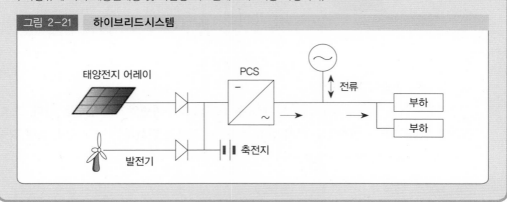

그림 2-21 하이브리드시스템

(3) 인버터의 용량선정 방법

① 먼저 위의 내용에 따라 파형을 선택한 후 용량을 선정한다.

인버터의 제품사양서를 보면 일반적으로 용량이 OUTPUT POWER(PEAK POWER RATING, SURGE POWER)라는 표시와 OUTPUT POWER CONTINUOS(CONTINUOS OUTPUT POWER)라는 표시가 있다.

OUTPUT POWER CONTINUOS(CONTINUOS OUTPUT POWER)는 인버터에 부하를 연결하여 30분 이상 견딜 수 있는 정격출력용량의 표시이며 OUTPUT POWER(PEAK)의 50% 정도이다.

② 반드시 정격출력용량 이하의 전기제품을 사용해야 인버터가 과전류 및 과열에 의한 고장이 일어나지 않는다.

③ 또 하나 유의사항은 인버터의 효율을 꼭 감안하여 선정하여야 한다. 인버터의 효율은 회사별로 차이가 나며 제품사양서에 표시되어 있다(80~90%).

예제 1 인버터 용량선정

> • 전원 : DC 12V • 부하 : 220V, 100W LED 전등 • 인버터효율 : 85%

상기 조건으로 사용하는 경우에 인버터 정격출력용량은?

풀이

인버터 정격출력용량 = 100W / 0.85
= 118W
이 제품에는 정격출력용량 118W 이상의 인버터를 사용해야 한다.

예제 2 인버터 입력 최저전압 250Vdc, 축전지와 인버터간 전압강하 2V, 축전지 방전종지전압 1.8(V/cell) 인버터 효율 90% 축전지 최저동작전압 5℃의 상황에서 10HR 기준 K(용량환산계수)=10.5일 때 6V unit 축전지 개수 및 AH를 구하시오.(단, 정전시 비상부하용량은 3kW, 방전유지시간 24HR 이다.)

풀이

(1) ΔV : 2V

$$I_d = \frac{3000}{0.9\,(250 + 2)} = 13.24(A)$$

(2) $N = \dfrac{250 + 2}{1.8} = 140EA$

즉, 공칭전압 2V/C인 연(Pb) 축전지 140EA 직렬설치 의미

6V unit 시 141EA로 하면,

$\dfrac{141EA}{3} = 47EA(6V\ 건전지)$ 직렬개수이다.

(3) K(시간환산계수)

18V/셀, 5℃, 10HR →1 0.5

나머지 시간은 더한다.

K = 10.5 + 14 = 24.5

$\therefore C = \dfrac{24.5 \times 13.24}{0.8(L)} ≒ 404.3$

예제 3 제어변식 거치 연축전지 SLM형으로 Peak 분담전력 100kW 운전시간 2HR, 온도 5℃, 인버터 입력 최저 250Vdc, 직류전압강하 2V, 인버터효율 92%, 방전종지전압 1.8V/셀, k=3.3(HR) 일 때 다음을 구하시오.

1) 12V 축전지 유닛의 총 설치 대수

2) 총 축전지용량(AH)

3) 방전심도(DOD)의 값

풀이

(1) $I_d = \dfrac{100 \times 10^3}{252 \times 0.92} = 431(A)$

```
      250 + 2(V)
        →─────┬──→ ┌──┐ → 100kW
          I_d │     └──┘
          ═══╧═══   ξ : 0.92
```

(2) $N = \dfrac{250 + 2}{1.8} = 140$

∴ 공칭전압 2.0V/C인 연(Pb)축전지 140EA 직렬배치 의미

12V unit는 144EA로 가정한다. 144 ÷ 6 = 24EA

즉, 12V 축전지를 24EA 직렬 배치

(3) k=3.3(HR)

$C = \dfrac{3.3 \times 431}{0.8\ (L)} = 1781$

∴ 2000AH

예제 4 아래 그림은 태양광 인버터이다. 이 인버터의 정확한 명칭과 장점 3가지는?

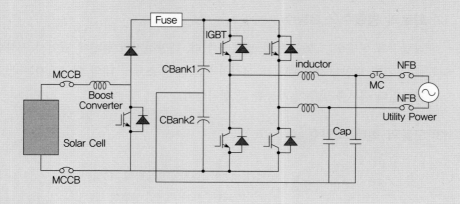

명칭	
장점	

풀이

(1) 명칭 : 무변압기 절연방식(트랜스리스방식)
(2) 장점
  – TR이 없으므로 소형이며 경량이다.
  – 반도체 소자가 적고 TR이 없으므로 저가이다.
  – 저주파 TR이 없으므로 효율이 높다.(손실 적음)

6. 모듈 직병렬

(1) 모듈의 직렬수

모듈의 직렬수는 스트링 구성이라고도 하지만, 병렬이 되는 회로에 대해서 동일하게 한다.

직렬수는 스트링이 발생하는 개방전압이 컨디셔너의 입력가능전압을 넘지 않게 결정해 주어야 한다. 태양전지의 발생전압은 온도에 대해서 특성을 가지고 있다. 사양의 개방전압은 전지온도가 25℃의 값이다. 추운 계절의 새벽에는 기온도 상당히 저하하기 때문에 인버터의 입력최대전압이 90% 이하가 되도록 스트링의 개방전압을 결정하도록 한다. 또한 최대출력동작전압이 컨디셔너의 최대전력추종제어의 전압범위 내가 되도록 결정해야 한다.

(2) 회로의 병렬수/스트링수

직렬수와 병렬수는 정수로 할 필요가 있다. 태양전지의 설치에 있어서 지붕설치도면에 근거해 태양전지의 배치를 실시하지만 동일 스트링 내의 태양전지는 동일방위의 지붕면의 경사를 맞추어 가능한 한 설치한다.

(3) 모듈의 최대 직렬수

$$모듈의 \ 최대 \ 직렬수 = \frac{PCS \ 입력전압 \ 변동범위 \ 최고값}{모듈 \ 표면온도가 \ 최저인 \ 상태의 \ 개방전압}$$

단 모듈의 개방전압 × 모듈의 직렬 수가 PCS 입력전압 변동범위인가 확인

개방전압(Voc) 조건 : 스트링 개방전압 〈 PCS의 입력전압 변동범위 최고값

① 최저온도일 때 $\triangle_L Voc = Voc \{1 + (\beta \times \theta_L)\}$ [V]
② 최고온도일 때 $\triangle_H Voc = Voc \{1 + (\beta \times \theta_H)\}$ [V]

  β : 전압 환산 온도계수
  θ_L : STC 최저온도 편차
  θ_H : STC 최고온도 편차

③ 스트링 개방전압 = 모듈 직렬수 × 최저온도에서의 개방전압

(4) 모듈의 최소 직렬수

$$모듈의 \ 최소 \ 직렬수 = \frac{PCS \ 입력전압 \ 변동범위 \ 최저값}{모듈 \ 표면온도가 \ 최고인 \ 상태의 \ 동작전압}$$

단 모듈의 개방전압 × 모듈의 직렬수가 PCS 입력전압 변동범위인가 확인

동작전압(Vmpp) 조건 : 스트링 동작전압 〉 PCS의 입력전압 변동범위 최저값

① 최저온도일 때 $\triangle_L Vmpp = Vmpp \{1 + (\beta \times \theta_L)\}$ [V]
② 최고온도일 때 $\triangle_H Vmpp = Vmpp \{1 + (\beta \times \theta_H)\}$ [V]

β : 최대출력 동작전압 환산 온도계수

θ_L : STC 최저온도 편차

θ_H : STC 최고온도 편차

③ 스트링 동작전압 = 모듈 직렬수 × $\triangle_L$ Vmpp(최대온도에서 모듈 최대출력 동작전압)

예제 1 태양전지 어레이 구성 시 모듈의 직렬수와 회로의 병렬수를 결정한다.

풀이
- 직렬수 : 12
- 병렬수 : 4(남쪽과 북면을 나눈다)
- 전지용량 : 12 × 4 × 29W = 1392W

예제 2 모듈 1장의 출력이 180[W], 가로길이, 세로길이가 각각 1.6[m], 0.9[m]일 때, 모듈의 변환효율을 구하시오.(단, 일사강도는 1,000[W/m²])

풀이

1)
$$모듈\ 변환효율 = \frac{모듈출력[W]}{1[m^2]에\ 입사된\ 에너지량[W]} \times 100\%$$

2)
$$1[m^2]에\ 입사된\ 에너지량[W] = 모듈면적[m^2] \times 1,000[W/m^2]$$
$$1[m^2]에\ 입사된\ 에너지량[W] = 1.6 \times 0.9[W/m^2] \times 1,000[W/m^2]$$
$$= 1,440[W]$$

3)
$$모듈\ 변환효율 = \frac{180}{1,440} \times 100\%$$
$$= 12.5\%$$

예제 3 시스템의 출력전력이 30,800[W]이고 모듈 최대출력이 175[W]이며 모듈의 직렬장수가 16장이라고 할 때, 모듈의 병렬수는 얼마가 되는지 계산하시오.

풀이

$$태양전지\ 병렬수 = \frac{시스템\ 출력전력[W]}{모듈\ 최대출력[W] \times 직렬장수}$$
$$= \frac{30800[W]}{170[W] \times 16}$$
$$모듈의\ 병렬수 : 11$$

예제 4 모듈의 직병렬수 검토 = PCS설치용량

[조 건]

1. ① 태양광 발전설비 용량 : 100[kWp] = 100,000Wp

2. 선정모듈의 전기적 특성
   ② 모듈의 최대출력(P_{max}) : 175Wp
   ③ 최대 출력 동작전압(V_{mpp}) : 41.5 [Vdc]
   ④ 최대 출력 동작전류(I_{mpp}) : 4.22 [Adc]
   ⑤ 개방 전압(V_{OC}) : 45.1 [Vdc]
   ⑥ 단락 전류(I_{SC}) : 4.86 [Adc]

3. 모듈온도 특성
   ⑦ 최대출력 온도계수(γ) : −0.42[%/℃] = −0.0042
   ⑧ 개방전압 온도계수(β) : −0.28[%/℃] = 0.0028
   ⑨ 단락전류 온도계수(α) : +0.05[%/℃] = 0.0005

4. PCS(인버터)의 전기적 특성
   ⑩ 최대 입력전압 : 880[Vdc]
   ⑪ 정격 입력전압 : 750[Vdc]
   ⑫ 입력전압 변동범위 : 450~850[Vdc]
   ⑬ 최대 입력전류 : 220[Adc]

5. 설치장소의 모듈표면온도
   ⑭ 모듈 표면의 최저온도 : −20℃
      STC 조건 최저온도편차(θ_L) = −20[℃] − (25[℃]) = −45[℃]
   ⑮ 모듈 표면의 최고온도 : +80[℃]
      STC 조건 최고온도편차(θ_H) = +80[℃] − (25[℃]) = +55[℃]

풀이

1. 직렬수 검토

(1) 모듈의 최대 직렬수 = $\dfrac{PCS\ 입력전압\ 변동범위\ 최고값}{모듈\ 표면온도가\ 최저인\ 상태의\ 개방전압}$

$$= \frac{850}{50.78}$$

$$= 16.74[개]$$

• 최저온도 개방전압($\Delta_L V_{OC}$)
  = 개방전압 V_{OC} × {1 + (개방전압 온도계수(β) + 최저온도편차(θ_L) [V]
  = 45.1[V] × {1 + ((−0.0028) ×(−45))}
  = 50.78[V]

(2) 모듈의 최저 직렬수 = $\dfrac{PCS\ 입력전압\ 변동범위\ 최저값}{모듈\ 표면온도가\ 최고인\ 상태의\ 최대출력\ 동작전압}$

$$= \frac{450}{35.62}$$

$$= 12.63[개]\ 이상$$

- 최고온도(최대출력) 동작전압($\Delta_H V_{mpp}$)

= 최대출력 동작전압(V_{mpp}) × {1 + ($\dfrac{\text{최대출력 동작전압}(V_{mpp})}{\text{개방전압}(V_{oc})}$

개방전압온도계수(β) + 최고온도편차(θ_L))}[V]

= 41.5[V] × {1 + ($\dfrac{41.5}{45.1}$ × (0.0028) × 55)} = 35.62[V]

(3) 모듈 직렬수

12.63 ≤ 모듈의 직렬수 ≤ 16.74 → 16개

2. 병렬 수 검토

(1) 모듈의 최소 병렬수 = $\dfrac{\text{태양광발전 설비용량}}{\text{모듈의 직렬수} \times \text{모듈 1개 최대 출력}}$

$= \dfrac{100,000}{16 \times 175}$

= 35.71

검토사항

(2) 모듈의 설치용량은 PCS설치용량의 105% 이내이어야 한다.

① 모듈설치용량

100,000 × 105 = 105000(W)

② 인버터설치용량 = 모듈최대출력용량

175 × 16(직렬) × 36(병렬) = 100800

③ 100800 〈 105000 이므로 105%이내

∴ 36병렬까지 가능

(3) PCS 최대 입력전류검토

① PCS 최대 입력전류(220) 〉 어레이 합성전류(155.52)

② 어레이합성전류 = 모듈병렬수 ×최고온도에서 모듈최대출력동작전류

③ 최고온도에서 모듈의 최대출력 동작전류

= 최대출력동작전류(I_{mp}) × {1 + ($\dfrac{\text{최대출력 동작전류}(I_{mpp})}{\text{단락전류}(I_{oc})}$)

× 단락전류온도계수(α) ×최고온도편차(θ_L)

= 4.22 × {1 + ($\dfrac{4.22}{4.86}$ × (0.0005) × 55)}

= 4.32(Adc)

④ 어레이합성전류 = 36 ×4.32 = 155.52(Adc)

⑤ PCS 최대입력전류(220) 〉 어레이 합성전류(155.52) 만족

∴ 병렬수 : 36병렬로 선정

3. 발전설비 전체 용량

① 모듈 1대 용량 : 175(W)

② 모듈 직렬수 : 16개

③ 모듈 병렬수 : 36개

④ PCS : 10대

$$P_{max} = 16 \times 36 \times 175 \times 10$$
$$= 1{,}008{,}000$$
$$= 1MW$$

7. 발전량 계산(추정)

발전량은 태양전지의 용량, 설치조건, 일사조건으로부터 다음의 식을 이용해 추정한다.

$$Ep = Pas \times Ha \times K$$

① Ep : 1일당의 발전량(kWh/d)
- 월간, 연간의 발전량은 월간, 연간으로 변환할 필요가 있다.
- 월간이라면 매월 평균 일사량은 다르므로 해당 월의 일사량을 이용해 1일의 발전량을 요구해 거기에 그 달의 월간일수로 환산한다.
- 연간이라면 매월 발전량을 요구 적산하여 환산하거나 연간평균 1일의 일사량으로부터 발전량을 요구해 연간일수로 환산한다.

② Pas : 표준상태에 있어서의 태양전지 어레이 출력(kW/m²)
- 표준상태 : AM 1.5, 일사강도 1kW/m², 태양전지 셀 온도 25℃

③ Ha : 1일 어레이 면의 일사량(kWh/d)
- 어레이 면의 1일 일사량은 지점, 방위각, 경사각, 기후 등으로 바뀐다.
- 방위각은 15도 단위, 경사각 10도 단위로 매월, 각 계절, 연간의 단위면적당의 1일 평균의 일사량이 나타나고 있다.

④ K : 종합설계계수
종합설계계수는 다음의 요소로 정해진다.
- 직류보정계수 : Kd
  셀 표면이 오염되고 일사강도 변화에 의한 손실보정, 셀의 특성차이에 의한 보정 등이 포함.
- 온도보정계수 : Kt
  셀이 일사, 주위온도에 의해 변환효율이 변화하기 위한 보정.
- 인버터 효율 : η
  인버터 효율은 메이커에 의해 약간 다름.

예제 1 발전량 추정계산

남쪽 연간 평균 일사량 : 서울의 방위 정남으로 경사 30도 3.74kWh/m2d (NEDO의 일사 데이터로부터)

풀이

- 남면 연간 발전량 Eys = 0.696kW × 3.74 × K × 365d

    = 726.8kWh

    단, K = 0.85 × 0.9(인버터효율)
- 북면 연간 발전량 Eyn = 남쪽의 65%

    = 472. 4kWh
- ∴합계 연간 발전량 Eyt = 726.8 + 472. 4

    = 1199. 2kWh/y

예제 2 지붕(가로×세로 9×5m)남향, 경사 30° 주택용 PVG 설치 일사량 3.65(kWh/m²·일), 종합설계계수 0.75, 모듈 사양 102 Wp, Vmpp 34V, 885×990㎜ 인버터 사양 정격 입력 DC 200V, AC 200V 단상 시 생산가능 발전전력량을 구하시오.

풀이

(1) String 직렬 모듈 수(n)

인버터 200V/34V = 5.8

∴ 6장 (정격 200V란 최저, 최고 중간정도)

∴ 6장 가로배치 1000㎜ × 6장 → 6m로 충분

String 34V × 6 = 204(V)

102W × 6 = 612(W)

(2) 병렬수(m)

5/0.885 → 5.6 간격고려 5장

∴ 최대발전량 102Wp × 5 × 6 → 3kWp (주택용으로 적당)

(3) 생산가능 발전량

$$3kW \times \frac{3.65(kWh/m^2일)}{1(kW/m^2)} \times 0.75$$

=8.21(kWh/일)

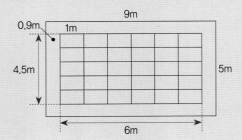

예제 3 총 모듈 수, 최대 발전량, 인버터 구성방식, 배치도를 구하시오.

①

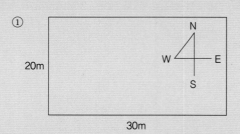

1) 인버터 입력전압 300~700 dcv
2) 모듈경사각 30°, 동지 시 발전한계 시각의 고도각 15°
3) 가로쌓기 배열로 하되 가로간격은 무시
4) 부지 경계선에서 1m씩 여유

② 사용 모듈 규격

직렬 셀 수	Voc	Isc	Vmpp	Impp	Wp	size (가로×세로×두께)
60	35V	8A	30V	7A	210W	1000×1500×40mm

③ 온도 보정계수

$V_{oc} = -0.4\%/℃$ $I_{sc} : +0.05\%/℃$

④ 셀 표면온도조건

- 최저시 셀 온도 −10℃
- 최고 주변온도 40℃(NOCT 46°)
* 모듈계산은 소수점 2자리 반올림값으로 한다.

풀이

(1) 온도보정계수에 따른 V_{oc} 및 V_{mpp}

1) $V_{oc}(-10℃) = 35[1 - 0.004(-10-25)] = 39.9(V)$

2) $V_{mpp}(-10℃) = 30[1 - \dfrac{30}{35}(0.004)(-10-25)] = 33.6(V)$

3) 최고온도 시에는 주의온도 40℃를 NOCT 이용 표면온도로 환산해야 하므로

$$셀\ 표면온도 = 40 + (\dfrac{46 - 20}{0.8}) \times 1 = 72.5°$$

$$V_{oc}(40℃) = 35[1 - 0.004(72.5 - 25)] = 28.35(V)$$

4) $(40℃) = 30[1 - \dfrac{30}{35}(0.004)72.5 - 25]] = 25.11(V)$

(2) 최대 직렬 모듈 수

1) $\dfrac{inv\ V_{min}}{V_{mpp\ min}} \le n \le \dfrac{inv\ V_{max}}{V_{oc\ max}}$

$\dfrac{300}{25.11} = 11.95 \le n \le \dfrac{700}{39.9} = 17.54$

∴ 12≤≤17

2) 부지 설치 가능 배치수(가로열)

$\dfrac{30-2}{1.0} = 28(\text{EA})$

∴최대 직렬수 14EA로 하면 28m 내에 String 2조 가능(17>n>12)

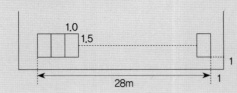

(3) 최대 병렬 스트링 수

1) 스트링 세로 간격

$D = L\ \dfrac{\sin(\alpha + \beta)}{\sin\beta} = 1.5\ \dfrac{\sin(30 + 15)^\circ}{\sin 15^\circ} = 4.10\text{m}$

∴ $\dfrac{(20-2)}{4.1} = 4.39$

즉, 4열 배치하면 4.1 × 4 = 16.4m로서, 18 - 16.4 = 1.6m 여유가 생긴다.

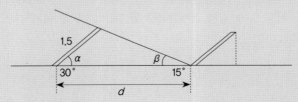

2) 1열 추가 설치 가능 파악

x = 1.5 cos30° = 1.3m 로서 가능

∴ 5열 설치

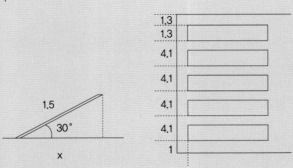

(4) 총 모듈 수
- 직렬 개수(1 String):14EA
- 병렬 개수 5열 × 2조 : 10열
∴ 140EA

(5) 최대 발전량(Pmpp 온도계수 무시)
210W × 140 = 29400
∴ 29.4kW

(6) 인버터 용량
- 30kW 이상 1대 중앙집중식
- 15kW 이상(20kW) 2대 분산식

(7) 배열 배치도

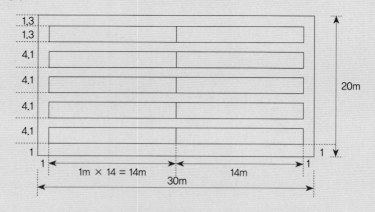

예제 4 PVG 용량 1MW 설치 연계하고자 할 때, 배치도를 검토하시오.

(1) 모듈 규격

Voc	Isc	Vmpp	Impp	Wp	온도특성
45.0V	5.0A	40.0V	4.0A	160W	Voc:-0.4% Isc:+0.05% Pmpp:-0.5%

(2) 인버터 규격

정격입력전압	입력범위	최대입력전류	용 량
750 Vdc	450~850 Vdc	500 Adc	250kW

(3) 설치 장소 모듈 표면 온도 조건

1) 최저온도:-20℃
2) 최고온도:70℃

풀이

(1) 온도보정에 따른 Voc max와 Vmpp min 값

   1) Voc max

      $45[1 + (-0.004)(-20-25)] = 53.1(V)$

   2) Vmpp min

      $40[1 + \dfrac{40}{45}(-0.004)(70 - 25)] = 33.6(V)$

(2) 모듈 직렬수(n)

$$\frac{inv_{max}\,(V_{dc})}{V_{oc\,max}} \leq n \leq \frac{inv_{min}\,(V_{dc})}{V_{mpp\,min}}$$

$$\frac{850}{53.1} = 16.01 \leq n \leq \frac{450}{33.6} = 13.39$$

∴ 직렬 16개로 선정

(3) 모듈 병렬수

   1) $\dfrac{inv\ 용량}{n \times Wp} = \dfrac{250 \times 10^3}{16 \times 160} = 97.7$

      여기서 모듈 설치용량은 인버터의 105% 이내(262.5kW) 가능하므로 100열 선택하면 16(n) ×= 256(kW)로 가능

   2) 인버터 입력전류 초과 검토

      $I_{mpp\,max}$로 비교(최고온도 시)

      $I_{mpp\,max}\ 4.0[1 + \dfrac{4}{5}(0.0005)(70 - 25)] = 4.07(A)$

      ∴ 4.07 × 100(열) = 407A로써 인버터 최대입력전류 500A 이내이므로

      ∴ 병렬 수는 100열로 결정

(4) PVG 및 인버터 대수

   1) 모듈 1EA 160Wp

   2) 모듈 직렬수 : 16EA

   3) 모듈 병렬수 : 100열

      ∴ 현 접속반 병렬단자는 6, 8, 12, 20EA 규모이므로 인버터 1대당 접속반은 20단자 기준 100/20 = 5EA로 해야 함

   4) 접속반 1면당 모듈 수 : 16 × 100 = 1600EA

   5) 인버터 1대당(250kWp) 모듈 부하용량

      1600 × 160Wp = 256(kW)

   6) 1MW PVG 용량에 필요한 인버터 대수

      $\dfrac{1000kW}{256kW} = 3.91$

      ∴ 4대$(\dfrac{1000kW}{256kW} = 4)$

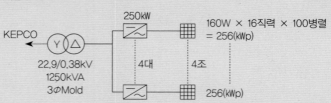

(5) 간략 배치도(결선도)

250kW

KEPCO ←

22.9/0.38kV
1250kVA
3ΦMold

4대   4조

160W × 16직력 × 100병렬
= 256(kWp)

256(kWp)

병렬 100열이 접속반에 인입해야 하므로 실제로는 모듈 규격이 가능한한 큰 Wp를 결정하는 것이 좋다.

8. 태양전지 용량과 부하소비전력량의 관계

(1) 태양전지 용량과 부하소비전력량의 관계 식

$$P_{AS} = \frac{E_L \times D \times R}{(H_A / G_S) \times K} \quad \cdots\cdots\cdots(A)$$

P_{AS} : 표준상태에서의 태양전지 어레이 출력(kW)
표준상태 : AM 1.5, 일사강도 1,000W/m^2, 태양전지 셀 온도 25℃
H_A : 어느 기간에 얻을 수 있는 어레이 표면 일사량($kW/m^2 \cdot$ 기간)
G_S : 표준상태에서의 일사량(kW/m^2)
E_L : 어느 기간에서의 부하소비전력량(수요전력량)(kWh/기간)
D : 부하의 태양광발전시스템에 대한 의존율
　= 1 - (백업 전원전력의 의존율)
R : 설계여유계수(추정한 일사량의 정확성 등의 설치환경에 따른 보정)
K : 총합설계계수(태양전지 모듈출력의 불균일의 보정, 회로손실, 기기에 의한 손실 등을 포함)

(2) 총합설계계수 K

총합설계계수 K는 다시 여러 가지 계수로 나누어지지만 직류보정계수(Kd), 온도보정계수(Kt), 인버터 효율에 관해 알아본다.

① 직류보정계수(Kd)

태양전지 표면의 오염, 태양의 일사강도가 변화하는 것에 따른 손실의 보정, 태양전지의 특성차에 의한 보정 등이 포함되어 있고, 그 수치는 약 0.9 정도이다.

② 온도보정계수(Kt)

일사량에 따라 태양전지 온도가 상승하거나 변환효율이 변하기 때문에 보정하는 계수로서 그 수치는 약 0.85 정도이다.

③ 인버터 효율

태양전지가 발전한 직류를 교류로 변환하는 인버터 효율로서 그 수치는 약 0.92 정도이다.

(3) 기대되는 발전전력량 E_P

① 주택 등에 태양전지를 설치하는 경우 태양전지 어레이의 설치면적이 한정되어 있기 때문에 그 면적에서 태양전지 용량을 계산, 식 (A)를 이용하여 기대되는 발전전력량을 계산한다.

② 식 (A)에서 부하소비전력량 E_L을 1일당 기대되는 발전전력량 E_F(kWh/일)로 바꾸고, 또한 표준상태에서의 일사강도 G_s를 $1kW/m^2$로, 의존율 D와 설계여유계수 R을 각각 1로 하면 다음 식이 도출된다.

$$E_P = H_A \times K \times P_{AS}(kWh/일) \cdots\cdots (B)$$

③ 식 (B)에 따르면 설치장소에서의 일사량 H_A, 표준상태에서의 태양전지 어레이 출력 P_{AS} 및 총합설계계수 K를 알 수 있으면 기대되는 발전전력량을 산출할 수 있다.

예제 1 해당지역 7월의 월 적산 경사면 일사량이 115.94[kWh/(m^2·월)]이고, 태양전지 어레이의 출력이 10,800[W], 종합설계계수는 0.66을 적용한다고 하면, 7월 한 달 동안의 발전량[kWh/월]은?

풀이

1) 태양광발전시스템의 월간 시스템 발전 전력량

$$E_{AM} = P_{AS} \times \frac{H_{AM}}{G_S} \times K[kWh/월]$$

2) 7월 발전량은

$$E_{PM} = P_{AS} \times \frac{H_{AM}}{G_S} \times K[kWh/월]$$

P_{AS} : 표준상태의 태양전지 어레이 출력(모듈 총수량) [kW]
H_{AM} : 월 적산 어레이 경사면 일사량 [kWh/(m^2·월)]
G_S : 표준상태에서의 일사강도 [kWh/m^2](=1[kWh/m^2])
K : 종합설계 계수

$$10.8[kW] \times \frac{115.94\,[kWh/(m^2 \cdot 월)]}{1\,[kWh/m^2]} \times 0.66$$

$$\fallingdotseq 826.42\,[kWh/월](1월)$$

예제 2 역전류방지다이오드의 접속함 설치에 대해 아는 대로 설명하시오

풀이

1) 1대의 인버터에 연결된 태양전지 모듈의 직렬군이 2병렬 이상일 경우에는 각 직렬군에 역전류 방지다이오드를 별도로 하여야 하며, 접속함은 발생하는 열을 외부에 방출할 수 있는 환기구 및 방열판 등을 갖추어야 한다.
2) 역전류방지다이오드의 용량은 모듈 단락전류의 2배 이상이어야 하며, 현장에서 확인할 수 있어야 한다.

예제 3 모듈 Wp 175W, 인버터 용량 20㎾ 모듈 출력전압 28~42(V), 인버터 동작범위 150~550(V) 시 직·병렬 수를 구하시오.

풀이

(1) 직렬(n)수

$$\frac{150}{28} \leq n \frac{550}{42} \rightarrow 5.3 \leq n \leq 13$$

∴ 최대치 13으로 결정

(2) 병렬(m)수

$$\frac{200 \times 1000}{175 \times 13} = 8.79$$

∴ m = 8
총 모듈 수 13 × 8 = 104개
∴ 총 모듈 발전량
0.175 × 13 × 8 = 18.2(㎾)

예제 4 일수요량 2500Wh, 발전 여유율 1.25, 감쇄보상율 1.13, 손실률 1.2, 최대 일조시간 5.1HR 시 어레이용량(Wp)은?

풀이

2500 × 1.25 × 1.13 × 1.2/5.1=831(Wp)

9. 축전지의 용량 및 효율

(1) 축전지의 용량(Capacitor)

① 만충전 시킨 축전지를 일정한 전류로 규정 종지전압까지 방전하였을 때의 방전량 (방전전류× 방전시간)을 축전지 용량이라고 한다.
② 표기는 암페어 시 [Ah]의 단위로 표시한다.

(2) 축전지의 효율

축전지가 충전하는데 얻어지는 전기량(충전량)에 대하여 방전하는데 소요되는 전기량(방전량)의 비(比)로서 백분율로 표시하며 Ah 효율과 Wh 효율이 있다

① Ah 효율 = (방전전류 × 방전시간) / (충전전류 × 충전시간) × 100
② Wh 효율 = (방전전류 × 방전시간 × 평균방전전압) / (충전전류 × 충전시간 × 평균충전전압) × 100

(3) 축전지 시스템 분류

1) 독립형 시스템용(Stand Alone System) 축전지

독립형 전원을 설계하는 경우에는 부하의 전력량이 얼마만큼 필요한지, 태양전지의 용량과 충전·방전 제어장치의 설정치를 어떻게 해야 최적화 되는지 등을 상세하게 검토하여 설계하여야 하며 다음과 같은 순서로 진행한다.
① 부하에 공급되는 직류입력 전력량을 검토한다.
② 인버터의 입력전력을 파악한다.
③ 설치장소에 필요한 일사량에 관한 데이터를 입수한다.
④ 설치할 장소의 일조조건이나 부하의 중요성에서 일조가 없는 시간을 설정한다.
⑤ 축전지의 기대수명에서 정격용량을 어느 정도 사용하였는가를 표시하는 방전심도(DOD)를 결정한다.
⑥ 일사량이 최저인 월에도 충전량이 방전량보다 많아지도록 태양전지 용량, 어레이 각도 등을 결정한다.
⑦ 축전지 용량

- C = 일 소비전력량 × 부일조일 / 보수율 × 방전심도 × 방전종지전압 〔Ah〕
- C = 일 적산부하 전력량 × 부일조일 × 1,000 / 보수율 × 공칭축전지 × 축전지개수 × 방전심도〔Ah〕

2) 계통연계 시스템용(Grid-Connected System) 축전지

① 전지 내장 계통연계 시스템 분류

통상의 계통연계 시스템에 비해서 축전지가 추가된 계통연계 시스템용 축전지는 한층 더 향상된 기능을 갖추고 있다. 계통연계 시스템용 축전지는 방재 대응형, 부하평준화 대응형, 계통안정화 대응형 등으로 분류할 수 있다.

㉠ 방재 대응형

방재 대응형 시스템은 계통연계 시스템으로서 동작 시 재해나 기타 돌발상
황 등으로 인해 정전이 발생할 경우 인버터를 자립으로 작동시켜는 것과 동
시에 특정의 방재대응부하로 전력을 공급할 경우에 사용되며 아래의 그림은
방재 대응형을 표현한 것이다.

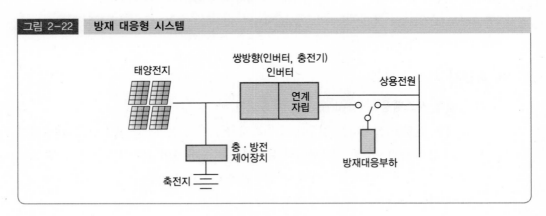

그림 2-22 방재 대응형 시스템

㉡ 부하평준화 대응형(피크시프트형, 야간전력 축적형)

태양전지의 출력과 축전지의 출력을 병용하여 부하 피크 시 인버터를 필요한
출력으로 운전하여 수전전력의 증대를 억제하고 전력요금을 절감하도록 하
는 방식으로, 본 시스템이 보급되면 수용가는 전력요금을 절감할 수 있고 전
력회사는 설비투자를 절감할 수 있는 등의 큰 효과를 기대할 수 있다. 2~4시
간 정도 피크전력을 충당할 수 있는 축전지 설비를 갖춘 경우에 그 시스템을
피크시프트용이라고 하며, 전력을 야간에 충전하고 그 축전지의 전력을 주간
피크 시에 방전하여 주간전력을 축전지에 공급하도록 하는 방법을 야간전력
축적형이라고 한다. 아래의 그림은 부하평준화 대응형을 표현한 것이다.

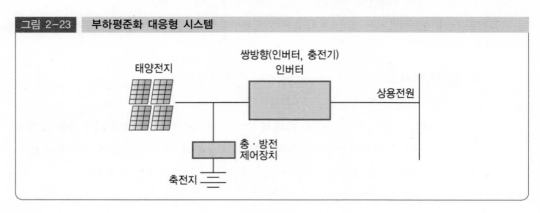

그림 2-23 부하평준화 대응형 시스템

ⓒ 계통안정화 대응형

계통안정화 대응형 시스템은 태양전지와 축전지를 병렬로 운전할 때, 계통에 연결된 부하가 급변하거나 기후가 급격히 변화하는 경우에는 태양전지 출력이 증대하고 축전지를 방전하여 계통전압이 상승하는데 축전지를 충전하고 전압의 상승을 억제하도록 하는 방식을 말한다.

② 계통연계 시스템용 축전지의 설계

방재 대응형 축전지의 설계는 비상전원용 축전지 설계할 때와 동일하게 축전지 용량을 산출하며 이때 방전전류, 방전시간, 예상최저축전지온도, 최저허용전압 등을 미리 결정한 후에 실시한다.

㉠ 방전전류

방전개시에서 방전종료까지 부하전류의 크기와 경과시간의 변화를 기준으로 방전전류를 산출한다.

㉡ 방전시간

예측이 가능한 백업시간으로 정하는데 방재 대응형에 관해서는 12시간에서 24시간을 기준으로 방전시간을 산출한다.

㉢ 예상최저 축전지온도

실외의 경우는 -5, 실내의 경우에는 5, 축전지온도가 보증된 경우에는 그 온도를 예상최저 축전지온도로 한다.

㉣ 최저허용전압

기기의 최저동작전압에 선로의 전압강하를 고려한 것으로 1셀당 1.8V를 최저허용전압으로 한다.

㉤ 셀 수 선정

셀 수를 선정할 때는 부하의 최고허용전압, 최저허용전압, 축전지 방전 종지전압, 충전전압 등을 고려하여 셀 수를 결정한다.

예제 1 1일 적산 부하량(L_d)이 3.0[kWh]이고, 보수율 = 0.8, 일조가 없는 날(D_f) = 10일, 공칭축전지전압(V_d) = 2[V], 축전지 직렬개수(N) = 48, 방전심도(DOD) = 65[%]인 독립형 태양광발전시스템의 축전지 용량[AH]은 얼마인지 구하시오.

풀이 〈 축전지용량 〉

$$C = \frac{L_d \times D_r \times 1,000}{L \times V_d \times N \times DOD} \ [Ah]$$

$$C = \frac{3 \times 10 \times 1,000}{0.8 \times 48 \times 2 \times 0.65}$$

$$= 601 \ [Ah]$$

예제 2 일소비량 3kWh, 부조일수 10일, 연축전지사용 직렬개수 48EA, 방전심도 0.65, 보수율 0.8 일 때 독립형 축전지(AH)를 구하시오.

풀이

$$C = \frac{3 \times 10^3 \times 10}{0.8 \times 2 \times 48 \times 0.65}$$

$$= 601$$

$$\therefore 600(AH)$$

예제 3 연축전지 55EA 직렬 축전지로 부하 공급시 부하의 최종허용전압이 110 ± 10V 즉, 100V이며 선로 전압강하 5V 일 때 전지당 방전종지 전압(V)을 구하시오.

풀이

$$V_d = \frac{V_a + V_c}{N}$$

$$= \frac{100 + 5}{55}$$

$$\fallingdotseq 1.91/셀$$

예제 4 연축전지를 48개 직렬연결 할 때의 축전지의 용량은 얼마인가?(단, L(일시용량) 3kWH, 부조일수(Df) 10일, 보수율(L) 0.8, 방전심도(DOD)는 0.65이다.)

풀이

$$C = \frac{3 \times 10^3 \times 10}{0.8 \times 2 \times 48 \times 0.65}$$

$$= 601(AH)$$

(연축전지 2(V) 알칼리축전지 1.2(V))

3 도면작성하기

1. 설계도면

설계도면은 공사에서 규정한 데이터를 전달할 목적으로 2차원의 도면 위에 도안이나 문자를 사용하여 설계의도를 전달하고, 공사 전체 또는 부분에 대한 여러 가지 그림을 나타낸다. 도표나 계획표도 도면의 일부이다. 또한 도면은 각각의 요소가 어떻게 관련되는가를 보여주며, 또한 각각의 재료나 조립품, 구성품, 부속품의 위치, 치수와 규격, 연결 상세도, 외관이나 형태를 나타낸다.

2. 설계도면 작성기준

(1) 용지규격

① 표준도면의 크기는 KS A 5201에 규정하는 A0~A2를 표준규격으로 하되 A1 사용을 원칙으로 한다. 다만, A1으로 작성이 곤란한 경우에는 A0를 사용할 수 있으며, 필요에 따라 길이와 방향으로 연장할 수 있다.

② 도면의 규격별 크기는 A0(841×1.189mm), A1(594×841mm), A2(4205×94mm)로 구별할 수 있다.

③ 도면은 장변방향을 좌우방향으로 놓는 것을 정 위치로 한다.

(2) 도면의 축척

① 표준도면의 축척은 사용목적에 따라 아래의 기준으로 적당한 것을 선택할 수 있다.

② 축척은 도면에 기입한다.

③ 같은 도면 중에 다른 축척을 사용할 때에는 그림마다 그 축척을 기입한다.

④ 일부분에만 다른 축척을 사용할 때에는 도면 중 대부분을 차지하는 그림의 축적을 표제란에 기입하고 다른 축척만 작성된 그림 가까이에 기입한다.

• 일반도	1/100, 1/200, 1/500, 1/1,000
• 구조물도	1/20, 1/30, 1/40, 1/50, 1/100
• 상세도	1/1, 1/2, 1/5, 1/10, 1/20, 1/30
• 평면도	1.500, 1/600, 1/1,000, 1/1,200, 1/1,300, 1/1,500

3. 기능적 제도를 위한 기본원칙

① 무의미하고 불필요한 노력 배제

② 동일 상세의 반복 금지

③ 불필요한 도면 삭제

④ 적절한 경우에만 단어 사용

⑤ 점선사용억제

⑥ 대칭원리 이용

⑦ 표준기호 사용

⑧ 과도한 시공 상세도면 억제

⑨ 간단한 조립 상세

⑩ 재료표시 최소화

⑪ 기성부품의 목록표시

⑫ 공통된 모양 기호는 템플리트(Templet) 사용

4 시방서 작성하기

1. 시방서의 종류

(1) 일반시방서(General specification)

입찰 요구조건과 계약조건으로 구분되어 비 기술적인 일반사항을 규정하는 시방서이다.

(2) 기술시방서(Technical specification)

① 설계도면으로 표시할 수 없는 공사전반에 걸친 기술적인 사항을 규정하는 시방서이다.

② 각 공종별로 재료의 성능, 성격 및 시험 등 재료에 관한 사항과 시공방법, 시공상태 및 허용오차 등 시공에 관한 사항, 해당공종과 관련되는 다른 공종과의 관계 및 공사전반에 관한 주의사항 등이 수록된다.

(3) 표준시방서(Standard specification)

① 편의상 별도의 공사시방서를 작성하지 않고 모든 공사에서 공통적으로 적용이 되는 사항을 규정한 시방서로 일종의 가이드 시방서이다.

② 특히, 국내의 경우 정부공사 등에 적용되는 각종 표준시방서가 이에 해당된다.

(4) 특기시방서(Particular specification)

① 공사의 특징에 따라서 표준시방서의 적용범위, 표준시방서에 없는 사항과 표준시방서에서 특기시방으로 정하도록 되어 있는 사항 등을 규정한 시방서이다.

② 국내에서는 공사시방서의 일부로 포함된다.

(5) 공사시방서(Project specification)

① 해당공사의 설계도서 작성 시 작성되어 해당공사 수행 시 시공기준이 되는 것으로서 계약이 체결된 후에는 계약시방서가 된다.

② 이러한 공사시방서는 가이드 시방서를 이용하면 보다 확실하고 용이하게 작성할 수 있다.

2. 설계도서 해석의 우선순위

설계도서·법령해석·감리자의 지시 등이 서로 일치하지 아니하는 경우에 있어 계약으로
그 적용의 우선 순위를 정하지 아니한 때에는 다음의 순서를 원칙으로 한다.

공사시방서 ⇨ 설계도면 ⇨ 전문시방서 ⇨ 표준시방서 ⇨ 산출내역서
⇨ 승인된 상세시공도면 ⇨ 관계법령의 유권해석 ⇨ 감리자의 지시사항

5 내역서 작성하기

1. 소요장비 내역서

(1) 시공설비장비

시공설비장비로는 해머 드릴, 임팩트 렌치, 해머 브레이커, 앵글 천공기, 메탈 커터, 레벨기 등 여러 가지가 있다.

(2) 검사장비

솔라경로추적기, 열화상카메라, 지락전류시험기, 디지털 멀티미터, 접지저항계, 절연저항계, 내전압 측정기, GPS 수신기, RST 3상 테스터 등 여러 가지가 있다.

2. 주요 기자재 내역서

주요 기자재는 아래와 같으며 하기에 명시되지 않은 자재의 공급요청, 공사범위에 포함되지 않은 부분의 시공요청은 허용되지 않는다.

NO	품 명	규 격	단위	수 량	비 고
1	태양전지 모듈	200W급 + 3% 이상	매	○○○	협의에 의해 사양 변경이 가능함
2	계통연계형 인버터	50kW	대	2	모니터링 기능 내장
3	태양전지 접속반	50kW급(12ch)	식	2	
4	모니터링 장치	D-RTU	대	1	WEB, LOCA 선택
5	센서류	일사량계	개	2	
		외기온도계	개	1	
		모듈온도계	개	1	
6	컴퓨터		대	1	
7	모니터		대	1	
8	프린터	칼라 잉크젯 프린터	대	1	
9	컴퓨터 책상		대	1	
10	의자	컴퓨터용	대	1	
11	구조물공사	구조물제작 및 설치공사	식	1	전기공사업체 시공분
12	모듈부착		식	1	전기공사업체 시공분
13	전기간선 등	태양광발전에 필요한 간선공사 (인버터에서 접속반까지의 간선 포함)	식	1	전기공사업체 시공분

3. 경제성, 사업타당성 분석

(1) 비용편익분석(費用便益分析, Cost-Benefit Analysis)방법

1) 사업계획에 있어서 사업대안의 집행에 필요로 하는 비용과 그것에서 얻어지는 편익을 화폐로 환산하여 비교·평가하고 그 안을 실시해도 바람직한가를 검토하는 방법이다.

2) 비용과 편익은 장래시점에 걸쳐 발생하는 것으로 현재가치로 환산하여 양자의 비율 또는 차를 가지고 평가기준으로 삼는 것이 일반적이다.

3) 정책결정 또는 기획과정에서 대안(代案)을 분석·평가할 때 흔히 사용되는 분석기법으로 비용편익분석은 몇 개의 대안(alternatives)이 저마다 제시한 프로젝트[세부사업계획]에 의하여 생겨나는 편익(便益)과 비용(費用)에 대하여 각각 측정하고, 그 편익의 크기(금액)와 비용의 크기(금액)를 비교 평가하여 가장 합리적이고 효과적이라 파악되는 대안을 선택하기 위하여 활용된다.

4) 이 분석기법은 대안의 성과를 화폐가치로 환산해서 측정할 수 있는 것에만 적용되며, 화폐가치로 환산할 수 없고 다만 계량적(수량적)으로 측정할 수 있는 것에는 비용효과분석(費用效果分析)의 기법이 적용된다.

5) 비용편익분석의 지표로는 순현재가치(Net Present Value, NPV), 내부수익율(Internal Rate of Return, IRR), 편익비용비율(Benefit-Cost Ratio, B/C Ratio) 등이 있으며 어느 것이든 프로젝트 선택기준으로서 잘 이용된다.

① 순현재가치법(NPV, Net Present Value method)

㉠ 순현재가치는 연도별 순편익의 흐름을 합산하여 현재의 화폐가치로 하나의 숫자로 나타낸 것이다.

㉡ NPV가 0보다 크면 투자가치가 있는 것으로, 0보다 작으면 투자가치가 없는 것으로 평가한다.

순현재가치 = 현금유입의 현재가치 – 현금유출의 현재가치

② 내부수익율법(IRR, Internal Rate of Return method)

㉠ 내부수익률이란 어떤 사업에 대해 사업기간 동안의 현금수익 흐름을 현재가치로 환산하여 합한 값이 투자지출과 같아지도록 할인하는 이자율을 말한다.

㉡ 즉 순현재가치가 0이 되도록 하는 할인율을 말한다.

③ 편익비용비율법(B/C Ratio, Benefit-Cost Ratio method)

편익비용비율은 투자사업으로부터 발생하는 편익흐름의 현재가치를 비용흐름의 현재가치로 나눈 비율을 말한다.

체크포인트

할인율

할인율은 미래가치가 현재 얼마만큼의 가치를 가지는가 알아내는데 쓰이는 비율이라고 할 수 있다. 오늘 소비되는 만원은 시간이 지날수록 만원보다 훨씬 더 가치가 있을 것이다. 아무리 비용과 편익이 정확하게 추정되었다고 할지라도 이 할인율의 선택이 잘못되면 사업대안에 대한 올바른 평가가 이루어지기 어렵기 때문에 할인율의 선택은 제안된 계획사업의 평가에 있어서 매우 중요한 과정이다. 편익과 비용의 추정결과가 그 사업을 채택하도록 하거나 부결하도록 하는 서로 다른 결론에 도달하게 하는 등의 큰 차이를 가져올 수 있다.

(2) **원가분석방법**(原價分析, Cost analysis)

1) 원가수치를 분석하여 경영활동의 실태를 파악하고, 일정한 해석을 내리는 작업을 원가분석이라 한다.

2) 일반적으로 원가분석은 비교형식으로 하는 일이 많으므로, 넓은 뜻의 원가분석은 원가비교와 동의어로 해석되기도 한다.

3) 원가분석을 실적원가를 분석하는 것이라고 설명한다면, 실적원가는 실제원가계산의 결과에서 얻어지므로 실제원가계산의 순서에 대응하여 형식적으로는 요소별 분석, 부문별 분석 및 제품별 분석으로 나눌 수 있다.

4) **절대액의 비교분석 방법**

① 기간비교

② 상호비교

5) **상대액의 비교분석 방법**

① 제품원가의 구성비율분석

제품원가의 구성비율분석이란 제품원가를 구성하는 재료비·노무비·경비 등의 구성비율을 산출하는 것을 의미한다.

② 요소원가·부문원가·제품원가의 지수분석

요소원가·부문원가·제품원가의 지수분석이란 각 원가의 어떤 기간의 금액을 100으로 하고, 그 후의 기간의 금액을 백분율로 표현한 것으로, 경향을 파악하는 것이 목적이다.

③ 요소원가와 조업도의 상관분석

요소원가와 조업도의 상관분석이란 몇 기간의 실적원가로부터 고정비나 변동률을 산출하는 것을 의미한다.

예제 1 비용편익분석방법에서 투자안의 채택여부를 결정하거나 우선순위를 정하는 방법을 쓰시오.

풀이

① 현재가치법(NPV : Net Present Value)
현재가치법은 적절한 할인율을 선택하여 투자로부터 예상되는 편익과 비용의 현재가치를 계산한 다음 이를 비교하여 투자안의 투자여부 및 우선순위를 결정하는 방법이다.
② 내수수익률법(IRR)
내부수익률법이란 내부수익률과 할인율을 비교하여 공공투자안의 타당성 여부를 평가하는 방법이다.
③ 편익비용비율법(Benefit/Cost ratio)
편익비용이율법이란 편익의 현재가치와 비용의 현재가치 간의 비율을 이용하여 투자안을 평가하는 방법이다.

예제 2 비용편익분석방법에서 투자안의 채택여부를 결정하거나 우선순위를 정하는 방법 중에서 현재가치법에 대하여 서술하시오.

풀이

순현재가치(NPV : Net Present Value)
① 투자안으로부터 발생하는 현금유입의 현재가치에서 현금유출의 현재가치를 뺀 것을 말한다.
② 순현재가치가 0보다 크면 투자안을 채택하고, 0보다 작으면 투자안을 기각한다.
③ 만약 여러 투자안 중에서 선택하는 상황이라면 순현재가치가 0보다 큰 것 중 순현재가치가 큰 순서로 채택한다.

$$\text{순현재가치} : NPV = \sum_{i=1}^{n} \frac{F_n}{(1+r)^n} - C = P_v - C$$

NPV : 순현재가치(순현가)
P_v : 현금유입의 현재가치
C : 현금유출(투자금액)의 현재가치
F_n : 현금유입의 미래가치
r : 할인율(가중평균자본비용)
n : 내용연수

예제 3 1,000만원을 투자하여 첫 해에는 4,000,000원, 둘째 해에는 8,000,000원의 현금유입이 있을 때, 자본비용이 10%라고 한다면 이 투자안의 순현재가치(NPV)는 얼마인가?

풀이

연도	투자안
0	−10,000,000원
1	4,000,000원
2	8,000,000원

$$NPV = \sum_{i=1}^{n} \frac{F_n}{(1+r)^n} - C = P_v - C$$

$$= \left[\frac{400만원}{(1+0.1)^1} + \frac{800만원}{(1+0.1)^2} \right] - 1,000만원$$

$$= 24.79만원$$

예제 4 편익비용비율법 분석에서 투자안의 채택여부를 결정하거나 우선순위를 정하는 방법 중 내부 수익률법에 대해서 설명하시오.

풀이

내부수익률(IRR : Internal Rate of Return)이란 투자안으로부터 예상되는 미래의 현금유입의 현재가치와 투자금액을 같게하는 할인율을 말한다. 또는 순현재가치(NPV)를 0으로 되게 하는 할인율(r)이다.

1) 투자의사결정 기준
   ① 독립된 단일투자안인 경우
      • IRR ≥ 자본비용보다 크면 채택
      • IRR 〈 자본비용보다 작으면 기각
   ② 상호배타적인 복수투자안인 경우
      • IRR 〉 자본비용보다 큰 것 중에서 IRR이 제일 큰 투자안을 선택

2) 장점 및 단점
   ① 장점
      • 현금흐름의 사용과 화폐의 할인율(시간가치)을 고려
      • ARR(회계적 이익률)보다 더 정확하고 현실적임
   ② 단점
      • 투자규모의 차이를 고려하지 않고 IRR이 구할 수 있음
      • 계산과정이 복잡
      • 기업의 가치를 극대화하는 선택이 이루어지지 않을 수도 있음
      • 현금유입의 형태에 따라 달라짐
      • 가치자산의 원리가 성립되지 않음

3) 현금유입의 현재가치

$$P_v - C$$

4) 순현재가치

$$NPV = \sum_{i=1}^{n} \frac{F_n}{(1 + r)^n} - C$$
$$= P_v - C$$

NPV : 순현재가치(순현가)
P_v : 현금유입의 현재가치
C : 현금유출(투자금액)의 현재가치
F_n : 현금유입의 미래가치
r : 할인율
n : 내용연수

예제 5 과수원 용지에 아래와 같은 조건으로 태양광발전 설비를 설치 할 때 각 물음에 답하시오.(단, 소수점 둘째자리까지 표시하고 반올림은 하지 않음)

설비용량과 조건

설비용량	2,288MWp	시스템 이용률	㉴
SMP	140원/kWh	할인율	5.5%
REC	170원/kWh	발전시간	3.36HR
판매단가	㉮	모듈발전 경년감소율	0.7%
자기 자본율	100%	1차년도 모듈발전 감소율	3%

가. 가중치 적용 전체 판매단가를 구하시오.
나. 시스템 이용율을 구하시오.
다. 5년간 발전량과 발전 수익을 계산하시오.(단, REC는 3년 적용하며, 소수점 이하 절사함)

(백만원)

년 도	1차년도	2차년도	3차년도	4차년도	5차년도
발전량(MWh/Y)					
발전수익(총투자편익)					

라. 연도별 발전 비용이 다음과 같을 시 순현가(NPV)와 편익비용비(B/C)를 구하시오.(단, 발전수익과 발전비용 이외의 모든 이익과 비용은 제외한다.)

년 도	0차년도	1차년도	2차년도	3차년도	4차년도	5차년도
발전비용 (총비용)	1,877	240	236	226	209	196

• 순현가(NPV)
• 편익비용비(B/C)

마. 발전소의 순현가와 편익비용비를 분석하여 사업 타당성을 결정하시오.

풀이

가. REC 가중치의 적용단가 : 170원/kWh × 0.7 = 119원/kWh

전체 판매단가 : 140 + 119 = 259원/kWh

• 신·재생에너지별 공급인증서 가중치(2014. 개정)

구 분	공급인증서 가중치	대상에너지 및 기준		
		설치유형	지목유형	용량기준
태양광 에너지	0.7	건축물 등 기존시설물을 이용하지 않은 경우	5개 지목 (전, 답, 과수원, 목장용지, 임야)	
	1.0		기타 23개 지목	100kW 이상
	1.2			100kW 미만
	1.5	건축물 등 기존 시설물을 이용하는 경우 유지의 수면에 부유하여 설치하는 경우		
기타 신재생 에너지	0.25	IGCC, 부생가스		
	0.5	폐기물, 매립지가스		
	1.0	수력, 육상풍력, 바이오에너지, RDF 전소발전 폐기물 가스화 발전, 조력(방조제 有)		
	1.5	목질계 바이오매스 전소발전, 해상풍력(연계거리 5km 이하)		
	2.0	해상풍력(연계거리 5km 초과), 조력(방조제 無), 연료전지		

주1) 가중치는 발전원가, 온실가스 감축효과, 산업육성효과, 환경훼손 최소화, 해당 신·재생에너지의 부존 잠재량 등을 고려하여 산업통상자원부 고시로 규정

주2) 신·재생에너지 공급인증서 가중치는 3년마다 재검토

나. 시스템 이용률

성능분석 용어	산출방법
태양광 어레이 변환효율	$$\frac{태양전지어레이출력전력[kW]}{경사면일사량[kW/m^2] \times 태양전지어레이면적[m^2]}$$
시스템 발전효율	$$\frac{시스템발전전력량[kWh]}{경사면일사량[kWh/m^2] \times 태양전지어레이면적[m^2]}$$
태양에너지 의존율	$$\frac{시스템평균발전전력 또는 전력량[kWh]}{부하소비전력[kW] 또는 전력량[kWh]}$$
시스템 이용률	$$\frac{시스템발전전력량[kWh]}{24[h] \times 운전일수 \times 태양전지어레이설계용량(표준상태)}$$
시스템 성능 출력계수[1]	$$\frac{시스템발전 전력량[kWh] \times 표준일사강도(1[kW/m^2])}{태양전지어레이설계용량(표준상태)[kW] \times 경사면일사량(1[kW/m^2])}$$
시스템 가동률	$$\frac{시스템동작시간}{24[h] \times 운전일수}$$
시스템 일조가동률	$$\frac{시스템동작시간[h]}{가조시간[2]}$$

- 시스템 이용률

$$\frac{\text{시스템발전전력량[kWh]}}{24[h] \times \text{운전일수} \times \text{태양전지어레이설계용량(표준상태)}}$$

$$= \frac{3.36hr \times 365 \times 2.288 \times 10^3}{24hr \times 365 \times 2.288 \times 10^{3)}}$$

$$= 3.36/24$$

$$= 14\%$$

다. 5년간 발전량과 발전 수익을 계산
  1) 1차년도
     – 발 전 량 : 2.288MWh × 3.36HR × 365일 × (1 − 0.03) = 2,721(MWh/Y)
     – 발전수익 : 2,721 × 10³ × 259 = 704백만원
  2) 2차년도
     – 발 전 량 : 2,721 × (1 − 0.007) = 2,701(MWh/Y)
     – 발전수익 : 2,701 × 10³ × 259 = 699백만원
  3) 3차년도
     – 발 전 량 : 2,701 × (1 − 0.007) = 2,682(MWh/Y)
     – 발전수익 : 2,682 × 10³ × 259 = 694백만원
  4) 4차년도
     – 발 전 량 : 2,682 × (1 − 0.007) = 2,663(MWh/Y)
     – 발전수익 : 2,663 × 10³ × 140 = 372백만원
       (REC 적용제외)
  5) 5차년도
     – 발전량 : 2,663 × (1 − 0.007) = 2,644(MWh/Y)
     – 발전수익 : 2,644 × 10³ × 140 = 370(백만원)
     – 5년간 발전용량과 발전수익(총편익)

(백만원)

	1차년도	2차년도	3차년도	4차년도	5차년도
발전량(MWh/Y)	2,721	2,701	2,682	2,663	2,644
발전수익 (총투자편익)	704	699	694	372	370

라. 순현가(NPV)와 편익비용비(B/C)
  1) 총 편익비

$$\sum \frac{Bt}{(1 + r)^t}$$

$$= \frac{704}{(1 + 0055)^1} + \frac{699}{(1 + 0055)^2} + \frac{694}{(1 + 0055)^3} + \frac{372}{(1 + 0055)^4} + \frac{370}{(1 + 0055)^5}$$

$$≒ 677 + 628 + 591 + 300 + 283$$

$$= 2,469백만원$$

2) 총 투자비

$$\sum \frac{C_t}{(1+r)^t}$$

$$= 1,877 + \frac{240}{(1+0055)^1} + \frac{236}{(1+0055)^2} + \frac{226}{(1+0055)^3} + \frac{209}{(1+0055)^4} + \frac{196}{(1+0055)^5}$$

$$= 1,877 + 227 + 212 + 192 + 168 + 149$$

$$= 2,825백만원$$

∴ NPV=2,469−2,825=−356

   B/C=2,469/2,825=0.87

마. 사업타당성 분석

1) NPV(순현가)

$\sum B_t / (1+r)^t - \sum C_t / (1+r)^t > 0$ 사업타당성

∴ NPV = −365 < 0으로 사업 타당성 곤란

2) B/C(편익비용비)

$$\frac{\sum B_t / (1+r)^t}{\sum C_t / (1+r)^t} => 1 \text{ 사업타당성}$$

∴ = 0.87 ‹ 1 으로 곤란

예제 6 아래 조건의 PVG 설비 설치비용에 대한 B/C 및 NPV를 구하고 사업타당성을 검토하시오.

[조건1] 자기 자분율 100%로 PVG 설비 설치 5년간 발전 총 비용   (백만원)

0차	1차년도	2차년도	3차년도	4차년도	5차년도
1500	200	250	200	200	180

[조건2] 설비용량과 조건(REC 적용기준은 3년)

설비용량	2MWp	할인율	5%
SMP	150원/kWh	발전시간	4HR
REC	100	모듈발전량	1차년도:3%
대학교 옥상	4곳 이용설치	갱년감소율	2차년도 이후:0.5%

풀이

(1) 발전판매단가

– SMP + REC × 가중치 = 150 + 100 × 1.5 = 300원/kWh

– 신·재생에너지원별 공급인증서 가중치

구분	공급인증서 가중치	대상에너지 및 기준		
		설치유형	지목유형	용량기준
태양광 에너지	0.7	건축물 등 기존시설물을 이용하지 않는 경우	5개 지목 (전, 답, 과수원, 목장용지, 임야)	
	1.0		기타 23개 지목	100㎾ 이상
	1.2			100㎾ 미만
	1.5	• 건축물 등 기존 시설물을 이용하는 경우 • 유지의 수면에 부유하여 설치하는 경우		
기타 신재생 에너지	0.25	IGCC, 부생가스		
	0.5	폐기물, 매립지가스		
	1.0	수력, 육상풍력, 바이오에너지, RDF 전소발전, 폐기물 가스화 발전, 조력(방조제 有)		
	1.5	목질계 바이오매스 전소발전, 해상풍력(연계거리 5㎞ 이하)		
	2.0	해상풍력(연계거리 5㎞ 초과), 조력(방조제 無), 연료전지		

주1) 가중치는 발전원가, 온실가스 감축효과, 산업육성효과, 환경훼손 최소화, 해당 신·재생에너지의 부존잠재량 등을 고려하여 지식경제부 고시로 규정

주2) 신·재생에너지 공급인증서 가중치는 3년마다 재검토

(2) 5년간 발전용량과 발전수익(총편익)

① 1차년도
- 발 전 량 : $2MW \times 4HR \times 365$일 $\times (1 - 0.03) = 2832.4$(MWh/년)
- 발전수익 : $2832 \times 10^3 \times 300 = 849,600,000$(원)

② 2차년도
- 발 전 량 : $2832(1 - 0.005) = 2817.84$MWh
- 발전수익 : $2817 \times 10^3 \times 300 = 845,100,000$

③ 3차년도
- 발 전 량 : $2817(1 - 0.005) = 2802.92$MWh
- 발전수익 : $2802 \times 10^3 \times 300 = 840,600,000$

④ 4차년도
- 발 전 량 : $2802(1 - 0.005) = 2787.99$MWh
- 발전수익 : $2787 \times 10^3 \times 150 = 418,050,000$(REC 적용제외)

⑤ 5차년도
- 발 전 량 : $2787(1 - 0.005) = 2773.07$MWh
- 발전수익 : $2773 \times 10^3 \times 150 = 415,950,000$

〈소수점 절사〉 (백만원)

	1차년도	2차년도	3차년도	4차년도	5차년도
발전량(MWh/y)	2832	2817	2802	2787	2773
발전수익 (총투자편익)	849	845	840	418	415

(3) B/C ratio 및 NPV

① 총 편익비

$$\Sigma \frac{B_t}{(1 + r)^t}$$

$$= \frac{849}{(1 + 0.05)^1} + \frac{845}{(1 + 0.05)^2} + \frac{840}{(1 + 0.05)^3} + \frac{418}{(1 + 0.05)^4} + \frac{415}{(1 + 0.05)^5}$$

$$≒ 808 + 766 + 725 + 343 + 325$$

$$= 2967백만원$$

② 총 투자비

$$\Sigma \frac{C_t}{(1 + r)^t}$$

$$= 1,500 + \frac{200}{(1 + 0.05)^1} + \frac{250}{(1 + 0.05)^2} + \frac{200}{(1 + 0.05)^3} + \frac{200}{(1 + 0.05)^4} + \frac{180}{(1 + 0.05)^5}$$

$$≒ 1500 + 190 + 226 + 172 + 164 + 141$$

$$= 2393백만원$$

③ NPV
2967 − 2393 = 574

④ B/C ratio
2967 / 2393 ≒ 1.24

(4) 사업타당성 분석

① NPV(순현가)

$\Sigma B_t / (1 + r)^t - \Sigma C_t / (1 + r)^t = 574 > 0$ 사업타당성 있음

② B/C(편익비용비)

$$\frac{\Sigma B_t / (1 + r)^t}{\Sigma C_t / (1 + r)^t} = 1.24 > 1$$ 사업타당성 있음

PART 3

시 공

1 설계도서 검토 및 해당공사 발주

1. 설계도서의 의도 및 내용 검토

(1) 설계도서

설계도서는 청부공사계약에 있어서 발주자로부터 제시된 도면 및 그 시공기준을 정한 시방서류로서 설계도면, 표준명세서, 특기명세서, 현장설명서 및 현장설명에 대한 질문 회답서를 총칭하여 설계도서라 한다.

(2) 설계도서 내용 검토

1) 관련도서의 목록

① 설계도면 및 시방서
② 구조계산서 및 각종계산서
③ 계약내역서 및 산출근거
④ 공사계약서
⑤ 사업계획 승인조건

2) 설계도서 검토 시 고려사항

① 건설관련법, 설계기준 및 시공기준의 적합성 검토
② 구조물의 설치형태 및 건설공법 선정의 적정성 검토
③ 사용재료 선정의 적정성 검토
④ 설계내용의 시공가능성에 대한 사전 검토
⑤ 측량 및 지반조사의 적정성 검토
⑥ 설계공정의 관리
⑦ 구조계산의 적정성 검토

(3) 설계도서 해석의 우선순위

설계도서, 법령해석, 감리자의 지시 등이 서로 일치하지 아니하는 경우에 있어 계약으로 그 적용의 우선순위를 정하지 아니한 때에는 아래와 같은 순서를 원칙으로 우선순위를 정할 수 있다.

① 공사시방서
② 설계도면
③ 전문시방서
④ 표준시방서
⑤ 산출내역서
⑥ 승인된 상세시공도면
⑦ 관계법령의 유권해석
⑧ 감리자의 지시사항

2. 공사발주

(1) **토목공사 발주**

(2) **태양광시스템 발주**

(3) **구조물 공사 발주**

(4) **건축공사 발주**

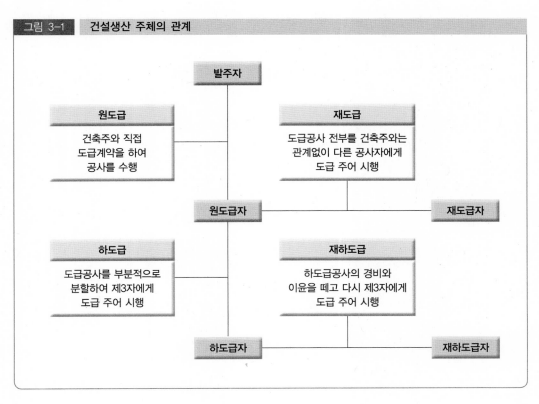

그림 3-1 건설생산 주체의 관계

■ **건설 생산 주체의 관계**

① 발주자

건설공사를 시공자에게 도급하는 자

② 설계감리자

건축물이 설계도서대로 시공되는지의 여부를 확인 및 감독하는 자

③ 공사관리자

건축주나 도급자에게 고용되어서 시공관계 업무를 담당하는 책임자

④ 도급자

건설공사의 발주자와 건설업자 간에 도급계약을 체결하는 자

⑤ 건설사업관리자

건설 프로젝트의 전 과정에서 CM업무를 수행하는 자

2 구조물 및 부속설비 설치하기

| 그림 3-2 | 태양광발전시스템 시공절차 |

현장여건 분석

- 설치조건: 방위각, 건출물 안정성
- 환경조건: 음영상태
- 전력조건: 연계점, 연평균 발전량 타당성 분석

▼

시스템 설계

- 시스템 구성: 시스템용량, 모듈용량, 파워컨디셔너 구성
- 구조물 구성: 구조물 계산
- 전기 구성: 피뢰기, 모니터링시스템

▼

구조물 제작

▼

지반공사

▼

| 어레이 설치공사 | 접속함 설치공사 |
| 분전반 설치공사 | 파워컨디셔너 공사 |

▼

전기 배선공사

모듈 구성 → 어레이 구성 → 접속반 → 파워컨디셔너 → 계통연결

▼

점검 및 검사

- 절연저항 측정
- 접지저항 측정
- 모듈 결선상태와 접속단 처리 확인

▼

시운전

- 출력전압 확인(설계 시 발전량 비교)

▼

운전 개시

1. 선정부지의 경계측량 검토

(1) 지적측량의 종목

지적측량은 토지를 지적공부에 등록하거나 지적공부에 등록된 경계점을 지상에 복원하기 위하여 필지의 경계 또는 좌표와 면적을 정하는 측량으로 주요종목은 다음과 같이 분류된다.

① 경계복원측량

지적공부에 등록된 경계점을 지표상에 복원하는 측량으로 건축물을 신축, 증축, 개축하거나 인접한 토지와의 경계를 확인하고자 할 때 주로 측량이다.

② 분할측량

지적공부에 등록된 1필지를 2필지 이상으로 나누어 등록하기 위한 측량으로 소유권 이전, 매매, 지목변경 등을 할 때 주로 측량이다.

③ 지적현황측량

지상건축물 등의 현황을 지적도 및 임야도에 등록된 경계와 대비하여 도면에 표시하는 측량이다.

④ 등록전환측량

임야대장 및 임야도에 등록된 토지를 토지대장 및 지적도에 옮겨 등록하기 위한 측량이다.

⑤ 신규등록전환측량

새로 조성된 토지와 지적공부에 등록되어 있지 아니한 토지를 지적공부에 등록하기 위한 측량이다.

(2) 측량방법

① 거리측량 : 기구에 의한 거리를 측량하는 방법이다.

② 평판측량 : 작은 부지의 측량, 거리, 면적, 방위에 편리한 측량방법이다.

③ 레벨측량 : 각 점의 고저차를 측량하는 방법이다.

④ 각도측량 : 주로 수평면상의 각도를 측량하는 방법이다.

2. 선정부지의 정지작업

(1) 토공장비

1) 토공장비 선정 시 고려요소

① 굴토할 흙의 굴착 깊이

② 굴착된 흙의 처리

③ 흙의 종류

④ 토공사 기간

2) 배토, 정지용 장비

① 불도저 : 운반거리 50~60m 이내의 배토작업

② 앵글도저 : 산허리 등을 깎는데 유용

③ 그레이더 : 정지작업(땅고르기, 노면정리)에 적당

④ 스크레이퍼 : 토사의 운반과 100~150m의 중거리 정지작업에 적당

3) 상차작업

로더 : 굴착토사의 상차작업(토사적재)에 적당

4) 흙다짐 장비

라머(Rammer), 소형진동 롤러, 플레이트 컴팩터(Plate compactor) 등

3. 구조물 기초공사

(1) 기초모양에 의한 분류

① 구덩이 파기 : 독립기초 등에서 국부적으로 파는 공사

② 줄파기 : 지중 보, 벽 구조 등에서 도랑모양으로 파는 기초

(2) 터파기양

| 그림 3-3 | 터파기양 |

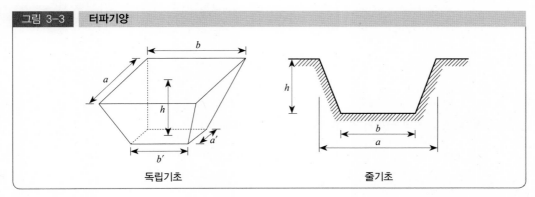

독립기초   줄기초

① 독립기초

$$\cdot \text{터파기양}(V) = \frac{h}{6} \left\{ (2a + a')b + (2a' + a)b' \right\}$$

$$\cdot \text{약산식}(V) = \frac{h}{3} \left\{ ab + a'b' + \sqrt{(ab)(a'b')} \right\}$$

② 줄기초

$$터파기양(V) = \left(\frac{a+b}{2}\right) \times h \times 줄기초길이$$

예제 1 아래의 그림과 같이 전선관을 지중에 매설하려고 할 때 매설거리는 80[m]라고 하면 터파기양은 몇 [m³]로 하면 적당한지 계산하시오.(단, 전선관의 면적은 무시)

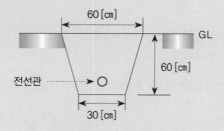

풀이

1)
$$V_o = \frac{A+B}{2} \times hL$$

2) 줄기초 파기

$$V_o = \frac{0.6+0.3}{2} \times 0.6 \times 80$$
$$= 21.6 [m³]$$

예제 2 다음 그림의 터파기 계산방법을 수식으로 기재하시오.

(1) 독립기초파기

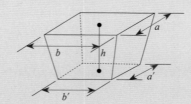

(2) 줄기초파기

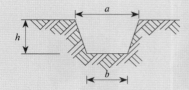

(3) 철탑기초파기

휴지각 = 1.1

풀이

(1) $V_o = \dfrac{h}{3}(A_1 + A_2 + \sqrt{A_1 A_2}\,[\mathrm{m}^3]$ $(A_1 = a \times b,\ A_2 = a' \times b')$

(2) $V_o = \dfrac{a+b}{2} \times h \times$ 줄기초길이$[\mathrm{m}^3]$

(3) $V_o =$ 가로 $\times$ 세로 $\times h \times 1.21[\mathrm{m}^3]$

예제 3 아래 그림에서 터파기 시 터파기량(㎥)을 계산하시오.

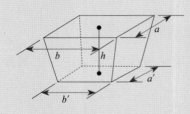

- a = 3 b = 3 　　　　　 • a' = 2 b' = 2 　　　　　 • h = 2.5 　　　[단위 m]

풀이

$V_o = \dfrac{h}{3}(A_1 + A_2 + \sqrt{A_1 A_2}\,[\mathrm{m}^3]\ (A_1 = a \times b,\ A_2 = a' \times b')$

$= \dfrac{2.5}{3} \times (3 \times 3) + (2 \times 2) + \sqrt{(9 \times 4)}$

$= 15.83[\mathrm{m}^3]$

4. 구조물 조립공사

(1) 강재의 종류

ㅔ 형강　　　　　ㅣ 형강　　　　　ㄷ 형강

(2) 용융아연도금

① 내식성 우수

　용융아연도금의 수명은 농촌지역에서는 50년 이상, 도서나 해안 지역에서는 20~25년 이다.

② 희생 방식작용

　용융아연도금의 일부가 파손되어 철강재 표면이 대기 중에 노출되어도 아연의 희생적, 음극 방식작용을 하여 철강제 부식을 방지한다.

③ 밀착성 우수

　용융아연도금 층은 견고한 합금상태가 되므로 수송, 건설, 조립 시 기계적 충격에 매우 강하다.

④ 물성의 변화가 적다.

　강재 자체의 기계적 강도 변화가 거의 없으므로 최초 설계대로의 강재사용이 가능하다.

⑤ 제품형상의 제약이 적다.

　파이프의 내부, 가느다란 절곡형태 등 손이 닿지 않는 부위나 보이지 않는 부위에도 도금이 되므로 신뢰성이 있는 방식처리가 된다.

⑥ 다양한 색상표현 가능

　사양 상 필요한 도장 또는 주변과의 조화를 위해 다양한 도장처리가 가능하므로 적용범위가 넓다.

⑦ 다양한 제품생산 가능

　못과 같은 경량품에서 10톤에 이르는 제품까지 도금이 가능하다.

⑧ 경제성이 높다.

다른 방식처리와 비교하여 초기 건설비용에서도 충분히 경쟁력이 있으며, 장기간 유지보수가 필요 없으므로 경제성이 높다.

5. 울타리 설치공사

(1) 작업준비

① 작업구간 확인
② 진입로 부지 정지 : 작업 유효공간 확보
③ 장애물 점검

(2) 시공순서 및 설치방법

① 포스트 기둥간격은 2m로 하고, 부품은 상세도에 의한다.
② 지주파이프는 매 5경간 당 1개를 설치하고, 현장여건에 따라 펜스설치 시 안전과 견고성에 지장이 없도록 추가 설치한다.
③ 기초 터파기는 일반 점토층으로 하여 성토부분은 터파기를 한 후, 상세도에 의거 충분히 다진 다음 콘크리트를 타설한다.
④ 포스트 기둥은 콘크리트 타설과 동시에 세우고 좌우이동이 없도록 해 주어야 한다.
⑤ 프레임 설치는 기둥과 기초콘크리트가 완전일치로 굳은 후에 설치하여야 하며 기둥과 볼트는 잘 조여 유동이 없도록 한다.
⑥ PVC망의 설치는 기둥과 프레임이 완전일치가 된 후 팽팽하게 당겨 늘어지지 않도록 견고하게 설치하여야 한다.

6. 관제실(방범/방재, 태양광 모니터링)공사 관리

(1) 방범시스템

1) 주요기능

① 지문인식, 비빌번호, IC카드를 이용한 복합출입통제
② 출입자의 출입이력관리
③ 모든 출입 Log 관리
④ 출입현황 모니터링
⑤ 출입자 이동경로 추적
⑥ 출입자 권한 부여(시간별, 장소별)

2) 출입통제시스템의 구성

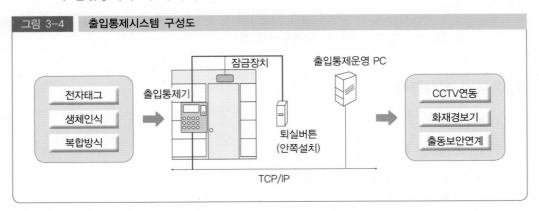

그림 3-4　출입통제시스템 구성도

① 시스템 구성방식
- ㉠ Direct 시스템 구성
- ㉡ 전화선을 이용한 시스템 구성
- ㉢ 전용선을 이용한 시스템 구성
- ㉣ Lan을 이용한 시스템 구성

② 통신방식
- ㉠ 20mA Loop 방식
- ㉡ RS-485 방식

③ 출입통제 서버
- ㉠ CCTV 시스템과 연동하여 효과적인 경비체제 구축가능
- ㉡ 출입자 사진 저장기능
- ㉢ 경보 Level 설정 기능
- ㉣ 출입자 개인정보기록 기능
- ㉤ 경보이력 감시
- ㉥ 평면도 상 경보알람 설정
- ㉦ 다양한 보고서 작성기능
- ㉧ 사용자 등급에 따른 운용제한

④ 출입통제기
- ㉠ 지문인식 방식
- ㉡ 근접식 카드와 비밀번호 방식
- ㉢ 비접촉식 카드 방식

　　⑤ 록(Lock) 장치

　　　㉠ Electric Lock 장치

　　　㉡ Electric Magnetic Lock 장치

　　　㉢ Electric Dead Bolt 장치

　　⑥ 퇴실용 센서

　　⑦ 전원공급 장치

(2) 방재시스템

1) 피뢰시스템

① 낙뢰의 우려가 있는 건축물 또는 높이 20m 이상의 건축물에는 기준에 적합한 피뢰설비를 하여야 한다.

② 태양광발전시스템 설비는 야외에 상시 노출되어 있으므로 직접뢰의 위험과 접지선 전력선을 통한 간접뢰(유도뢰)에 대한 방지대책을 강구하여야 한다.

2) 접지시스템

전기설비기술기준의 판단기준에 근거하여 설계된 도면 및 특기시방서에 의거 시공한다.

(3) CCTV 시스템

렌즈에 입사된 영상신호를 CCD에서 전기신호로 바꾸고 아날로그신호를 디지털신호로 변환 화상신호처리하여 비디오신호로 저장 및 감시기능과 센서를 통한 방범기능을 갖춘 설비이다.

1) 설치방법

① 카메라 설치 시 진동이 없도록 견고하게 설치한다.

② 회전용 카메라를 설치할 때는 하우징이 충분히 회전할 수 있도록 공간을 확보해야 한다.

③ 외부에 설치되는 카메라는 비, 눈 등의 기후영향 없이 동작될 수 있는 타입을 선택한다.

2) 렌즈

카메라의 이미지 센서를 통해 유리면에 영상을 모아 CCD에 도달하는 영상을 용도에 따라 조절하는 기구이다.

3) 영상감시 녹화기

영상과 음성을 자기테이프(비디오테이프) 또는 컴퓨터 하드디스크에 기록 재생하는 장비이다.

① 아날로그 녹화기(VTR)

영상과 음성을 자기테이프(비디오테이프)에 기록 재생하는 장비이다.

② 디지털 녹화기(DVR)

CCTV에서 입력되는 아날로그신호를 캡처보드에서 캡처 후 하드디스크(HDD)에 고화질의 디지털신호로 바꾸어 압축, 저장, 재생하는 장비이다.

4) 영상 선택기(Auto Selector)

2대 이상의 카메라를 1대의 모니터로 선택 또는 전환하여 감시하는 장비로, 카메라의 영상신호를 자동 또는 수동으로 선택하여 TV HEAD END에 전송한다.

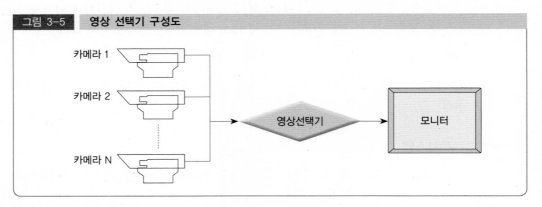

| 그림 3-5 | 영상 선택기 구성도 |

5) 영상 분배기(VDA : Video Distribution Amplifier)

카메라의 영상을 복수의 모니터에서 감시할 경우에 영상신호를 모니터 수량에 맞게 나누어 주는 장비로, 카메라의 영상신호를 디지털영상감시 녹화기와 TV HEAD END로 분배 증폭 전송한다.

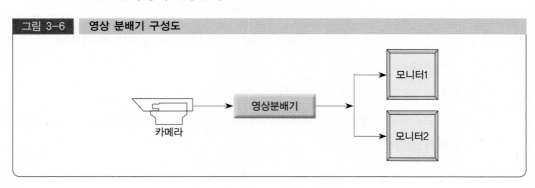

| 그림 3-6 | 영상 분배기 구성도 |

6) 쿼드(Quad)

카메라 4대의 영상을 모니터에 4분할하여 동시감시가 가능하게 하는 장비이다.

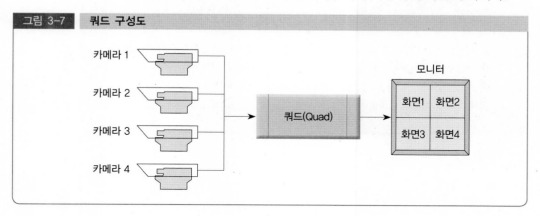

그림 3-7 **쿼드 구성도**

7) 멀티플렉스(Multiplexer)

카메라 다수의 영상을 다중녹화 및 다양한 디스플레이모드로 설정이 가능하여 화면분할을 8~16분할까지 다중감시가 가능하게 하는 장비이다.

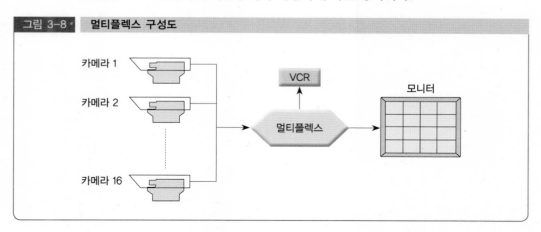

그림 3-8 **멀티플렉스 구성도**

8) 매트릭스 스위치(Matrix Switch)

복수의 카메라로부터 전송된 영상 중 원하는 화면만을 자동 또는 수동으로 다수의 모니터 또는 원하는 모니터에 영상을 자유롭게 선택표기가 가능한 장비이다.

9) CCTV 안내판 설치

CCTV를 설치할 경우에는 정보주체가 쉽게 인식할 수 있도록 CCTV 설치에 대한 목적, 장소, 촬영범위 및 시간, CCTV 관리책임관 등에 대한 안내판을 반드시 설치하여야 한다.

체크포인트

CCTV 시험항목

① 시방서에 명시된 조도에서의 카메라의 촬상
② 영상신호의 입출력 신호레벨
③ 경보확인 능력(회전속도 등)
④ 모니터의 전환상태
⑤ 경보입력 시의 모니터의 표시상태
⑥ 제어신호의 품질
⑦ 프리세트 기능의 동작상태
⑧ 보조조명의 자동점등

3 모듈 및 전기설비 설치

1. 모듈설치 및 어레이 결선

(1) 태양광발전시스템 설치공사의 절차

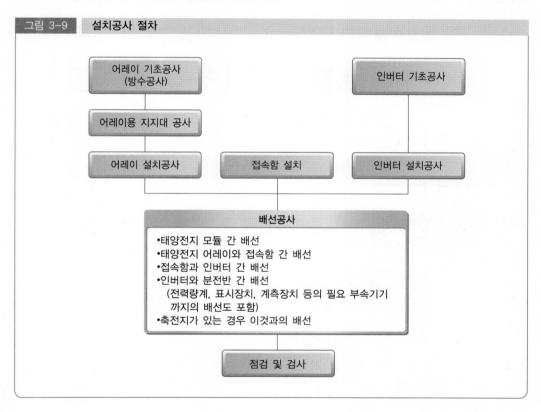

그림 3-9 설치공사 절차

- 어레이 기초공사 (방수공사)
- 어레이용 지지대 공사
- 어레이 설치공사
- 접속함 설치
- 인버터 기초공사
- 인버터 설치공사

배선공사
- 태양전지 모듈 간 배선
- 태양전지 어레이와 접속함 간 배선
- 접속함과 인버터 간 배선
- 인버터와 분전반 간 배선
  (전력량계, 표시장치, 계측장치 등의 필요 부속기기
  까지의 배선도 포함)
- 축전지가 있는 경우 이것과의 배선

점검 및 검사

① 설치공사는 크게 어레이 기초공사, 지지대공사 및 부대공사와 인버터의 기초 및 설치공사, 그리고 배선공사와 시공자에 의한 자체점검 및 검사로 구분된다.

② 철제 지지대, 금속제 외함이나 금속배관 등은 누전에 의한 사고방지를 위해 접지공사가 반드시 필요하며 인버터를 기계실 등의 실내에 설치하는 경우에는 그 기초 및 취부 기초 지지대는 실내규격으로 할 수 있다.

③ 공사에 있어서는 관련법규나 규정에 따라서 충분한 안전대책을 강구하는 것이 필요하며 특히 감전방지에 주의해야 한다.

(2) 전기공사의 절차

태양광 발전설비의 전기공사는 태양전지 모듈의 설치와 동시에 진행된다. 그림에 나타낸 것처럼, 태양전지 모듈간의 배선은 물론 접속함이나 인버터 등과 같은 설비와 이들 기기 상호 간을 순차적으로 접속한다.

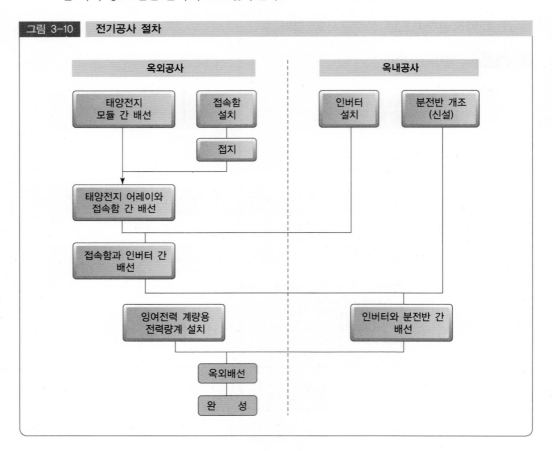

그림 3-10 전기공사 절차

(3) 모듈설치

1) 모듈 운반 및 설치 전 검토사항

① 모듈의 파손방지를 위해 충격이 가해지지 않도록 주의한다.

② 인력으로 모듈의 운반 시 2인 1조로 한다.

③ 자재반입 시에 기중기차를 사용하는 경우, 기중기의 붐대 선단이 배전선로에 근

접할 때, 공사착공 전에 전력회사와 사전협의 하에 절연전선 또는 전력케이블에 보호관을 씌우는 등의 보호조치를 실시한다.

④ 접속하지 않은 모듈의 리드선은 이물질이 유입되지 않도록 주의한다.

⑤ 설치 전 설계도면 및 특기시방서를 검토한다.

⑥ 모듈제조사가 제공하는 설치메뉴얼을 검토한다.

2) 모듈설치 방법

① 가로깔기

모듈의 긴 쪽이 상하가 되도록 설치하는 것을 말한다.

② 세로깔기

모듈의 긴 쪽이 좌우가 되도록 설치하는 것을 말한다.

3) 모듈설치 시 고려사항

① 모듈의 설치 및 제거는 1장 단위로 이루어지도록 하며 작업의 용이성을 위해 윗면에서 모듈을 고정하는 방법을 권장한다.

② 태양전지의 온도상승을 억제하기 위해 모듈과 지붕면의 사이에 10cm 정도 공간이 생기도록 한다.

③ 모듈의 지지점은 하중의 균형을 고려하여 1 : 3 : 1의 포인트로 할 것을 권장한다.

④ 모듈과 가대의 지붕재료 접촉부에는 실리콘, 고무, 스폰지 등 완충재를 설치한다.

⑤ 모듈의 접지는 1개의 모듈이 해체되더라도 전기적 연속성이 유지되도록 각 모듈에서 접지단자까지 접지선을 각각 설치한다.

4) 모듈설치 시 안전관리 대책

① 복장 및 추락방지

- 안전모 착용
- **안전대 착용**(추락 방지를 위해 필히 사용할 것)
- **안전화**(미끄럼 방지의 효과가 있는 신발)
- **안전허리띠 착용**(공구, 공사 부재의 낙하 방지를 위해 사용된다)

② 작업 중 감전방지 대책

- 작업 전 태양전지 모듈표면에 차광막을 씌워 태양광을 차폐한다.
- 저압 절연장갑을 착용한다.
- 절연처리된 공구를 사용한다.
- 강우 시에는 감전사고 뿐만 아니라 미끄러짐으로 인한 추락사고로 이어질 우려가 있으므로 작업을 금지한다.

5) 모듈의 고정 및 접지 방법

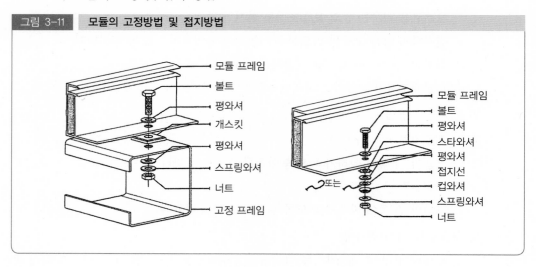

그림 3-11 　모듈의 고정방법 및 접지방법

(4) 어레이 결선

1) 어레이 결선 전 검토사항

① 설계도면 및 특기시방서 상의 직렬수와 병렬수를 확인한다.

② 모듈용량 계산서 상의 직렬수와 병렬수를 확인한다.

③ 모듈제조사가 제공하는 메뉴얼의 결선방법을 검토한다.

2) 어레이 직병렬 연결 시 고려사항

① 태양전지 모듈을 포함한 모든 부분은 노출되지 않도록 시설해야한다.

② 모듈의 배선은 바람에 흔들리지 않도록 케이블 타이, 스테이플, 스트랩 또는 행거나 이와 유사한 부속으로 130cm 이내의 간격으로 단단히 고정하여 가장 많이 늘어진 부분이 모듈면으로부터 30cm 내에 들도록 하고, 태양전지 모듈의 출력 배선은 군별·극성별로 확인할 수 있도록 표시해야 한다.

③ 추적형 모듈과 같이 가동형 부분에 사용하는 배선은 가혹한 용도의 옥외용 가요전선이나 케이블을 사용해야 하며, 수분과 태양광으로 인해 열화 되지 않는 소재로 제작된 것이어야 한다.

④ 태양전지 모듈 간 각 직렬군은 동일한 단락전류를 가진 모듈로 구성해야 하며 1대의 인버터에 연결된 태양전지 모듈 직렬군이 2병렬 이상일 경우에는 각 직렬군의 출력전압이 동일하게 형성되도록 배열해야 한다.

⑤ 태양전지 모듈 간의 배선은 단락전류에 충분히 견딜 수 있도록 2.5mm² 이상의 전선을 사용해야 한다.

⑥ 케이블이나 전선은 모듈 이면에 설치된 전선관에 설치되거나 가지런히 배열 및 고정되어야 하며, 이들의 최소 굴곡반경은 각 지름의 6배 이상이 되도록 한다.

⑦ 태양전지 모듈 설치 시는 극성에 유의하여 모듈결선 시에는 전원구성을 정확히 확인한 후 도면에 따라 연결한다.

⑧ 배선 접속부는 용융접착테이프와 보호테이프로 감아 빗물 등이 유입되지 않도록 한다.

3) 커넥터(접속 배선함)

① 태양전지 모듈의 프레임은 냉간압연강판 또는 알루미늄 재질을 사용하여 밀봉처리되어 빗물침입을 방지하는 구조이어야 하며 부착할 경우에는 흔들림이 없도록 고정되어야 한다.

② 태양전지 모듈 결선 시에 접속배선함 구멍에 맞추어 압착단자를 사용하여 견고하게 전선을 연결해야 하며 접속배선함 연결부위는 방수용 커넥터를 사용한다.

체크포인트

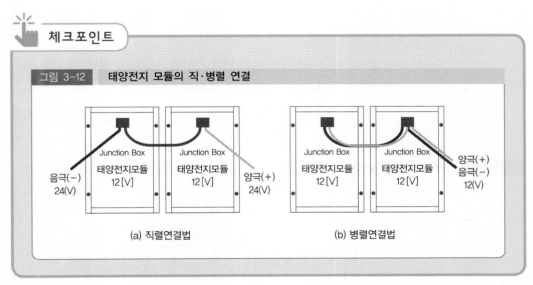

그림 3-12 **태양전지 모듈의 직·병렬 연결**

(a) 직렬연결법   (b) 병렬연결법

---

2. 접속함 설치

(1) 접속함 설치 전 검토사항

① 설계도면 및 특기시방서 상의 접속함 설치방법을 확인한다.

② 어레이 접속함에 접속하는 스트링 수 및 번호를 확인한다.

③ 접속함 제조사가 제공하는 메뉴얼의 전기적 기계적 방법을 검토한다.

(2) 접속함 설치 시 고려사항

① 접속함은 일반적으로 어레이 근처에 설치한다.

② 접속반 내 직류입력단에는 퓨즈를 설치한다.

③ 역전류방지다이오드의 용량은 모듈 단락전류의 2배 이상이어야 한다.

④ 태양전지 모듈 결선 시에 접속배선함 구멍에 맞추어 압착단자를 사용하여 견고하게 전선을 연결해야 하며 접속배선함 연결부위는 방수용 커넥터를 사용한다.

(3) 접속함 결선

1) 접속함 결선 전 검토사항

① 설계도면 및 특기시방서 상의 접속함 결선방법을 확인한다.

② 어레이 접속함에 접속하는 스트링 수 및 번호를 확인한다.

③ 접속함 제조사가 제공하는 메뉴얼의 접속함 결선을 검토한다.

2) 접속함 결선 시 고려사항

① 태양전지 모듈의 이면으로부터 접속용 케이블이 2가닥씩 나오기 때문에 반드시 극성을 확인한 후 결선한다.

② 케이블은 건물마감이나 런닝보드의 표면에 가깝게 시공해야 하며, 필요할 경우 전선관을 이용하여 물리적 손상으로부터 보호해야 한다.

③ 태양전지 모듈은 스트링 필요매수를 직렬로 결선하고, 어레이 지지대 위에 조립한다.

| 그림 3-13 | 어레이 배선 시공도 |

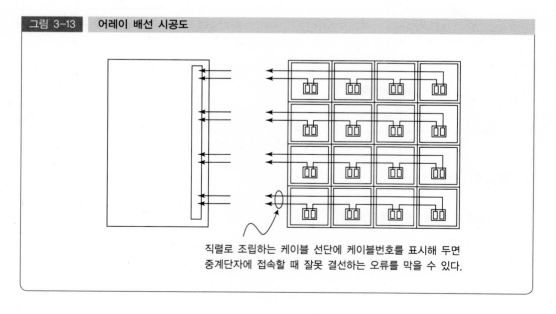

직렬로 조립하는 케이블 선단에 케이블번호를 표시해 두면 중계단자에 접속할 때 잘못 결선하는 오류를 막을 수 있다.

④ 케이블을 각 스트링으로부터 접속함까지 배선하여 그림과 같이 접속함 내에서 병렬로 결선한다. 이 경우 케이블에 스트링번호를 기입해 두면 차후의 점검에 편리하다.

⑤ 옥상 또는 지붕위에 설치한 태양전지 어레이로부터 접속함으로 배선할 경우 처마밑 배선을 실시한다. 이 경우 그림과 같이 물의 침입을 방지하기 위한 차수처리를 반드시 해야 한다.

[그림 3-15]는 엔트런스캡을 이용한 시공 예를 나타낸 것이다.

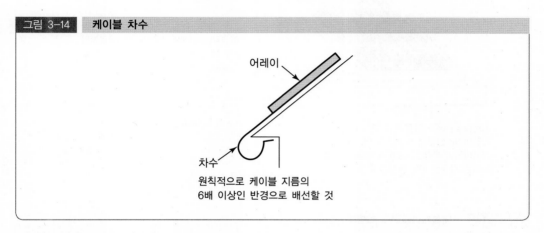

그림 3-14 케이블 차수

어레이

차수

원칙적으로 케이블 지름의
6배 이상인 반경으로 배선할 것

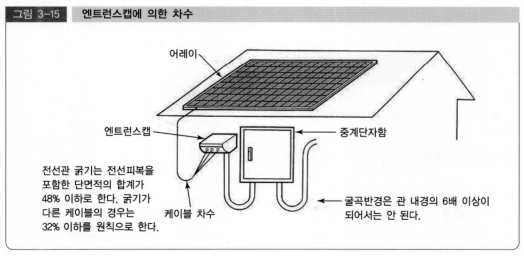

그림 3-15 엔트런스캡에 의한 차수

어레이

엔트런스캡

중계단자함

전선관 굵기는 전선피복을
포함한 단면적의 합계가
48% 이하로 한다. 굵기가
다른 케이블의 경우는
32% 이하를 원칙으로 한다.

케이블 차수

굴곡반경은 관 내경의 6배 이상이
되어서는 안 된다.

⑥ 접속함은 일반적으로 어레이 근처에 설치한다. 그러나 건물의 구조나 미관 상 설치 장소가 제한될 수 있으며, 이 때에는 점검이나 부품을 교환하는 경우 등을 고려하여 설치해야 한다.

⑦ 태양광 전원회로와 출력회로는 격벽에 의해 분리되거나 함께 접속되어 있지 않을 경우 동일한 전선관, 케이블트레이, 접속함 내에 시설하지 않아야 한다.

⑧ 태양전지 어레이를 지상에 설치하는 경우에는 지중배선을 할 수 있다. 이때의 시공 방법을 [그림 3-16]부터 [그림 3-18]까지 나타내었다.

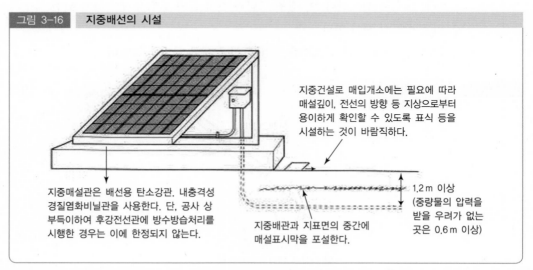

그림 3-16 지중배선의 시설

지중건설로 매입개소에는 필요에 따라 매설깊이, 전선의 방향 등 지상으로부터 용이하게 확인할 수 있도록 표식 등을 시설하는 것이 바람직하다.

지중매설관은 배선용 탄소강관. 내충격성 경질염화비닐관을 사용한다. 단, 공사 상 부득이하여 후강전선관에 방수방습처리를 시행한 경우는 이에 한정되지 않는다.

지중배관과 지표면의 중간에 매설표시막을 포설한다.

1.2 m 이상 (중량물의 압력을 받을 우려가 없는 곳은 0.6 m 이상)

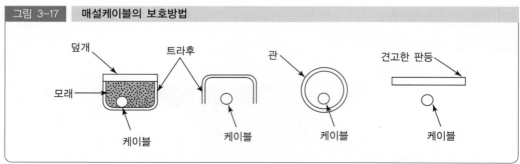

그림 3-17 매설케이블의 보호방법

덮개   트라후

모래

케이블   케이블   케이블   케이블

관   견고한 판등

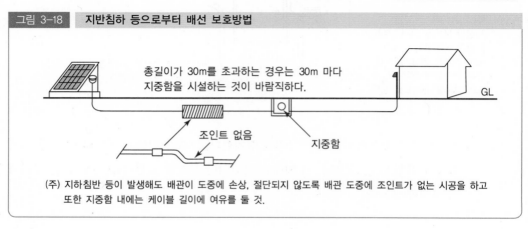

그림 3-18 지반침하 등으로부터 배선 보호방법

총길이가 30m를 초과하는 경우는 30m 마다 지중함을 시설하는 것이 바람직하다.

GL

조인트 없음   지중함

(주) 지하침반 등이 발생해도 배관이 도중에 손상, 절단되지 않도록 배관 도중에 조인트가 없는 시공을 하고 또한 지중함 내에는 케이블 길이에 여유를 둘 것.

지중배선 또는 지중배관인 경우, 중량물의 압력을 받을 우려가 없도록 하고 그 길이가 30m를 초과하는 경우는 중간개소에 지중함을 설치할 수 있다.

3. 태양광 인버터 설치

(1) 인버터 설치 전 검토사항

① 설계도면 및 특기시방서 상의 인버터 설치방법을 확인한다.
② 인버터에 접속하는 접속함 회로 수 및 번호를 확인한다.
③ 인버터 제조사가 제공하는 메뉴얼의 전기적 기계적 설치방법을 검토한다.

(2) 인버터(파워컨디셔너, PCS) 설치 시 고려사항

① 옥내용, 옥외용을 구분하여 설치하여야 한다. 단 옥내용을 옥외에 설치하는 경우에는 5kW 이상 용량일 경우에만 가능하며, 이 경우 빗물의 침투를 방지할 수 있도록 옥내에 준하는 수준으로 설치해야 한다.
② 정격용량은 인버터에 연결된 모듈의 정격용량 이상이어야 하며, 각 스트링 단위의 태양전지 모듈의 출력전압은 인버터 입력전압 범위 내에 있어야 한다.

(3) 전력품질 및 공급의 안정성

① 태양광 발전설비가 계통전원과 공통접속점에서의 전압을 능동적으로 조절하지 않도록 하며, 해당 수용가의 전압과 해당 발전설비로 인해 기타 수용가의 표본측정 지점에서의 전압이 표준전압에 대한 전압유지범위를 벗어나지 않도록 한다.
② 만약 이 범위를 유지하지 못하는 경우, 전력회사와 협의해 수용가의 자동전압 조정장치, 전용변압기 또는 전용선로 설치 등의 적절한 조치를 취해야 한다.
③ 저압연계의 경우, 수용가에서 역조류가 발생했을 때 저압배전선 각부의 전압이 상승해 적정치를 이탈할 우려가 있으므로 해당 수용가는 다른 수용가의 전압이 표준전압을 유지하도록 하기 위한 대책을 실시한다.
④ 전압상승 대책은 개개의 연계마다 계통측 조건과 발전설비측 조건을 고려해 전력회사와 협의하는 것이 기본이나, 개별협의기간 단축과 비용절감 측면에서 대책에 대해 표준화하여 두는 것이 바람직하다.
⑤ 특고압 연계 시에는 중부하 시 태양광 발전원을 분리시킴으로써 기타 수용가의 전압이 저하될 수 있으며, 역조류에 의해 계통전압이 상승할 수 있다.

⑥ 전압변동의 정도는 부하의 상황, 계통구성, 계통운용, 설치점, 자가용 발전설비의 출력 등에 의해 다르므로, 개별적인 검토가 필요하다.

⑦ 전압변동 대책이 필요한 경우는 수용가는 자동전압 조정장치를 설치할 필요가 있으며, 대책이 불가능할 경우에는 배전선을 증강하거나 또는 전용선으로 연계하도록 한다.

⑧ 태양광 발전원에 의해 계통으로 투입되는 고조파전류는 공통접속점에서 측정한 값이 [표 3-1]에 제시된 한계치를 초과하지 않아야 한다.

표 3-1	전류에 대한 백분율로 나타낸 최대 고조파 전류 왜형					
고조파 치수	<11	11≤h<17	17≤h<23	23≤h<35	35≤h	TDD
비율(%)	4.0	2.0	1.5	0.6	0.3	5.0

⑨ 고조파 관리 시 전압 왜형율은 전력회사에서 계통운용에 필요한 관리 목표치이며, 전류 왜형율은 각 전기설비로부터 전력계통에 유출되는 고조파 전류를 억제하기 위해 관리하는 값이므로, 신재생에너지전원에 의한 고조파 영향을 제한하기 위해서는 연계계통으로 유출되는 고조파 전류에 대한 제한치를 두어 관리하는 것이 타당하다.

⑩ 따라서 태양광 발전원으로부터 배전계통으로 유입되는 고조파 전류의 기준치로서 현재 국제적으로 통용되고 있는 IEEE P1547과 IEEE 519에서 규정한 고조파 전류 값을 적용해 TDD(Total Demand Distortion)를 고조파 지수로 활용한다.

■ **전 고조파 왜형률**(THD : Total Harmonic Distortion[%])

① 전압 고조파 왜형률(V_{THD} [%])

$$V_{THD} = \frac{\sqrt{V_2^2 + V_3^2 + \cdots V_n^2}}{V_1} \times 100[\%]$$

② 전류 고조파 왜형률(I_{THD} [%])

$$I_{THD} = \frac{\sqrt{I_2^2 + I_3^2 + \cdots I_n^2}}{I_1} \times 100[\%]$$

⑪ 태양광 발전원을 설치하는 수용가의 공통접속점에서의 역률은 원칙적으로 지상 역률 90% 이상으로 하며, 진상역률이 되지 않도록 한다.

⑫ 역조류가 없는 경우, 발전장치 내의 인버터는 역률 100% 운전을 원칙으로 하며, 발전설비의 종합역률은 지상역률 95% 이상이 되도록 한다. 단, 전압변동 기술요건을 유지하기 힘든 경우에는 전력회사와 개별적으로 협의한다.

⑬ 태양광 발전원과의 연계계통에서 발생하는 플리커는 다음의 한계치 이내에 있어야 한다.

(1) 저압계통에서의 플리커 한계치
① 단시간(10분) Pst ≤ 1
② 장시간(2시간) Plt ≤ 0.65
(2) 특고압 계통에서의 플리커 한계치
① 단시간(10분) Pst ≤ 0.9
② 장시간(2시간) Plt ≤ 0.7
(3) 저압 및 특고압 계통연계점에서의 태양광 발전원에 의한 플리커 방출 한계치
① 단시간(10분) Epsti ≤ 0.35
② 장시간(2시간) Eplti ≤ 0.25

⑭ 계통 주파수가 비정상 범위 내에 있을 경우 30kW 이하의 수용가는 계통 주파수가 60.5Hz보다 작을 경우 0.16초 이내에 한전계통에 대한 가압을 중지하여야 한다.

그림 3-19 | **접속함 내부 결선도**

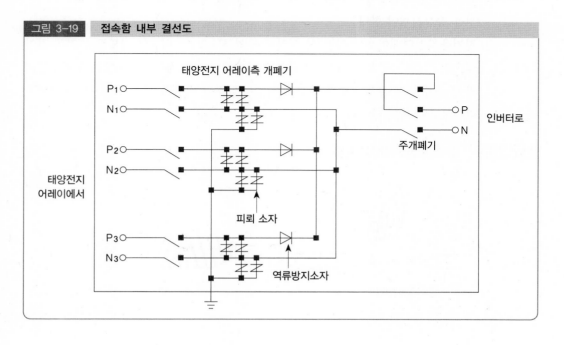

4. 전기설비 설치

(1) 케이블 공사

① 케이블을 구부리는 경우에는 피복이 손상되지 아니하도록 하고, 그 굴곡부의 곡률 반경은 원칙적으로 케이블 완성품 외경의 6배(단심의 것은 8배) 이상으로 한다.

② 케이블을 건축구조물의 아래면 또는 옆면에 따라 고정하는 경우는 2m 마다 지지하며 그 피복을 손상하지 않도록 시설한다.. 다만 천정 속 은폐노출 배선인 경우에는 1.5m 마다 고정한다.

③ 케이블은 일렬설치를 원칙하며, 2m 마다 케이블 타이로 묶는다. 다만 수직으로 포설 되는 경우에는 0.4m 마다 고정한다.

④ 가교폴리에틸렌 절연케이블은 접속 시 수분침입으로 수트리 현상에 의한 절연파괴 사고방지를 위하여 우천 시, 습기가 많은 경우에는 시행하지 아니하며 작업자의 땀 등이 침입하거나 물방울 등이 침입하지 아니하도록 유의한다.

⑤ 태양전지에서 옥내에 이르는 배선에 쓰이는 전선은 모듈전용선 또는 구입이 쉽고 작업성이 편리하며 장기간 사용해도 문제가 없는 XLPE 케이블이나 이와 동등 이상의 제품 또는 직류용 전선을 사용하고 옥외에는 UV 케이블을 사용한다.

⑥ XLPE 케이블의 XLPE 절연체는 내후성이 약하므로, 비닐시스가 벗겨져 절연체가 노출된 채로 장기간 사용하면 절연체에 균열이 생겨 절연불량을 야기하는 원인이 된다. 이것을 방지하기 위해 자기융착테이프 및 보호테이프를 절연체에 감아 내후성을 향상시켜야 한다.

⑦ 자기융착절연테이프는 시공 시 테이프 폭이 3/4으로부터 2/3 정도로 중첩해 감아 놓으면 시간이 지남에 따라 융착하여 일체화된다. 자기융착테이프에는 부틸고무제와 폴리에틸렌 +부틸고무가 합성된 제품이 있지만 저압의 경우 부틸고무제는 일반적으로 사용하지 않는다.

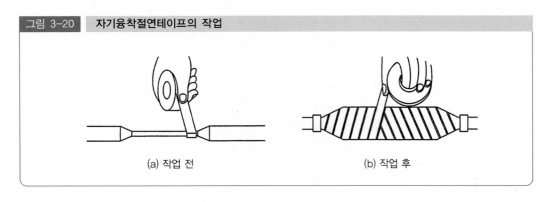

그림 3-20 　자기융착절연테이프의 작업

(a) 작업 전　　　　　　　　(b) 작업 후

⑧ 자기융착테이프의 열화를 방지하기 위해 자기융착테이프 위에 다시 한번 감아 주는 보호테이프가 있다.

⑨ 비닐절연테이프는 장기간 사용하면 점착력이 떨어질 가능성이 있기 때문에 태양광 발전설비처럼 장기간 사용하는 설비에는 적합하지 않다.

(2) 기기단자와 케이블 접속

태양전지 모듈 및 개폐기 그 밖의 기구에 전선을 접속하는 경우에는 나사조임 그 밖에 이와 동등 이상의 효력이 있는 방법에 의하여 견고하고 또한 전기적으로 완전하게 접속함과 동시에 접속점에 장력이 가해지지 않도록 해야 한다. 또한, 모선의 접속부분은 조임의 경우 지정된 재료, 부품을 정확히 사용하고 다음에 유의하여 접속한다.

① 볼트의 크기에 맞는 토크렌치를 사용하여 규정된 힘으로 조여 준다.

② 조임은 너트를 돌려서 조여 준다.

③ 2개 이상의 볼트를 사용하는 경우 한쪽만 심하게 조이지 않도록 주의한다.

④ 토크렌치의 힘이 부족할 경우 또는 조임작업을 하지 않은 경우에는 사고가 일어날 위험이 있으므로, 토크렌치에 의해 규정된 힘이 가해졌는지 확인할 필요가 있다.

표 3-2	모선 볼트의 크기에 따른 힘 적용				
볼트의 크기	M6	M8	M10	M12	M16
힘(kg/cm^2)	50	120	240	400	850

5. 변압기 설치

① 진동방지를 위해 변압기는 방진고무(두께 12mm 이상)를 설치하여야 한다.

② 설치용 기초는 패널 또는 앵글로 제작하고 기초 콘크리트에 매입되는 것은 녹막이칠을 하지 않는다.

③ 기기의 설치는 앵커볼트 등으로 바닥과 고정이 되도록 하여 내진에 대비하여야 한다.

④ 기기의 반입은 작업능률을 높이기 위하여 시공도면을 검토하여 반입구 측에서 먼쪽의 기기부터 반입설치를 하고 기기는 운반 중에 손상을 막기 위해 포장상태로 반입해서 실내에서 해체하여야 한다.

4 시운전

1. 신재생에너지 발전설비의 설치상태 확인

(1) 태양전지판

① 모듈

센터에서 인증한 태양전지 모듈을 사용하여야 한다. 단, 건물일체형 태양광시스템의 경우 인증모델과 유사한 형태(태양전지의 종류와 크기가 동일한 형태)의 모듈을 사용할 수 있으며, 이 경우 용량이 다른 모듈에 대해 신·재생에너지 설비인증에 관한 규정상의 발전성능시험 결과가 포함된 시험성적서를 제출하여야 한다.

기타 인증대상설비가 아닌 경우에는 분야별위원회의 심의를 거쳐 신재생에너지센터소장이 인정하는 경우 사용할 수 있다.

② 설치용량

설치용량은 사업계획서 상에 제시된 설계용량 이상이어야 하며, 설계용량의 103%를 초과하지 않아야 한다.

③ 방위각

그림자의 영향을 받지 않는 곳에 정남향 설치를 원칙으로 하되, 건축물의 디자인 등에 부합되도록 현장여건에 따라 설치할 수 있다.

④ 경사각

현장여건에 따라 조정하여 설치할 수 있다.

⑤ 일사시간

㉠ 장애물로 인한 음영에도 불구하고 일사시간은 1일 5시간(춘분 : 3~5월, 추분 : 9~11월 기준) 이상이어야 한다. 단, 전기줄, 피뢰침, 안테나 등 경미한 음영은 장애물로 보지 아니한다.

㉡ 태양광 모듈 설치 열이 2열 이상일 경우 앞열은 뒷열에 음영이 지지 않도록 설치하여야 한다.

(2) 지지대 및 부속자재

① 설치상태

바람, 적설하중 및 구조하중에 견딜 수 있도록 설치하여야 한다. 건축물의 방수 등에 문제가 없도록 설치하여야 하며 볼트조립은 헐거움이 없이 단단히 조립하여야 한다. 단, 모듈지지대의 고정볼트에는 스프링와셔 또는 풀림방지너트 등으로 체결한다.

② 지지대, 연결부, 기초(용접부위 포함)

태양전지판 지지대 제작 시 형강류 및 기초지지대에 포함된 철판부위는 용융아연도금처리 또는 동등 이상의 녹방지처리를 하여야 하며, 절단가공 및 용접부위는 방식처리를 하여야 한다.

③ 체결용 볼트, 너트, 와셔(볼트캡 포함)

용융아연도금처리 또는 동등 이상의 녹방지처리를 하여야 하며 기초 콘크리트 앵커볼트 부분은 볼트캡을 착용하여야 하며, 체결부위는 볼트규격에 맞는 너트 및 스프링 와셔를 삽입, 체결하여야 한다.

(3) 전기배선 및 접속함

① 연결전선

태양전지에서 옥내에 이르는 배선에 쓰이는 전선은 모듈전용선 또는 TFR-CV선을 사용하여야 하며, 전선이 지면을 통과하는 경우에는 피복에 손상이 발생되지 않게 별도의 조치를 취해야 한다.

② 커넥터(접속 배선함)

㉠ 태양전지판의 프레임을 부착할 경우에는 흔들림이 없도록 고정되어야 한다.

㉡ 태양전지판 결선 시에 접속배선함 구멍에 맞추어 압착단자를 사용하여 견고하게 전선을 연결해야 하며, 접속배선함 연결부위는 일체형 전용커넥터를 사용한다.

③ 태양전지판 배선

태양전지판 배선은 바람에 흔들림이 없도록 케이블 타이(Cable Tie) 등으로 단단히 고정하여야 하며, 태양전지판의 출력배선은 군별·극성별로 확인할 수 있도록 표시하여야 한다.

④ 태양전지판 직·병렬상태

태양전지 각 직렬군은 동일한 단락전류를 가진 모듈로 구성하여야 하며 1대의 인버터에 연결된 태양전지 직렬군이 2병렬 이상일 경우에는 각 직렬군의 출력전압이 동일하게 형성되도록 배열하여야 한다.

⑤ 역전류방지다이오드

㉠ 1대의 인버터에 연결된 태양전지 직렬군이 2병렬 이상일 경우에는 각 직렬군에 역전류방지다이오드를 별도의 접속함에 설치하여야 하며, 접속함은 발생하는 열을 외부에 방출할 수 있도록 환기구 및 방열판 등을 갖추어야 한다.

ⓛ 용량은 모듈 단락전류의 2배 이상이어야 하며 현장에서 확인할 수 있도록 표시
하여야 한다.

⑥ 접속반

접속반의 각 회로에서 퓨즈가 단락되어 전류차가 발생할 경우 LED조명등 표시(육
안확인 가능) 등의 경보장치를 설치하여야 한다. 단, 주택지원사업의 태양광 주택의
경우, 외부에서 확인 가능한 조명등 또는 경보장치를 설치하여야 하며, 실내에서
확인 가능한 경우에는 예외로 한다.

⑦ 접지공사

전기설비 기술기준에 따라 접지공사를 하여야 하며, 낙뢰의 우려가 있는 건축물 또
는 높이 20m 이상의 건축물에는 건축물의 설비기준 등에 관한 규칙 제20조(피뢰설
비)에 적합하게 피뢰설비를 설치하여야 한다.

⑧ 전압강하

태양전지판에서 인버터 입력단간 및 인버터 출력단과 계통연계점 간의 전압강하는
각 3%를 초과하여서는 아니 된다. 단, 전선의 길이가 60m를 초과하는 경우에는 아
래표에 따라 시공할 수 있다. 전압강하(또는 측정치)를 설치확인신청 시에 제출하여
야 한다.

표 3-3	전선길이에 따른 전압강하
전선길이	전압강하
120m 이하	5%
200m 이하	6%
200m 초과	7%

⑨ 전기공사

전기사업법에 의한 사용전 점검 또는 사용전 검사에 하자가 없도록 시설을 준공하
여야 한다.

(4) 인버터(파워컨디셔너)

① 제품

센터에서 인증한 인증제품을 설치하여야 하며, 해당용량이 없어 인증을 받지 않은
제품을 설치할 경우에는 신·재생에너지설비인증에 관한 규정 상의 효율시험 및
보호기능시험이 포함된 시험성적서를 제출하여야 한다. 기타 인증대상설비가 아닌

경우에는 제39조의 분야별위원회의 심의를 거쳐 신재생에너지센터소장이 인정하는 경우 사용할 수 있다.

② 설치상태

옥내·옥외용을 구분하여 설치하여야 한다. 단, 옥내용을 옥외에 설치하는 경우는 5kW 이상 용량일 경우에만 가능하며 이 경우 빗물침투를 방지할 수 있도록 옥내에 준하는 수준으로 외함 등을 설치하여야 한다.

③ 설치용량

인버터의 설치용량은 설계용량 이상이어야 하고, 인버터에 연결된 모듈의 설치용량은 인버터의 설치용량 105% 이내이어야 한다. 단, 각 직렬군의 태양전지 개방전압은 인버터 입력전압 범위 안에 있어야 한다.

④ 표시사항

입력단(모듈출력)의 전압, 전류, 전력과 출력단(인버터출력)의 전압, 전류, 전력, 역률, 주파수, 누적발전량, 최대출력량(Peak)이 표시되어야 한다.

(5) 기타

① 명판

㉠ 모든 기기는 용량, 제작자 및 그 외 기기별로 나타내어야 할 사항이 명시된 명판을 부착하여야 한다.

㉡ 신·재생에너지설비 명판설치기준의 명판을 제작하여 인버터 전면에 부착하여야 한다.

② 가동상태

인버터, 전력량계, 모니터링 설비가 정상작동을 하여야 한다.

③ 모니터링 설비

『모니터링시스템 설치기준』에 적합하게 설치하여야 한다.

④ 운전교육

전문기업은 설비 소유자에게 소비자 주의사항 및 운전매뉴얼을 제공하여야 하며 운전교육을 실시하여야 한다.

⑤ 건물일체형 태양광시스템(BIPV : Building Integrated PhotoVoltaic))

㉠ 건물일체형 태양광시스템(BIPV:Building Integrated PV)이란 태양광 모듈을 건축물에 설치하여 건축 부자재의 역할 및 기능과 전력생산을 동시에 할 수 있는 시스템으로 창호, 스팬드럴, 커튼월, 이중파사드, 외벽, 차양시설, 아트리움, 셍글, 지붕재, 캐노피, 테라스, 파고라 등을 범위로 한다. 건물일체형 태양광시스템은 전

력생산 및 부자재의 기능을 동시에 고려하여 건축물의 형상과 조화를 이루면서 동시에 지역의 방위각 및 경사각 변화에 따른 발전량 분포를 참고하여 발전량을 극대화할 수 있는 위치를 선정하여야 한다.

ⓛ 신청자(소유자, 발주처 등을 포함), 설계자 및 시공자는 다음의 사항을 준수하여 설계·시공하고, 감리원은 확인하여야 한다.

- 「건축물의 설비기준 등에 관한 규칙」(국토해양부령) 및 「건축물에너지절약설계기준」(국토해양부고시)에 의해 단열을 해야 하는 BIPV와 연결된 건축물 부위에는 열손실 방지대책을 설계, 시공 시 반영하여야 한다.
- 모듈온도 상승에 의한 모듈 등 건축 부자재 파괴를 방지하고 발전량 저감을 최소화할 수 있도록 하기 위해 모듈배면으로의 태양일사 유입을 최소화하거나 모듈배면에 통풍이 가능한 방안을 설계, 시공 시 반영하여야 한다. 특히 내부 공기량이 적은 스팬드럴 등의 부위에 설치되는 경우, 백쉬트 방식을 적용하거나 GTOG(Glass To Glass)방식의 경우 모듈의 셀 대비 유리면적 비율축소, 일사획득계수가 낮은 BIPV 창호적용 등 실내로의 태양일사 유입을 최소화하기 위한 적절한 방안을 설계 시 반영하여야 한다.
- 방수기능은 외부의 비 또는 눈을 차단하는 것으로 모듈은 물론 모듈 외의 건축 외피와 모듈 사이의 접합부위 및 모듈간의 접합부위를 밀실하게 하여야 한다.

⑥ 역전류방지다이오드 용량, 모듈사양 또는 지지대(재료, 연결부, 기초 등)에 대한 표시 및 부착상태 등 육안으로 확인이 어려운 경우에는 관련규격서 또는 검수자료 등으로 확인할 수 있다.

설치확인 현장점검표

1. 태양광설비 현장점검표

(1) 설치개요

확인사항		내 용		
설치형태		□ 독립형　　□ 연계형 / □ 고정형　　□ 추적형 / □ PV　　□ BIPV		
설치경사각 및 방향	모듈1	방위각 (　　)도, 경사각 (　　)도 (북 0, 동 90, 남 180, 서 270)		
	모듈2	방위각 (　　)도, 경사각 (　　)도 (북 0, 동 90, 남 180, 서 270)		
설치위치		□ 옥외　　□ 옥상　　□ 경사지　　□ 건물일체형　　□ 기타(　　　　)		
모듈1	모델명	출력[Wp]		수량(매)
모듈2	모델명	출력[Wp]		수량(매)
PCS1	모델명	정격용량[kW]		수량(매)
PCS2	모델명	정격용량[kW]		수량(매)
설치 모듈(1)	수량	W × 매		
	직렬수(단)	(　　)직렬	병렬수(열)	(　　)병렬
설치 모듈(2)	수량	W × 매		
	직렬수(단)	(　　)직렬	병렬수(열)	(　　)병렬
총 설치용량	모듈	kW	PCS	kW
계통연계 방식		□ 저압연계　　　　□ 고압연계		

(2) 가동상태

종 류	확인사항		내 용
동작 상태 확인	확인일시		20 ． ． ． 시 분 ~ 시 분
	확인항목		온도(　　℃) 날씨(　　　)
	PCS1		전압AC(　V), 전류AC(　A), 주파수(　Hz), 일조량(　W/m^2)
	PCS2		전압AC(　V), 전류AC(　A), 주파수(　Hz), 일조량(　W/m^2)
	PCS출력	PCS1	kW (　시　분)
		PCS2	kW (　시　분)
	가동 후 총 누적발전량	PCS1	kWh, 총 가동일 (　　일)
		PCS2	kWh, 총 가동일 (　　일)

(3) 설치상태

NO		항목	점검위치	점검방법	판정기준	판정
1	태양 전지판	모듈	모듈 후면 또는 측면	명판의 모델, 용량 확인	• 인증제품 또는 시험성적서 　(※ BIPV의 경우, 서류로 확인 가능)	☐ 적합 ☐ 부적합 ☐ 제외
		설치용량	모듈 전면	모듈매수 확인	• 설계용량 이상	☐ 적합 ☐ 부적합 ☐ 제외
		방위각	모듈 전면	방위각계를 이용 실측	• 실측값 기재	(　　　)°
		경사각	모듈 전면	경사각계를 이용 실측	• 실측값 기재	(　　　)°
		음영발생	모듈 전면	육안 확인	• 음영 발생 여부	☐ 적합 ☐ 부적합 ☐ 제외
2	지지대 (※ BIPV의 경우, 서류 확인 가능)	설치상태	지지대 후면	육안 확인	• 바람, 적설 및 하중에 견고한 구조 • 고정볼트에 스프링 와셔 또는 풀림방지 용 너트 등으로 체결	☐ 적합 ☐ 부적합 ☐ 제외
		지지대, 연결부, 기초(용접 부위 포함)	지지대 후면	육안 확인	• 용융아연도금 또는 동등 이상 녹방지처리 • 기초부분의 앵커볼트, 너트는 볼트캡 착용 • 절단, 용접부위 방식처리	☐ 적합 ☐ 부적합 ☐ 제외
		체결용 볼 트, 너트	지지대 후면	육안 확인	• 용융아연도금 또는 동등 이상 재질 사용 • 제규격의 볼트, 너트, 와셔 삽입	☐ 적합 ☐ 부적합 ☐ 제외
	BIPV	단열(건축관 계법에 의해 단열해야 하 는 부위)	BIPV 설치 건축 부위	육안 및 서류 확인	• 건축물의 설비기준 등에 관한 규칙 및 건축물에너지절약설계기준에 의한 단열 기준 준수	☐ 적합 ☐ 부적합 ☐ 제외
		모듈온도 상승 방지 조치	BIPV 설치 부위	육안 및 서류 확인	• 태양일사 유입 최소화 또는 모듈배면 통 풍 가능한 구조 • 태양일사 유입 최소화 조치 　– 백시트 방식 또는 GTOG방식 • 모듈의 셀 대비 유리면적 비율축소 • 일사획득계수가 낮은 BIPV 창호 적용	☐ 적합 ☐ 부적합 ☐ 제외
		방수	BIPV 설치 부위	육안 및 서류 확인	• 건축외피 - 모듈 접합부위 • 모듈 - 모듈 접합부위	☐ 적합 ☐ 부적합 ☐ 제외
3	전기배선	모듈 배선	모듈 후면	육안 확인	• 바람에 흔들림이 없게 단단히 고정 • 군별, 극성별로 별도 표지	☐ 적합 ☐ 부적합 ☐ 제외

세 야

		접속함	접속함 내부	육안 확인	• 접속함에 환기구 및 방열판 설치 • 퓨즈 단선 시 경보장치 설치	☐ 적합 ☐ 부적합 ☐ 제외
		접지공사	접지위치 (지지대 등)	육안 확인	• 지중접지에 한함	☐ 적합 ☐ 부적합 ☐ 제외
		피뢰설비	설치위치	육안 확인	• 20m 이상 건축물 또는 낙뢰우려 있는 건축물	☐ 적합 ☐ 부적합 ☐ 제외
4	PCS	사양	PCS 전면 또는 측면	명판의 모델, 정격용량	• 인증제품 (없을 경우 시험성적서와 일치)	☐ 적합 ☐ 부적합 ☐ 제외
					• 정격용량은 설계치 이상	☐ 적합 ☐ 부적합 ☐ 제외
		설치상태	설치장소	옥내 · 옥외용 확인	• 옥내용을 옥외의 설치 시 옥내에 준하는 수준(외함 등)으로 설치	☐ 적합 ☐ 부적합 ☐ 제외
		PCS 입력 전압	PCS (인증서) 및 모듈 (후면명판)	PCS 입력전압 범위 및 모듈출력 전압 확인	• 모듈 개방전압(후면명판)은 PCS 입력전압(인증서)의 범위 이내	☐ 적합 ☐ 부적합 ☐ 제외
		표시사항	PCS 표시창	육안 확인	• 모듈 및 PCS의 출력 전압, 전류, 전력, 역률, Peak, 누적발전량	☐ 적합 ☐ 부적합 ☐ 제외
5	통합명판	표시항목	PCS 전면에 부착	육안 확인 (설치 완료 후)	• [별표 5] 신 · 재생에너지설비 명판설치 기준에 적합하게 부착되어 있는지 여부	☐ 적합 ☐ 부적합 ☐ 제외
6	모니터링 대상설비 (50kW 이상)	정상작동	PCS	육안 확인	• 일일발전량, 생산시간	☐ 적합 ☐ 부적합 ☐ 제외
7	가동상태	정상 조건시에	PCS 전력량계 등	육안 확인	• 정상작동	☐ 적합 ☐ 부적합 ☐ 제외
8	운전교육	운전매뉴얼	점검현장	신청자와의 면담	• 소비자 주의사항 및 운전매뉴얼 제공 • 교육 실시여부	☐ 적합 ☐ 부적합 ☐ 제외

소유자(설치자) :   (인)

소   속 :

직책(또는 직급) :

현 장 확 인 자 :   (인)

2. 발전설비 테스트

(1) 태양전지 모듈 및 어레이 검사

태양전지 모듈의 배선이 끝나면, 각 모듈의 극성 확인, 전압 확인, 단락전류 확인, 양극 중 어느 하나라도 접지되어 있지는 않은지 확인한다.

체크리스트에 확인사항을 기입하고 차후 점검을 위해 보관해 둔다.

① 전압·극성의 확인

태양전지 모듈이 바르게 시공되어, 설명서대로 전압이 나오고 있는지 양극, 음극의 극성이 바른지의 여부 등을 테스터, 직류전압계로 확인한다.

② 단락전류의 측정

태양전지 모듈의 설명서에 기재된 단락전류가 흐르는지 직류전류계로 측정한다. 타 모듈과 비교해 측정치가 현저히 다른 경우는 배선을 재차 점검한다.

③ 비접지의 확인

태양광발전설비 중 인버터는 절연변압기를 시설하는 경우가 드물기 때문에 일반적으로 직류측 회로를 비접지로 하고 있다. 비접지의 확인방법은 [그림 3-21]에 나타내었다. 또한, 통신용 전원에 사용하는 경우는 편단접지를 하는 경우가 있으므로 통신기기 제작사와 협의할 필요가 있다.

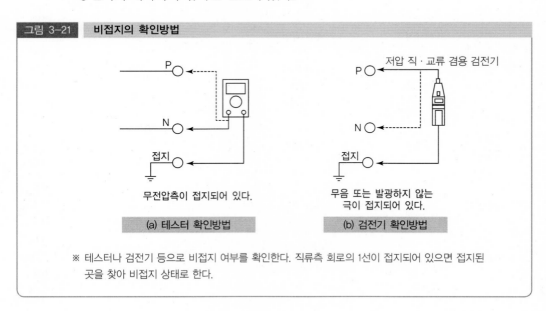

그림 3-21 **비접지의 확인방법**

(a) 테스터 확인방법
무전압측이 접지되어 있다.

(b) 검전기 확인방법
저압 직·교류 겸용 검전기
무음 또는 발광하지 않는 극이 접지되어 있다.

※ 테스터나 검전기 등으로 비접지 여부를 확인한다. 직류측 회로의 1선이 접지되어 있으면 접지된 곳을 찾아 비접지 상태로 한다.

④ 접지의 연속성 확인

모듈의 구조는 설치로 인해 접지의 연속성이 훼손되지 않은 것을 사용해야 한다.

(2) 태양전지 어레이의 출력 확인

태양광발전 어레이에서는 소정의 출력을 얻기 위해서 다수의 태양전지 모듈을 직렬 및 병렬로 접속하여 태양전지 어레이를 구성한다. 따라서 설치장소에서 접속작업을 하는 개소가 있고, 이런 접속이 틀리지 않게 했는지 정확히 확인할 필요가 있다.

또한 정기점검의 경우에도 사전에 태양전지 어레이의 출력을 확인하여 동작불량 태양전지 모듈의 발전이나 배선결함 등을 발견해야 한다.

1) 개방전압의 측정

① 개방전압 측정의 목적

 ㉠ 태양전지 어레이의 각 스트링의 개방전압을 측정하여 개방전압의 불균일에 따라 동작불량의 스트링이나 태양전지 모듈의 검출 및 직렬 접속선의 결선 누락사고 등을 검출하기 위해서 측정해야 한다.

 ㉡ 태양전지 어레이 하나의 스트링 내에 극성을 다르게 접속한 태양전지 모듈이 있으면 스트링 전체의 출력전압은 올바르게 접속한 경우의 개방전압보다 상당히 낮은 전압이 측정된다.

 ㉢ 제대로 접속된 경우의 개방전압을 카탈로그 혹은 사양서에서 확인해 두고 측정치와 비교하면 극성을 다르게 한 태양전지 모듈이 있는지를 쉽게 판단할 수 있다.

 ㉣ 일사조건이 좋지 않은 경우에 카탈로그 등에서 계산한 개방전압과 다소 차이가 있는 경우에도 다른 스트링의 측정결과와 비교하면 오접속의 태양전지 모듈의 유무를 판단할 수 있다.

② 개방전압 측정 시 유의사항

 ㉠ 태양전지 어레이의 표면을 청소하는 것이 필요하다.

 ㉡ 각 스트링의 측정은 안정된 일사강도가 얻어질 때 하도록 한다.

 ㉢ 측정시각은 일사강도, 온도의 변동을 극히 적게 하기 위하여 맑을 때, 남쪽에 있을 때의 전후 1시간에 실시하는 것이 바람직하다.

 ㉣ 태양전지는 비오는 날에도 미소한 전압을 발생하고 있으므로 매우 주의하여 측정해야 한다.

③ 개방전압 측정방법

 ㉠ 시험기재 : 직류전압계(테스터)

 ㉡ 회로도 : 개방전압 측정회로

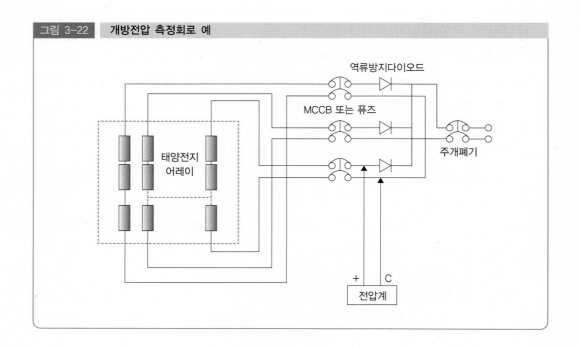

그림 3-22 개방전압 측정회로 예

측정순서

① 접속함의 출력개폐기를 OFF한다.

② 접속함의 각 스트링 MCCB 또는 퓨즈를 OFF한다.

③ 각 모듈이 그늘로 되어 있지 않은 것을 확인한다(각 모듈의 균일한 일조조건에 되기 쉬운 약간 흐림이라는 평가를 하기 쉽다. 단, 아침이나 저녁의 작은 일사조건은 피한다).

④ 측정하는 스트링의 단로스위치만 ON하여, 직류전압계로 각 스트링의 P-N 단자 간의 전압을 측정한다. 테스터를 이용한 경우 실수하여 전류측정 렌지로 하면 단락전류가 흐를 위험이 있기 때문에 주의를 해야 한다. 또한 디지털 테스터를 이용하는 경우는 극성표시(+, -)를 확인해야 한다.

⑤ 평가

　㉠ 각 스트링의 개방전압의 값이 특정 시의 조건하에서 타당한 값인지 확인한다.

　㉡ 각 스트링의 전압의 차가 모듈 1매분 개방전압의 1/2 보다 적을 것을 목표로 한다.

④ 일조량과 온도 변화에 따른 개방전압 특성곡선

　개방전압 특성곡선에서 알 수 있듯이 일조량의 차이에 의한 모듈의 출력전압 변화는 적으나 모듈표면의 온도에 따른 개방전압 변화는 지수 함수적 부(-)의 특성을 지니므로 측정 시 이를 고려하여야 한다.

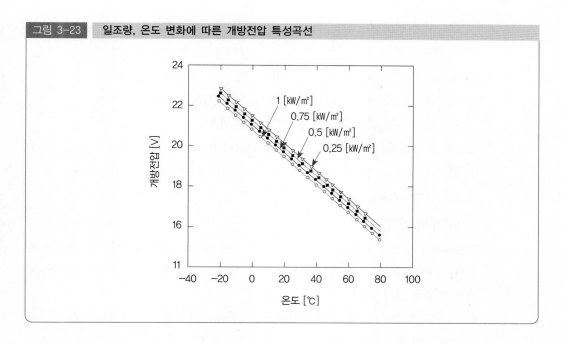

그림 3-23 일조량, 온도 변화에 따른 개방전압 특성곡선

2) 단락전류의 확인

① 태양전지 어레이의 단락전류를 측정하는 것에 의해서 태양전지 모듈의 이상 유
무를 검출할 수 있다.

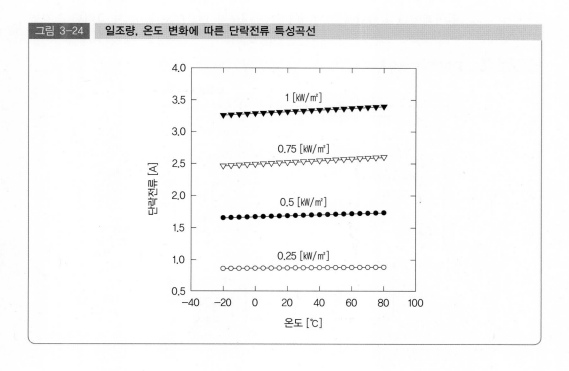

그림 3-24 일조량, 온도 변화에 따른 단락전류 특성곡선

② 태양전지 모듈의 단락전류는 일사강도에 따라 변동 폭이 크기 때문에 설치장소
의 단락전류 측정값으로 판단하기는 어려우나, 동일 회로조건의 스트링이 없는
것은 스트링의 상호의 비교에 의해서 어느 정도 판단이 가능하다.

③ 이 경우에도 안전한 일사강도가 얻어질 때 실시하는 것이 바람직하다.

④ 일조량과 온도 변화에 따른 단락전류 특성곡선(그림 3-24)

단락전류 특성곡선에서 알 수 있듯이 모듈표면의 온도에 따른 단락전류 변화는 거
의 없으나 일조량 차이에 의한 모듈의 단락전류 변화는 상당히 크므로 측정 시 이
를 고려하여야 한다.

3) 절연저항의 측정

태양광발전시스템의 각 부분의 절연상태는 발전하기 전에 충분히 확인할 필요가
있다. 운전개시나 정기점검의 경우는 물론 사고 시에도 불량개소의 판정을 하고자
하는 경우에 실시한다.

한편, 운전개시에 측정된 절연저항값은 그 후의 절연상태의 판단자료로 활용할 수
있기 때문에 측정결과를 기록하여 보관해 두어야 한다.

① 태양전지 회로

태양전지는 낮에 전압을 발생하고 있기 때문에 사전에 유의하여 절연저항을 측
정해야 한다. 측정할 때는 뇌뢰보호를 위해서 어레스터 등의 피뢰소자가 태양전
지 어레이의 출력단에 설치되어 있는 경우가 많으므로 측정 시 그러한 소자들

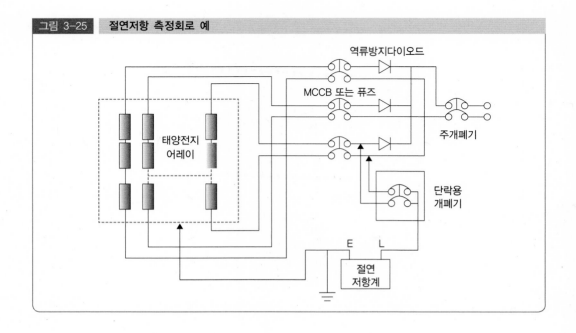

그림 3-25 　절연저항 측정회로 예

의 접지측을 분리시킨다.

또한 절연저항은 기온이나 습도에 영향을 받기 때문에 절연저항 측정 시 기온, 습도 등의 기록도 측정치의 기록과 동시에 기록하여 둔다. 아울러 우천 시나 비가 갠 직후의 절연저항의 측정은 피하는 것이 좋다.

　　㉠ 시험기재 : 절연저항계(메가), 온도계, 습도계, 단락용 계폐기

　　㉡ 회로도 : 절연저항 측정회로(PN 간을 단락하는 방법의 예)

⊕ 절연저항 측정회로 예

1. 측정순서

① 출력개폐기를 OFF한다. 출력개폐기의 입력부에 서지업서버를 취부하고 있는 경우에는 접지단자를 분리시킨다.

② 단락용 개폐기(태양전지의 개방전압에서 차단전압이 높고, 출력개폐기와 동등 이상의 전류 차단능력을 가진 전류개폐기의 2차측을 단락하여 2차측에 각각 클립을 취부한 것)을 OFF한다.

③ 전체 스트링의 MCCB 또는 퓨즈를 OFF한다.

④ 단락용 개폐기의 1차측(+) 및 (−)의 클립을, 역류방지다이오드에서도 태양전지측과 MCCB 또는 퓨즈의 사이에 각각 접속한다. 접속 후 대상으로 하는 스트링의 MCCB 또는 퓨즈를 ON으로 한다. 마지막으로 단락용 개폐기를 ON한다.

⑤ 메가의 E측을 접지단자에, L측을 단락용 개폐기의 2차측에 접속하고, 메가를 ON하여 저항치를 측정한다.

⑥ 측정 종료 후에 반드시 단락용 개폐기를 OFF로 해두고, MCCB 또는 퓨즈를 OFF로 하며, 마지막에 스트링의 클립을 제거한다. 이 순서를 절대로 다르게 해서는 안 된다. MCCB 또는 퓨즈에는 단락전류를 차단하는 기능이 없으며, 또한 단락상태에서의 클립을 제거하면 아크방전이 생겨 측정자가 화상을 입을 가능성이 있다.

⑦ 서지업서버의 접지측 단자를 복원하여 대지전압을 측정해서 전류전하의 방전상태를 확인한다.

⑧ 측정결과의 판정기준을 전기설비기술기준에 따라 표시한다.

2. 측정 시 유의사항

① 일사가 있을 때 측정하는 것은 큰 단락전류가 흘러 매우 위험하므로 단락용 차단기를 이용할 수 없는 경우에는 절대 측정해서는 안 된다.

② 또한 태양전지의 직렬수가 많고 전압이 높은 경우에는 예측할 수 없는 위험이 발생할 수 있어 측정하면 안 된다.

③ 아울러 측정할 때는 태양전지 모듈에 커버를 씌우고 태양전지의 출력을 저하시키면 보다 안전한 측정을 할 수가 있다.

④ 또한 단락용 차단기 및 전선은 고무절연 시트 등으로 대지절연을 유지하는 것이 정확한
측정치를 얻을 수 있다. 따라서 측정자의 안전을 지키기 위해서 고무장갑 혹은 마른 목장
갑을 착용할 것을 권한다.

② 인버터 회로(절연변압기 부착)

측정기구로서 500V의 절연저항계를 이용하고, 인버터의 정격전압이 300V를 넘
고 600V 이하의 경우는 1000V의 절연저항계를 이용한다. 측정개소는 인버터의
입력회로 및 출력회로로 한다.

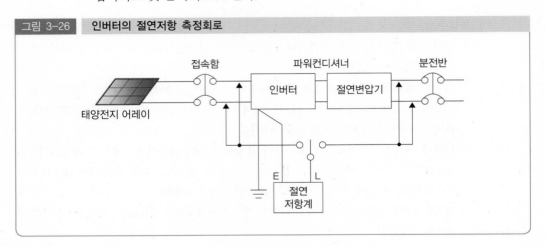

그림 3-26　인버터의 절연저항 측정회로

㉠ 입력회로

태양전지 회로를 접속함에서 분리하여 인버터의 입력단자 및 출력단자를 각
각 단락하면서 입력단자와 대지 간의 절연저항을 측정한다. 접속함까지의
전로를 포함하여 절연저항을 측정하는 것으로 한다.

• 태양전지 회로를 접속함에서 분리한다.
• 분전반 내의 분기차단기를 개방한다.
• 직류측의 모든 입력단자 및 교류측의 전체의 출력단자를 각각 단락한다.
• 직류단자와 대지 간의 절연저항을 측정한다.

㉡ 출력회로

인버터의 입출력 단자를 단락하여 출력단자와 대지 간의 절연저항을 측정한
다. 교류측 회로를 분전반 위치에서 분리하여 측정하기 위해 분전반까지의
전로를 포함하여 절연저항을 측정하게 된다. 절연트랜스가 별도로 설치된
경우에는 이를 포함하여 측정한다.

- 태양전지 회로를 접속함에서 분리한다.
- 분전반 내의 분기차단기를 개방한다.
- 직류측의 전체의 입력단자 및 교류측의 전체 출력단자를 각각 단락한다.
- 교류단자의 그 대지 간의 절연저항을 측정한다.
- 측정결과의 판정기준을 전기설비기술기준에 따라 표시한다.

ⓒ 측정 시 유의사항

- 정격전압이 입출력에서 다를 때에는 높은 측의 전압을 절연저항계의 선택 기준으로 한다.
- 입출력 단자에 주회로 이외의 제어단자 등이 있는 경우는 이것을 포함해서 측정한다.
- 측정할 때는 서지업서버 등의 정격에 약한 회로에 관해서는 회로에서 분리시킨다.
- 트랜스리스 인버터의 경우는 제조업자가 추천하는 방법에 따라 측정한다.

5) 절연내압의 측정

일반적으로 저압회로의 절연은 제작회사에서 충분한 절연유지 후에 제작되고 있다. 또한 절연저항의 측정을 실시하는 것으로서 확인할 수 있는 경우가 많기 때문에 설치장소에서의 절연내압시험은 생략되는 것이 일반적이다. 절연내압시험을 실시할 필요가 있는 경우에는 다음과 같은 방법으로 실시한다.

① 태양전지 어레이 회로

ⓐ 앞에서 기술한 절연저항 측정과 같은 회로조건으로서 표준태양전지 어레이 개방전압을 최대사용전압으로 간주하여 최대사용전압의 1.5배의 직류전압 혹은 1배의 교류전압(500V 미만일 때는 500V)을 10분간 인가하여 절연파괴 등의 이상이 발생하지 않는 것을 확인한다.

ⓑ 아울러 태양전지 스트링의 출력회로에 삽입되어 있는 피뢰소자는 절연시험 회로에서 분리시키는 것이 일반적이다.

② 인버터의 회로

ⓐ 앞에서 기술한 절연저항 측정과 같은 회로조건으로서 또한 시험전압은 태양전지 어레이 회로의 절연내압시험의 경우와 같이 시험전압을 10분간 인가하여 절연파괴 등의 이상이 생기지 않는 것을 확인한다.

ⓑ 단, 인버터 내에서는 서지업서버 등 접지되어 있는 부품이 있기 때문에 제조사에서 지시하는 방법으로 실시한다.

6) 접지저항의 측정

접지저항계에서 측정하여 전기설비기술기준에 정한 접지저항이 확보되는 것을 확인한다.

① 접지저항계 이용 측정방법

접지저항계를 이용하여 접지전극 및 보조전극 2본을 사용하여 접지저항을 측정한다.

그림 3-27 **접지저항의 측정방법**

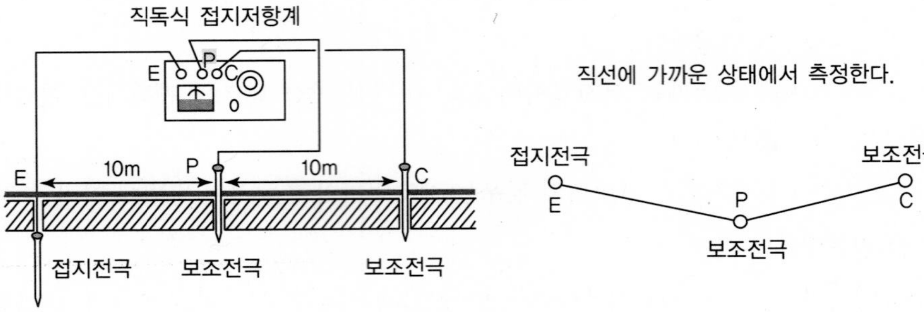

㉠ 접지전극, 보조전극의 간격은 10m로 하고 직선에 가까운 상태로 설치한다.

㉡ 접지전극을 접지저항계의 E 단자에 접속하고 보조전극을 P 단자, C 단자에 접속한다.

㉢ 누름보턴스위치를 누른 상태에서 접지저항계의 지침이 「0」이 되도록 다이얼을 조정하고 그 때의 눈금을 읽어 접지저항 값을 측정한다.

㉣ 접지저항의 값은 접지극 부근의 온도 및 수분의 함유정도에 의해 변화하며 연중변동하고 있다. 그러나 최고일 때에도 정해진 한도를 넘어서는 안 된다.

② 간이 접지저항계 이용 측정방법

측정에 있어 접지보조전극을 타설할 수 없는 경우는 간이 접지저항계를 사용하여 접지저항을 측정한다.

㉠ 이것은 주상변압기의 2차측 중성점에 2종접지공사가 시공되어 있는 것을 이용하는 방법이다.

㉡ 중성선과 기기 접지단자 간에 저주파의 전류를 흘리고 저항치를 측정하면 양 접지저항의 합이 얻어지므로 간접적으로 접지저항을 알 수 있다.

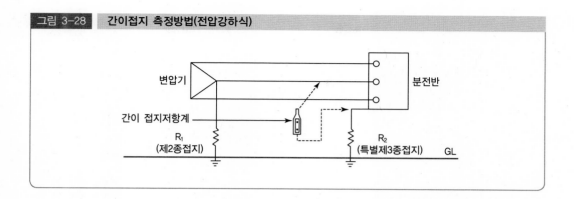

그림 3-28 | 간이접지 측정방법(전압강하식)

변압기

분전반

간이 접지저항계

R_1
(제2종접지)

R_2
(특별제3종접지)　　GL

7) 계통연계 보호장치의 시험

계전기시험기 등을 사용하여 계전기의 동작특성을 확인하는 것과 동시에 전력회사
와 협의하여 결정한 보호협조에 맞춘 설치가 되어있는 지를 확인한다.

계통연계 보호기능 중 단독운전 방지기능에 관해서는 제작사에서 채용하고 있는
단독운전 방지기능이 다르기 때문에 제작사가 추천하는 방법으로 시험하거나 제작
사에서 시험하여 얻는 것이 필요하다.

예제 1 20[A]의 전류를 흘렸을 때, 전력이 60[W]인 저항이 있다. 이 때 30[A]를 흘렸을 때
의 전력[W]을 구하시오.

풀이

$P = I^2 R[W]$에서, 저항 $R = \dfrac{P}{I^2} = \dfrac{60}{20^2} = 0.15[\Omega]$

0.15[Ω]의 저항에 30[A]의 전류를 흘리면

전력은 $P = I^2 R$

$\qquad = 30^2 \times 0.15$

$\qquad = 135[W]$

예제 2 파워컨디셔너의 출력용량이 100[kW]인 경우에, 파워컨디셔너의 직류입력전류(Id)의
값은?(단, 파워컨디셔너의 효율(Ef)은 92[%], 파워컨디셔너의 최저 입력전압(Vi)은, 250[V], 직류선로의
전압강하(Vd)는 2[V]이다.)

풀이

$$I_d = \frac{P[kW] \times 1000}{E_f(V_i + V_d)}$$

$$= \frac{100 \times 1000}{0.92(250 + 2)}$$

$$= 431[A]$$

예제 3 태양전지 어레이의 출력이 10,800[W], 해당 지역의 1일 평균 적산 경사면 일사량을 3.74[kWh/㎡·일]이라 할 때 하루동안 발전량[kWh/일]은?(단, 종합설계계수는 0.66을 적용한다.)

풀이

하루동안의 발전량 산출

$$E_{PM} = P_{AS} \times (\frac{H_{AM}}{G_S}) \times K[kWh/월]$$

표준상태에서의

P_{AS} : 표준상태에서의 태양전지 어레이(모듈 총 수량) 출력[kW]

H_{AD} : 일 평균 적산 어레이 표면(경사면) 일사량[kWh/㎡·일]

G_S : 표준상태에서의 일사강도[kW/㎡](= 1[kW/㎡])

K : 종합설계계수

$$10.8[kW] \times \frac{3.74[kWh/(㎡·일)]}{1[kW/㎡]} \times 0.66$$

$$≒ 26.66[kWh/일]$$

PART 4

감 리

제1절 발전시스템 성능진단

1. 태양광 모듈 출력량 점검
2. 태양광 인버터(PCS : 파워컨디셔너)
   내전기 환경시험 검사항목

1 발전시스템 성능진단

1. 태양광 모듈 출력량 점검

(1) 태양광발전시스템 성능분석 용어 및 산출방법

1) 태양광 어레이 변환효율(PV Array Conversion Efficiency)

$$\frac{\text{태양전지 어레이 출력전력}(kW)}{\text{경사면 일사량}(kWh/m^2) \times \text{태양전지 어레이 면적}(m^2)}$$

$$\frac{\text{태양전지 어레이 최대출력}(kW)}{\text{태양전지 어레이 면적}(m^2) \times \text{방사조도}(W/m^2)}$$

2) 시스템 발전효율(System Efficiency)

$$\frac{\text{시스템 발전 전력량}(kWh)}{\text{경사면 일사량}(kWh/m^2) \times \text{태양전지 어레이 면적}(m^2)}$$

3) 태양에너지 의존율(Dependency on Solar Energy)

$$\frac{\text{시스템 평균 발전전력 혹은 전력량}(kWh)}{\text{부하소비전력}(kW) \text{ 혹은 전력량}(kWh)}$$

4) 시스템 이용률(Capacity Factor)

$$\frac{\text{시스템 발전 전력량}(kWh)}{24(h) \times \text{운전일수} \times \text{태양전지 어레이 설계용량}_{\text{(표준상태)}}(kWh)}$$

$$\frac{\text{태양광발전시스템 출력에너지}}{(\text{태양광발전어레이의 정격출력} \times \text{가동시간설계용량}_{\text{(표준상태)}}}$$

5) 시스템 성능(출력)**계수**(Performance Ratio)

$$\frac{\text{시스템 발전 전력량}(kWh) \times \text{표준일사강도}(kW/m^2)}{\text{태양전지 어레이 설계용량(표준상태)}(kWh) \times \text{경사면 일사량}(kW/m^2)}$$

$$\frac{\text{시스템 발전전력량}(kWh)}{\text{경사면 일사량}(kWh/m^2) \times \text{태양전지 어레이 면적}(m^2) \times \text{태양전지 어레이 변환효율(표준상태)}}$$

6) 시스템 가동률(System Availability)

$$\frac{\text{시스템 동작시간(h)}}{24(h) \times \text{운전일수}}$$

7) 시스템 일조가동률(System Availability per Sunshine Hour)

$$\frac{\text{시스템 동작시간(h)}}{\text{가조시간}}$$

※ 가조시간(possible duration of sunshine) : 태양이 뜬 다음부터 다시 질 때까지의 시간

(2) 성능평가를 위한 측정요소

그림 4-1 태양전지 측정법

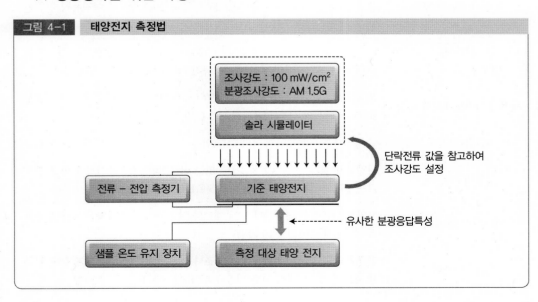

➕ **태양전지의 특성 측정법**

태양전지는 태양빛을 받아 전력을 생산하는 반도체 소자로서 개방전압(Voc), 단락전류(Isc), 최대출력(Pmax), 충진률(F.F), 변환효율(η) 등의 지표는 태양전지의 성능 및 시장에서의 거래가격을 결정하는 주요 요소이다. 태양전지 성능지표는 IEC 규격에서 제시하는 특정한 스펙트럼 및 조사강도를 가지는 빛에 태양전지를 노출시킨 후 태양전지가 출력하는 전류 – 전압 특성을 측정함으로서 확인할 수 있다.

(3) 태양전지 모듈 시험항목

표 4-1	태양전지 모듈의 시험항목
외관검사	셀, Glass, J – Box, 프레임, 접지단자, 출력단자 등 평가(인용규격 : KS C IEC 61215, 10.1항)
최대출력 결정	개방전압(Voc), 단락전류(Isc), 최대전압(Vm), 최대전류(Im), 최대출력(Pmax), 곡선율(FF), 효율(Eff) 등의 발전성능을 시험(인용규격 : KS C IEC 61215, 10.2항)
절연시험	출력단자와 패널 또는 접지단자 사이의 절연시험(인용규격 : KS C IEC 61215, 10.3항)
온도계수의 측정	모듈의 온도계수 측정(KS C IEC60904 – 10 세부사항 참조)(인용규격 : KS C IEC 61215, 10.4항)
공칭 태양전지 동작 온도(NOCT)에서의 측정	총방사조도 $800W/m^2$, 주위온도 25℃, 풍속 1m/s에서의 동작특성시험(인용규격 : KS C IEC 61215, 10.5항)
STC 및 NOCT에서의 성능	셀 온도 25℃, NOCT KS C IEC60904 – 3의 기준 태양광 분광방사조도 1,000과 $800W/m^2$에서의 성능(인용규격 : KS C IEC 61215, 10.6항)
낮은 조사강도에서의 특성	셀 온도 25℃, NOCT KS C IEC60904 – 3의 기준 태양광 분광방사조도 $200W/m^2$에서의 성능(인용규격 : KS C IEC 61215, 10.7항)
옥외노출시험	총 방사조도 $60kWh/m^2$에서의 성능(인용규격 : KS C IEC 61215, 10.8항)
열점내구성시험	태양전지 셀의 성능 불균형, 크랙 또는 국부적인 그림자 영향에 의해 발생되는 열점내구성시험(인용규격 : KS C IEC 61215, 10.9항)
UV 전처리시험	자외선 노출에서 태양전지 모듈 재료의 열화정도 시험 자외선 조사(인용규격 : KS C IEC 61215, 10.10항)
온도사이클시험	환경온도의 불규칙한 반복에서 구조나 재료간의 열전도나 열팽창률에 의한 스트레스의 내구성 시험(인용규격 : KS C IEC 61215, 10.11항)

습도 - 동결시험	고온, 고습, 영하의 저온에서 열 팽창률의 차이나 수분의 침입, 확산, 호흡작용 등의 구조나 재료의 영향을 시험(인용규격 : KS C IEC 61215, 10.12항)
고온고습시험	고온, 고습 상태의 열적 스트레스와 접합재료의 밀착력 등의 적성시험(인용규격 : KS C IEC 61215, 10.13항)
단자강도시험	단자부분이 부착, 배선 또는 사용중에 가해지는 외력에 대한 강도시험(인용규격 : KS C IEC 61215, 10.14항)
습윤누설전류시험	강우에 노출되는 경우의 적성시험(인용규격 : KS C IEC 61215, 10.15항)
기계적 하중시험	바람, 눈 및 얼음에 의한 하중에 대한 기계적 내구성 시험(인용규격 : KS C IEC 61215, 10.16항)
우박시험	우박의 충격에 대한 태양전지 모듈의 기계적강도시험(인용규격 : KS C IEC 61215, 10.17항)
바이패스 다이오드열시험	모듈의 열점현상 등으로 발생되는 바이패스다이오드의 장기 내구성을 위한 적정온도 설계시험(인용규격 : KS C IEC 61215, 10.18항)
염수부문시험	모듈의 구성재료 및 패키지의 염분에 대한 내구성 시험(인용규격 : KS C IEC 61701)

2. 태양광 인버터(PCS : 파워컨디셔너) 내전기 환경시험 검사항목

① 계통전압 왜형률 내량시험
② 계통전압 불평등시험
③ 부하 불평등시험

예제 1 아래의 그림은 전자식 접지저항계를 이용하여 접지극의 접지저항을 측정하기 위한 배치도이다. 다음 물음에 대해 답하시오.

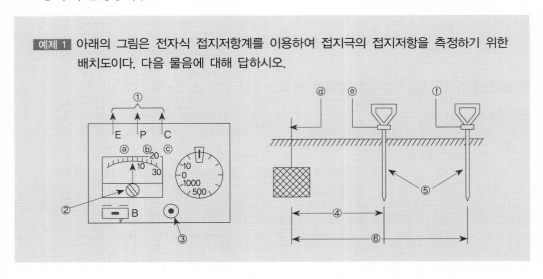

(1) 보조 접지극을 설치하는 이유는 무엇인가?

(2) 접지극의 매설깊이는 얼마인가?

(3) 그림에서 ①의 측정단자는 어느 곳에 접속하는가?

(4) ⑤와 ⑥의 설치간격은 얼마로 하는가?

풀이

(1) 전압과 전류를 공급하여 접지저항을 측정하기 위함이다.

(2) 0.75m 이상

(3) ⓐ → ⓓ, ⓟ → ⓔ, ⓒ → ⓕ

(4) ⑤ : 10m, ⑥ : 20m

■ 접지저항계 이용 측정방법

접지저항계를 이용하여 접지전극 및 보조전극 2본을 사용하여 접지저항을 측정한다.

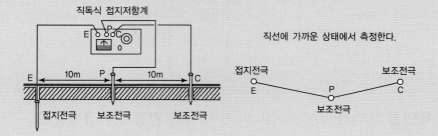

[접지저항의 측정방법]

1) 접지전극, 보조전극의 간격은 10m로 하고 직선에 가까운 상태로 설치한다.

2) 접지전극을 접지저항계의 E 단자에 접속하고 보조전극을 P 단자, C 단자에 접속한다.

3) 누름버튼스위치를 누른 상태에서 접지저항계의 지침이 「0」이 되도록 다이얼을 조정하고 그 때의 눈금을 읽어 접지저항 값을 측정한다.

4) 접지저항의 값은 접지극 부근의 온도 및 수분의 함유정도에 의해 변화하며 연중 변동하고 있다. 그러나 최고일 때에도 정해진 한도를 넘어서는 안 된다.

예제 2 과전류 차단기를 설치하여서는 안 되는 장소 3가지를 쓰시오.

풀이

1) 다선식 전로의 중성선

2) 접지공사의 접지선

3) 고압 또는 특별고압과 저압전로를 결합한 변압기 전로의 일부에 접지공사를 한 저압 가공전선로의 접지측 전선

4) CT의 2차측 또는 CT의 2차측 선로

5) 제2종접지공사를 한 저압 가공전선로의 접지측 선로

6) 병렬로 사용한 전선의 각각(전선의 병렬 접속점) 등에는 과전류 차단기를 사용하지 않는다.

예제 3 서지 흡수기(Surge Absorber)의 기능 및 설치위치에 대해 설명하시오.

풀이

서지 흡수기(Surge Absorber)는 구내선로에서 발생할 수 있는 순간 과도전압, 개폐서지 등으로 이상전압이 2차 기기에 악영향을 주는 것을 막기 위해 설치하는 것으로 개폐서지가 발생되는 차단기 후단과 부하측 사이에 설치한다.

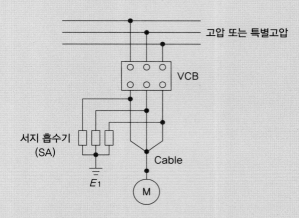

예제 4 절연내력의 측정에 대한 설명이다. 다음 (   )안에 들어갈 내용은?

> 절연저항 측정과 같은 회로조건으로서 표준 태양전지 어레이 개방전압을 최대 사용전압으로 간주하여 최대 사용전압으로 (①)의 직류전압이나 1배의 교류전압(500[V] 미만일 때는 500[V])의 (②)간 인가하여 절연파괴 등의 이상이 발생하지 않을 것을 확인한다.

풀이 | 답 ① 1.5배, ② 10분

- 절연내력 측정방법
1. 절연저항 측정과 같은 회로조건으로서 표준 태양전지 어레이 개방전압을 최대 사용전압으로 간주하여 최대 사용전압의 1.5배의 직류전압이나 1배의 교류전압(500[V] 미만일 때는 500[V])의 10분간 인가하여 절연파괴 등의 이상이 발생하지 않을 것을 확인한다.
2. 태양전지 스트링의 출력회로에 삽입되어 있는 피뢰소자는 절연시험 회로에 분리시키는 것이 일반적이다.

예제 5 제1종 및 제2종 접지공사 시설방법에 관한 사항이다. (   )안에 알맞은 답을 쓰시오.

(1) 접지극은 지하 (   )[cm] 이상 깊이로 매설하여야 한다.
(2) 접지극은 지지물(철주)에서 (   )[m] 이상 이격하여 매설한다.

　　(3) 접지선을 지하 (　　　　　)[cm]로부터 지표상 (　　　　)[m]까지는 합성수지관
　　　　등으로 덮어야 한다.
　　(4) 접지극을 2개 이상 매설할 때는 가급적 (　　　　)로 연결한다.
　　(5) 접지극을 2개 이상 매설할 때는 (　　　　)[m] 이상 이격한다.
　　(6) 접지공법 중 통상 접지공법은 (　　　　), (　　　　) 등이 있다.

풀이
(1) 75[cm]
(2) 1[m]
(3) 75[m], 2[m]
(4) 직렬
(5) 2[m]
(6) 심타접지공법, 다극접지공법

체크포인트

1. 감리 관련 업무 기한

담당자	내 용	기 한
감리원은	• 공사업자로부터 받은 시공계획서에 중요한 내용 변경이 발생. - 변경시공계획서를 받아 ( )일 이내에 검토, 승인, 시공 조치	5일
	• 공사 진도율 : 계획대비 월간 공정실적이 ( )% 이상, 누계공정 ( )% 이상 • 지연 시 공사업자에게 사유분석, 만회공정표 등 수립, 제출 지시	10% 5%
	• 시공 전 시공상세도, 시공계획서를 제출받아 검토, 발주자에게 보고	7일 이내
	• 공사시작 시 착공신고서를 받아 검토, 발주자에게 보고	
	• 공사업자로부터 공정계획에 따라 사전 공급원 승인신청서를 기자재 반입 ( ) 일 전까지 제출 받아야 한다.	
	• 공사업자로부터 월간, 주간 상세점검표를 작업착수 ( )일 전에 각각 제출받아 검토, 확인	월간 7일 주간 4일
	• 공사업자의 중요 기술적인 사항, 공법 등 변경요구를 받은 날로부터 ( )일 이 내에 검토, 의견서 첨부 - 발주자에게 보고 • 전문성이 요구되는 경우 ( )일 이내에 비상주감리원 의견서를 첨부 - 발주자 에게 보고	7일 14일
	• 설계변경 및 계약금액 요청을 받으면 ( )일 이내 검토, 발주자에게 보고	14일 이내
	1. 공사업자로부터 해당공사의 예비 준공검사 완료 후 ( )일 이내에 시설물 인수 인계를 위한 계획을 수립, 검토 2. ~ 시설물 인수인계계획서를 제출 받아 검토 3. 시설물 인수, 인계 ~	
	• 발주자 또는 공사업자 등이 제출한 유지관리 지침자료를 검토 - 작성- 공사 - 준공 후 ( )일 이내에 발주자에게 제출	
	• 공사시작일로부터 ( )일 이내에 공사업자로부터 공정관리계획서를 제출받아 제출받은 날로부터 ( )일 이내에 검토, 승인하여 발주자에게 제출	30일 14일
	• 공사업자로부터 시운전계획서를 제출받아 검토, 확정하여 시운전 ( )일 이내 에 발주자 및 공사업자에게 통보	20일
	• 최종 계약금액 조정 - 준공예정일 ( )일 전까지 발주자에게 제출	45일
감리업자는	• 기성부분 또는 준공검사원(신청서)을 접수받으면 ( )일 이내에 비상주감리원 임명, 검사	3일
	• 비상주감리원은 임명통지를 받은 날로부터 ( )일 이내에 해당공사의 검사를 완료하고, 검사조치결과를 작성하여 검사완료일로부터 ( )일 이내에 검사결과 를 소속 감리업자에게 보고 - 감리업자는 신속히 발주자에게 통보	8일 3일
	• 해당 감리용역이 완료된 때 ( )일 이내에 공사감리 완료보고서를 협회에 제출	15일
책임감리원은	• 최종감리보고서를 감리기간 종료 후 ( )일 이내에 발주자에게 제출	14일
예비준공검사	• 준공예정일 ( )일 전까지	2개월 전

관리

2. 주요 인허가 및 유관기관 업무협의

그림 4-2   주요 인허가 및 유관기관 업무협의

	절 차	세부내용			관련기관
1 단 계	발전사업 허가신청	1. 전기사업 허가신청서 2. 첨부서류 　① 사업계획서　　② 송전관계 열람도 　③ 발전원가 명세서 및 기술인력 확보 　　계획서(200[kW] 이하는 생략) 　④ 사업개시 후 5년간 연도별 예상사업 　　손익산출서 　⑤ 발전설비개요서 　⑥ 신용평가의견서 및 소유재원 조달계획서 　⑦ 정관·등기부등본·대차대조표·손익계산서 　　(법인인 경우, 설립 중인 법인은 그 정관)			산업통상 자원부장관, 시·도지사

	• 3000[kW] 초과
	  : 산업통상자원부
	• 3000[kW] 이하
	  : 시·도지사				

	검토의뢰	전력거래소	한국전력공사	시·도	
	도 : 허가기준 검토	발전사업세부 허가기준	송전계통검토	결격사유조회	
	최종 검토				
2 단 계	사전환경성 검토·협의	• 10,000[kW] 미만 : 사전환경성 검토 • 10,000[kW] 이상 : 환경영향평가			기초지방 자지단체장
	개발행위 허가	농지·산지 전용허가, 사방지 지정의 해제 사도개설의 허가, 무연분묘의 개장 허가			
	전기설비 공사계획 인가 및 신고	공사계획 인가 또는 신고			산업통상자원부 장관, 시·도지사
3 단 계	사용전 검사	사용전 검사			전기안전공사
	전력수급 계약체결	전력수급 계약체결			전력거래소 / 한국전력공사
4 단 계	사업개시 신고	사업개시 신고			산업통상자원부 장관, 시·도지사
	대상설비 확인	사용전 검사 후 1개월 이내 신청			공급인증기관 (신재생센터)

예제 1 감리원의 주요기자재 검토·승인과 관련하여 (   )안에 들어갈 내용은?

> 감리원은 공사업자에게 공정계획에 따라 사전에 주요기자재(KS의무화 품목 등)
> (①)을 기자재 반입 (②) 전까지 제출하도록 하여야 한다. 다만, 관련 법령에
> 따라 품질검사를 받았거나, 품질을 인정받은 기자재에 대하여는 예외로 한다. 또한,
> 감리원은 시험성적서가 품질기준을 만족하는지 여부를 확인하고 품명, 공급원, 납품
> 실적 등을 고려하여 적합한 것으로 판단될 경우에는 주요기자재 공급 승인 요청서
> 를 제출받은 날부터 (③) 이내에 검토하여 승인하여야 한다.

풀이

① 공급원 승인신청서 ② 7일

■ 감리원의 주요기자재 검토·승인

1. 감리원은 공사업자에게 공정계획에 따라 사전에 주요기자재(KS의무화 품목 등)공급원 승인신청서
   를 기자재 반입 7일 전까지 제출하도록 하여야 한다. 다만, 관련 법령에 따라 품질검사를 받았거나,
   품질을 인정받은 기자재에 대하여는 예외로 한다.
2. 감리원은 시험성적서가 품질기준을 만족하는지 여부를 확인하고 품명, 공급원, 납품실적 등을 고려
   하여 적합한 것으로 판단될 경우에는 주요기자재 공급승인 요청서를 제출받은 날부터 7일 이내에
   검토하여 승인하여야 한다.

예제 2 다음 감리원의 부진공정 만회대책과 관련하여 (   ) 안에 들어갈 알맞은 내용은?

> 감리원은 공사 진도율이 계획공정 대비 월간 공정실적이 (①) 이상 지연되거나,
> 누계공정 실적이 (②) 이상 지연될 때에는 공사업자에게 부진사유 분석, 만회대
> 책 및 만회공정표를 수립하여 제출하도록 지시하여야 한다.

풀이

① 10[%], ② 5[%]

■ 부진공정 만회대책

감리원은 공사 진도율이 계획공정 대비 월간 공정실적이 10[%] 이상 지연되거나, 누계공정 실적이
5% 이상 지연될 때에는 공사업자에게 부진사유 분석, 만회대책 만회공정표를 수립하여 제출하도록
지시하여야 한다.

PART **5**

운영 및 유지보수

1 태양광 모니터링 시스템 관리

1. 순간발전량 검출상태 점검

(1) 모니터링 시스템 기본 데이터 및 전송간격

① 일일 에너지 총 생산량

② 일일 에너지 생산시간

③ 익일 중앙서버 요청 시 전송

(2) 모니터링 항목 및 측정항목

요건을 만족하여 측정된 에너지 생산량 및 생산시간을 누적으로 모니터링하여야 한다.

표 5-1 측정 및 모니터링 항목

구 분	전송항목	데이터(누계치)	측정 항목
태양광	일일발전량(kWh)	24개(시간당)	• 인버터 출력
	생산시간(분)	1개(1일)	

(3) 계측설비별 요구사항

표 5-2 계측설비별 요구사항

계측설비	요구사항	확인방법
인버터	CT 정확도 3% 이내	• 관련 내용이 명시된 설비 스펙 제시 • 인증 인버터는 면제
온도센서	정확도 ±0.1℃(-20~80℃) 이내	• 관련 내용이 명시된 설비 스펙 제시
전력량계	정확도 1% 이내	• 관련 내용이 명시된 설비 스펙 제시

2. 모니터링 시스템의 설치

(1) 태양광발전 모니터링 시스템 구성요소

① 시스템 구성

② 사용환경(온도 -5℃~40℃, 습도 45~85%)

③ 운영체제 및 성능

④ 시스템 기능

⑤ 원격차단

⑥ 채널 모니터 감시

⑦ 동작상태 감시

⑧ 계통 모니터 감시

⑨ 그래프 감시(일보1)

⑩ 일일 발전현황(일보2)

⑪ 월간 발전현황(월보1)

⑫ 월간 시간대별 발전현황(월보2)

⑬ 이상 발생기록 화면

⑭ 기타 사항

⑮ 운전상태 감시 및 측정

⑯ 감시화면 구성 등

(2) 감시 및 원격 중앙감시 소프트웨어의 구성

태양광발전시스템의 동작상태, 고장발생 유무, 시스템 종합 점검 등을 위하여 아래 사항을 감시 및 측정할 수 있도록 소프트웨어를 구성하여야 한다.

1) 채널 모니터 감시화면

각종 부위의 측정치를 순 시간으로 확인할 수 있도록 실측지를 화면에 표시할 수 있도록 디자인 및 시퀀스를 개발 적용한다.

2) 동작상태 감시화면

인버터의 전기적 출력의 최대 최소 범위를 입력시켜 이 범위를 벗어나면, 각 설비의 그래프상에서 적색으로 표시하고, 정상 시에는 녹색으로 표현하여 전 시스템의 운전상황의 이상 유무를 파악할 수 있도록 디자인 및 시퀀스를 개발 적용한다.

3) 계통 모니터 감시화면

각종 부위의 측정치를 순시간으로 확인할 수 있도록 시스템 계통도를 디자인하여 시스템 계통도상에 실측치를 표시할 수 있도록 디자인 및 시퀀스를 개발 적용한다.

4) 그래프 감시화면(일보1)

일 단위별로 경사면 일사량, 태양전지 발전전력, 부하전력 소비량을 표시 할 수 있도록 1일 24시간 그래프로 출력토록 화면구성 소프트웨어를 개발하여 적용한다.

이때 그래프 우측상단에 일사량 적산치, 최대치, 발전 적산치, 최대치 및 부하량 최
대치, 적산치를 표시할 수 있도록 한다.

5) 일일 발전현황(일보2)

일일 시간대별 기상현황(경사면 일사량, 수평면 일사량, 외기 온도, 태양전지 표면 온도), 태
양전지 발전현황, 부하현황 등을 표시할 수 있도록 화면구성 소프트웨어를 개발하
여 적용한다.

6) 월간 발전현황(월보1)

월간 일자별 기상현황(경사면 일사량 수평면 일사량 평균 외기 온도 태양전지 발전 전력, 부하
소비전력 등을 표시할 수 있도록 화면 구성 소프트웨어를 개발하여 적용한다.

7) 월간 시간대별 발전현황(월보2)

일보에 표시된 시간대별 각종 현황의 한 달간 평균치를 표시할 수 있도록 화면 구
성 소프트웨어를 개발하여 적용한다.

8) 이상 발생기록 화면

동작상태 감시화면에서 이상이 발생 시 각 부위를 총 망라하여 일자별 시간대별로
이상상태를 표시하는 기능을 갖추며, 출력할 수 있는 기능도 삽입한다.

(3) 모니터링 시스템 접속방법 및 구성

모니터링 설비는 다음과 같은 방법으로 구성한다.

표 5-3　모니터링 시스템 접속방법 및 구성

접속방법	접속설비 및 구성	비 고
계측설비 (전송기능 내장)	계측설비 → 중앙서버	• 부속서에 명시된 기능 및 요구 사항을 만족 • 중앙서버로 전송할 수 있는 별도 통신포트를 사전에 확보
로컬서버 (PC 포함)	로컬서버 → 중앙서버	
외장형 전송설비	계측설비 → 전송설비 → 중앙서버	• 부속서에 명시된 기능 및 요구 사항을 만족 • 중앙서버로 전송할 수 있는 별도 통신포트 사전에 확보 • 전송설비와 호환성을 갖는 계측설비 선정

(4) 데이터 송수신 연결상태 확인

계측설비(전송장치 내장) 또는 전송설비에 컴퓨터를 연결하여 다음의 사항을 점검한 결
과를 센터의 설치확인 담당자에게 송부하면 모니터링 설비 설치확인은 완료된다.

표 5-4	연결상태 확인내용
구 분	확인 내용
통신 ID	• 통신 ID는 센터 담당자가 전송설비 제조사별로 할당 • 설치확인 신청서에 입력한 ID와 전송설비 ID의 동일 여부 확인
데이터 송수신	• 명시한 데이터를 중앙서버에 송신했다가 다시 받아 원본과 동일함을 확인 • 미리 설정한 시간에 데이터를 전송하는지 여부를 확인

3. 데이터 전송통신상태 점검

(1) 장비들 간의 통신방법

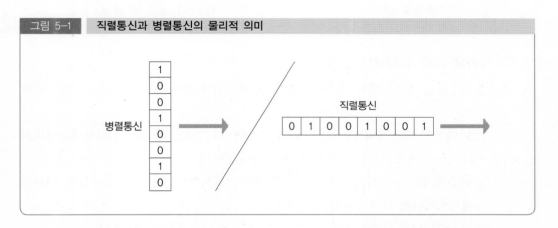

그림 5-1 직렬통신과 병렬통신의 물리적 의미

1) 직렬통신

① 한 번에 하나의 비트정보를 전달하는 통신방식이다.

② 한 번에 한 비트씩 전송되므로 주로 저속통신에 사용된다.

③ 마이크로프로세서와 컴퓨터 외부장치 간의 통신에 주로 사용된다.

④ 양단간 통신거리가 먼 경우 사용된다.

⑤ 대표적인 직렬통신장치이다.

2) 병렬통신

① 한 번에 많은 정보를 전달하는 통신장비이다.

② 대량의 정보를 빠른 시간에 병렬처리하여 컴퓨터 성능이 향상된다.

③ 마이크로프로세서와 컴퓨터 내의 주변장치 간의 통신에 주로 사용된다.

④ 대표적인 병렬통신장치이다.

3) 직렬통신과 병렬통신의 특징비교

구 분	직렬통신	병렬통신
표 5-5	직렬통신과 병렬통신의 특징비교	
통신거리	• 원거리 전송유리 • 컴퓨터와 외부장비 간 통신	• 단거리 통신 • 컴퓨터 내의 디바이스 간 통신
데이터 전송량	• 적다	• 많다
기술구현	• 구현기술 간단	• 구현기술 복잡
비용	• 구현비용 저렴	• 구현비용 고가
대표장치 예	• PC의 RS232 포트	• HDD IDE 케이블
사용환경	• 실시간의 작은 데이터 처리를 요구하는 환경	• 많은 양의 데이터를 처리해야 하는 환경
사용 예	• 산업현장의 각종 제어장비 • 통신에 사용	• 컴퓨터 내부 장치 간 통신 • CPU와 HDD, MEMORY 통신

(2) 장비들 간의 통신상태 확인

① 전송장비 제조사에서 제공하는 장비사용매뉴얼에 따라 데이터의 전송상태를 확인한다.

② 일반적인 전송장비들은 정상적으로 자료를 주고받을 때에는 통신상태표시창의 LED가 녹색으로 깜박이면서 데이터를 주고받는다.

③ 전송장비의 통신이 끊어진 경우에는 통신상태표시창의 LED가 소등된다. 이때는 접속커넥터의 이상 유무를 확인한다.

④ 접속커넥터가 이상이 없을 경우 데이터 선로의 단선유무를 점검한다.

4. 태양광발전시스템 운영 시 비치하여야 할 목록

① 발전시스템에 사용된 핵심기기의 매뉴얼

　　예 인버터, PCS 등

② 발전시스템 건설관련 도면

　　예 토목도면, 기계도면, 전기배선도, 건축도면, 시스템 배치도면 등

③ 발전시스템 운영 매뉴얼

④ 발전시스템 시방서 및 계약서 사본

⑤ 발전시스템에 사용된 부품 및 기기의 카탈로그

⑥ 발전시스템 구조물의 구조계산서

⑦ 발전시스템의 한전계통연계 관련 서류
⑧ 전기안전 관련 주의 명판 및 안전경고표시 위치도
⑨ 전기안전관리용 정기 점검표
⑩ 발전시스템 일반 점검표
⑪ 발전시스템 긴급복구 안내문
⑫ 발전시스템 안전교육 표지판

5. 인버터 이상신호 조치방법

모니터링	인버터 표시	현상설명	조치사항
태양전지 과전압	Solar Cell OV fault	태양전지 전압이 규정 이상일 때 발생, H/W	태양전지 전압 점검 후 정상 시 5분 후 재기동
태양전지 저전압	Solar Cell UV fault	태양전지 전압이 규정 이하일 때 발생, H/W	태양전지 전압 점검 후 정상 시 5분 후 재기동
태양전지의 전압 제한초과	Solar Cell OV limit fault	태양전지 전압이 규정 이상일 때 발생, S/W	태양전지 전압 점검 후 정상 시 5분 후 재기동
태양전지의 저전압 제한초과	Solar Cell UV limit fault	태양전지 전압이 규정 이하일 때 발생, S/W	태양전지 전압 점검 후 정상 시 5분 후 재기동
한전계통 역상	Line phase sequence fault	계통전압이 역상일 때 발생	상회전 확인 후 정상 시 재운전
한전계통 R상	Line R phase fault	R상 결상 시 발생	R상 확인 후 정상 시 재운전
한전계통 S상	Line S phase fault	S상 결상 시 발생	S상 확인 후 정상 시 재운전
한전계통 T상	Line T phase fault	T상 결상 시 발생	T상 확인 후 정상 시 재운전
한전계통 입력전원	Utility line fault	정전 시 발생	계통전압 확인 후 정상 시 5분후 재기동
한전 과전압	Line over voltage fault	계통전압이 규정치 이상일 때 발생	계통전압 확인 후 정상 시 5분 후 재기동
한전 부족전압	Line under voltage fault	계통전압이 규정치 이하일 때 발생	계통전압 확인 후 정상 시 5분 후 재기동

운영 및 유지보수

한전 저주파수	Line under frequency fault	계통주파수가 규정치 이하일 때 발생	계통 주파수 확인 후 정상 시 5분 후 재기동
한전계통의 고주파수	Line over frequency fault	계통주파수가 규정치 이상일 때 발생	계통 주파수 확인 후 정상 시 5분 후 재기동
인버터의 과전류	Inverter over current fault	인버터 전류가 규정치 이상으로 흐를 때 발생	시스템 정지 후 고장 부분 수리 또는 계통 점검 후 운전
인버터 과온	Inverter over Temperature	인버터 과온 시 발생	인버터 및 팬 점검 후 운전
인버터 MC이상	Inverter M/C fault	전자접촉기 고장	전자접촉기 교체 점검 후 운전
인버터 출력전압	Inverter voltage fault	인버터 전압이 규정전압을 벗어났을 때 발생	인버터 및 계통전압 점검 후 운전
인버터 퓨즈	Inverter fuse fault	인버터 퓨즈 소손	퓨즈 교체 점검 후 운전
위상 : 한전 인버터	Line Inverter async fault	인버터와 계통의 주파수가 동기되지 않았을 때 발생	인버터 점검 또는 계통 주파수 점검 후 운전
누전발생	Inverter ground fault	인버터의 누전이 발생했을 때 발생	인버터 및 부하의 고장부분을 수리 또는 접지저항 확인 후 운전
RTU 통신계통 이상	Serial communication fault	인버터와 MMI 사이에 통신이 되지 않는 경우에 발생	연결단자 점검(인버터는 정상 운전)

6. 모니터링 시스템 데이터를 이용한 유지보수 방법

(1) 모듈 전력량[V_{dc}, I_{dc}, P] 점검 및 유지보수

1) 모듈의 각 스트링별 직류전류, 직류전압 및 직류전력이 모니터링 데이터 표시화면에 정확히 표시되는지 확인한다.

2) 모니터링 데이터 표시화면의 직류전류, 직류전압과 직류전력과의 관계는 다음 식을 만족하는지를 확인한다.

$$\text{직류전력 } P_{dc} = V_{dc-inv} \times I_{dc-inv}[W_{dc}]$$

V_{dc-inv} : 인버터 입력 직류전압[V_{dc}]
I_{dc-inv} : 인버터 입력 직류전류[A_{ac}]

3) 상기 식의 조건이 만족되지 못하면, 아날로그 신호를 디지털 신호로 변환시켜 주는 A/D Converter의 이상이 있을 수 있으므로 이를 확인하여야 한다.

4) 항상 최적의 계측을 위해서는 동일시각에 접속함 내에 설치된 A/D 변환기 1차 측에서 직류전류, 직류전압 측정값과 모니터링 데이터 표시화면의 값이 일치하는지 여부를 주기적으로 확인하여야 한다.

5) 모듈로 구성된 각 스트링별 직류전압의 차이가 모듈 1개의 직류전압의 1/2 이상 차이가 없는지 확인한다.

6) 모듈의 각 스트링별 직류전압의 차이가 모듈 1개의 직류전압의 1/2 이상 차이가 있다면 해당 스트링의 모듈의 음영, 모듈의 구성 셀의 결함이 있을 수 있으므로 해당 스트링의 구성모듈 상태를 점검한다.

7) 모듈로 구성된 각 스트링별 직류전류의 차이가 현저히 없는지 확인한다.

8) 모듈로 구성된 각 스트링별 직류전류의 차이가 현저히 있다면, 해당 스트링의 모듈의 음영, 모듈의 구성 셀의 결함이 있을 수 있으므로 해당 스트링의 구성모듈의 상태를 점검한다.

(2) 인버터 출력[V_{ac}, I_{ac}, P] 점검 및 유지보수

1) 인버터가 여러 대인 경우 각 인버터별 교류전류, 교류전압 및 교류전력이 모니터링 데이터 표시화면에 정확히 표시되는지를 확인한다.

2) 모니터링 데이터 표시화면의 교류전류, 교류전압과 교류전력과의 관계는 다음 식을 만족하는지를 확인한다.

① 단상 교류전력

$$P_{1\phi-ac} = V_{ac-inv} \times I_{ac-inv} \times \cos\theta[W_{ac}]$$

V_{ac-inv} : 인버터 출력 교류전압[V_{ac}]
I_{ac-inv} : 인버터 출력 교류전류[A_{ac}]
$\cos\theta$: 부하역률

② 3상 교류전력

$$P_{1\phi-ac} = \sqrt{3} \times V_{ac-inv} \times I_{ac-inv} \times \cos\theta \, [W_{ac}]$$

V_{ac-inv} : 인버터 출력 교류전압 $[V_{ac}]$
I_{ac-inv} : 인버터 출력 교류전류 $[A_{ac}]$
$\cos\theta$: 부하역률

3) 상기 식의 조건이 만족되지 못하면, 아날로그 신호를 디지털 신호로 변환시켜 주는 A/D Converter의 이상이 있을 수 있으므로 이를 확인하여야 한다.

4) 항상 최적의 계측을 위해서는 동일시각에 각 인버터의 출력측 교류전류, 교류전압 측정값과 모니터링 데이터 표시화면의 값이 일치하는지 여부를 주기적으로 확인 하여야 한다.

(3) 직류전력(P_{dc})과 단상 교류전력($P_{1\phi-ac}$)

$$P_{dc} = P_{1\phi-ac}$$
$$V_{dc-inv} \times I_{dc-inv} \, [W_{dc}] = \frac{V_{dc-inv} \times I_{dc-inv} \times \cos\theta}{\eta_{inv}} \, [W_{ac}]$$

η_{inv} : 인버터 변환효율

(4) 직류전력(P_{dc})과 3상 교류전력($P_{3\phi-ac}$)

$$P_{dc} = P_{3\phi-ac}$$
$$V_{dc-inv} \times I_{dc-inv} \, [W_{dc}] = \frac{\sqrt{3} \times V_{ac-inv} \times I_{ac-inv} \times \cos\theta}{\eta_{inv}} \, [W_{ac}]$$

2 태양광 전기실 관리

1. 승압변압기의 상태 점검

(1) 변압기 점검의 종류

점검의 종류	점검의 목적
일상점검 (순회점검)	• 일상에 수시로 순회점검에 의해 주로 육안에 의한 관찰로 점검하는 것이다. • 전기설비의 운전 중에 이상의 유무를 조사한다. • 냄새, 소리, 변색, 파손 등을 확인함과 동시에 전압, 전류, 전력, 역률 등을 체크하여 운전상태를 확인한다.
정기점검 (정밀점검)	• 일정기간에, 예를 들면 연1회 또는 연2회의 각 항목에 대해서 정밀하게 점검을 하는 것이다. • 전기설비를 정전시켜 일상점검에서 측정, 점검하지 못했던 항목에 대해서 측정, 시험을 행한다.
임시점검 (긴급점검)	• 전기사고나 전기설비의 이상이 발생했을 때 점검, 측정, 시험에 의해서 원인을 조사하여 보수하고 재발방지의 대책으로 수립하기 위한 점검이다. • 또한 강우라든지 낙뢰의 계절, 태풍내습에 방지하기 위한 점검도 임시점검이라고 한다.

(2) 유입 변압기의 점검

점검개소	점검항목	요점	이상의 원인
변압기 본체 (외함)	유온	일정한 장소에서 측정한 주위온도와 부하량 및 온도계의 지침을 기록하여 과거의 데이터와 비교한다.	변압기 내부이상 냉각기의 능력저하, 온도계 지시불량
	이상음 진동	일상 시와 다른 소리, 단속음, 진동 등에 주의하여 그 발생장소를 추정한다.	과여자, 내부 또는 외부의 조임 이완, 유중방전
	누유	콘서베이터 연결부, 부싱, 방압장치 등 누유여부를 육안점검하고 분필가루 등을 칠해두면 알기 쉽다.	패킹의 열화, 이완, 용접부의 균열
흡습 호흡기	호흡 상황 점검	실리카 겔의 변색, 기포의 발생상황, 외관의 이상을 체크한다.	실리카 겔의 열화, 막힘

운영 및 유지보수

부싱 단자	누유	애자의 변색이나, 부싱부의 누유에 주의한다.	패킹의 열화, 이완 및 애자의 파손
	과열 균열	미리 단자에 온도테이프를 붙여 놓고 체크한다. 진애, 염분의 부착, 코로나 음에도 주의한다.	조임 개소의 이완, 과부하, 외부원인의 파손, 내부원인의 파손
방압 장치	누유 방압판 균열	방압판의 균열, 방출안전장치의 동작유무, 방압판의 이완에 의한 누유를 체크한다.	방압판의 열화, 패킹의 열화
콘서 베이터	유면	절연유 온도와 유면의 관계를 유면계에 의해서 체크하여 기록한다.	누유, 빗물침입, 유면계 지시 불량
절연유	유색 내압 산가	육안점검에 의해 유색의 변화를 체크하고, 내압 및 산가의 변화를 주기적으로 체크한다.	절연유가 공기 중의 산소와 수분이 흡입, 내부 권선의 부분 절연파괴로 인한 부분방전으로 절연유의 열화가 진행
접지 터미널	조임 이탈 여부	접지 터미널의 조임이 이완되지 않았는지 확인한다.	접속불량, 소손

(3) 몰드 변압기의 점검

점검개소	점검항목	요점	이상의 원인
변압기 본체 (외함)	이상음 진동	일상 시와 다른 소리, 단속음, 진동 등에 주의하여 그 발생장소를 추정한다.	과여자, 내부 또는 외부와 조임 이완
부싱단자	과열 균열	미리 단자에 온도테이프를 붙여놓고 체크한다. 진애, 염분의 부착, 코로나 음에도 주의한다.	조임 개소의 이완, 과부하, 외부원인의 파손, 내부원인의 파손
접지터미널	조임, 이탈여부	접지 터미널의 조임이 이완되지 않았는지 확인한다.	접속불량, 소손
캐치홀더	퓨즈 상태	과부하로 인한 퓨즈의 용융상태 육안점검	과부하, 정격용량 미달
1차, 2차 접속부	접속 조임상태	1차 접속부, COS 접속부, 2차 접속부, 캐치홀더 접속부 접속상태 체크	설치 초기, 작업 후 접속상태 불량

예제 1 변압기 결선방식 중에서 △-△결선의 특성을 서술하시오.

풀이

1) 1상분이 고장이 나면 나머지 2대로서 V 결선 운전이 가능하다.
2) 중성점을 접지할 수 없으므로 지락사고의 보호계전기 시스템구성이 복잡하다.
3) 제3고조파의 전류가 △결선 내를 순환하므로 인가전압이 정현파이면 유도전압도 정현파가 된다.
4) 각 변압기의 상전류가 선전류의 $\frac{1}{\sqrt{3}}$ 이 되어 저전압 대전류 계통에 적당하다.
5) 정격용량이 다른 것을 결선하면 순환전류가 흐른다.

예제 2 3상4선식 교류 380V, 50kVA 부하가 변전실 배전반에서 270m 떨어져 설치되어 있다. 허용전압강하는 얼마이며 이 경우 배전용 케이블의 최소굵기는 얼마로 하여야 하는지 계산하시오.(단 전기사용장소 내 시설한 변압기이며, 케이블은 IEC 규격에 한다)

(1) 허용전압강하는?
(2) 케이블의 굵기는?

풀이

(1) 전선길이 60m를 초과하는 경우의 전압강하

$$e = 380 \times 0.07$$
$$= 26.6 \, [V]$$

■ 전선길이에 따른 전압강하

공급변압기의 2차측 단자 또는 인입선 접속점에서 최원단의 부하에 이르는 사이의 전선길이[m]	전압강하[%]	
	사용장소 안에 시설하는 전용 변압기에서 공급하는 경우	전기사업자로부터 저압으로 전기를 공급받는 경우
120 이하	5 이하	4 이하
200 이하	6 이하	5 이하
200 초과	7 이하	6 이하

(2) 전선의 단면적

$$부하전류 I = \frac{50 \times 10^3}{\sqrt{3} \times 380}$$
$$= 75.97 \, [A]$$

$$전선의 굵기 A = \frac{17.8 \, LI}{1000e}$$
$$= \frac{17.8 \times 270 \times 75.97}{1000 \times 220 \times 0.07}$$
$$= 23.71 \, [mm^2]$$

■ 전기방식에 따른 전선 단면적

단상2선식	$A = \dfrac{35.6\, LI}{1,000 \cdot e}$
3상3선식	$A = \dfrac{30.8\, LI}{1,000 \cdot e}$
단상3선식 3상4선식	$A = \dfrac{17.8\, LI}{1,000 e_1}$

단상3선식 및 3상4선식의 전선의 굵기 계산식에서 e1은 전압선과 중성선 사이의 전압 즉, 상전압을 의미한다.

체크포인트

1. KSC IEC 전선규격[㎟]

1.5	2.5	4
6	10	10
25	35	50
70	95	120
150	185	240
300	400	500

2. 피뢰기와 피뢰침의 차이 비교

항목	피뢰기(lightning arrester)	피뢰침(lightning rod)
사용목적	• 이상전압(낙뢰 또는 개폐 시 발생하는 전압)으로부터 전력설비의 기기를 보호	• 건축물과 내부의 사람이나 물체를 뇌해로부터 보호
접지	• 제1종접지공사, 방전된 경우에만 접지	• 제1종접지공사, 상시접지
취부위치	• 발전소·변전소 또는 이에 준하는 장소의 가공전선 인입구 및 인출구 • 가공전선로에 접속하는 배전용 변압기의 고압측 및 특고압측 • 고압 및 특고압 가공전선으로부터 공급을 받는 수용장소의 인입구 • 가공전선로와 지중전선로가 접속되는 곳	• 지면상 20[m]를 초과하는 건축물이나 공작물 • 소방법에서 정한 위험물, 화약류 저장소, 옥외탱크 저장소 등

2. 전기실 통풍상태 점검

일반적으로 전기실은 변압기 등 발열기기가 설치되므로 전기실의 온도상승을 억제하기 위하여 환기용 배기팬과 급기팬을 설치하며 아래와 같은 방법으로 운전된다.

① 타이머를 이용하여 일정시간 간격으로 ON/OFF한다.

② 전기실에 설치된 온도스위치의 설정온도에 따라 ON/OFF한다.

③ 전력설비 자동제어프로그램에서 ON/OFF 시간을 설정하여 운전한다.

④ 전기실은 언제나 양(+)압을 유지하여야 한다.

⑤ 급기팬이 가동되지 않는 상태에서 배기팬만 가동되어서는 안 된다.

⑥ 배기팬만 가동하면 전기실은 음(-)압이 형성되어 부식성가스, 폭발성가스, 유독성가스
가 전기실로 유입되어 전기설비의 부식과 폭발위험이 존재하게 된다.

3. 케이블 동작상태 점검

일반적으로 전기실에 사용되는 케이블의 종류는 CV 케이블 또는 FR-8 케이블을 사용하
며, 일상점검 전에 부하전류에 대한 전선의 굵기와 선로의 길이에 대한 전압강하가 적당
한지 판단하여야 한다.

케이블의 점검에는 육안점검과 계측기를 이용하는 방법이 있다.

(1) 육안검사

① 케이블 외장의 손상이나 발열여부

② 케이블 트레이, 배관 등 접지상태

③ 방화구획 관통부의 기밀성 유지상태

④ 발열설비에 케이블의 접촉 및 접근여부

⑤ 단말처리 및 테이프는 잘 감겨져 있는지의 여부

⑥ 단자의 조임상태

⑦ 케이블의 손상에 의한 수트리 여부

(2) 계측기를 이용한 점검

① 케이블이 소정의 절연을 유지하고 있는지의 여부를 절연저항계를 이용하여 절연
저항을 측정한다.

② 전압, 전류가 적당한지 여부를 전압계, 전류계를 이용하여 전압, 전류를 측정한다.

③ 케이블의 차폐층(시스)을 접지한 경우 접지저항값이 규정치 이하로 유지되고 있는
지를 확인하기 위하여 접지저항계로 접지저항을 측정한다.

④ 통상적인 사용 중 과부하, 단락, 지락(누전)등에 의하여 과전류차단기 또는 누전차
단기가 동작하여 차단된 경우 원인을 제거하거나 개선작업을 실시한 후 사용하여
야 한다.

예제 1 다음 전선의 표시약호에 대한 명칭을 정확하게 쓰시오.

> 1) OW ?
> 2) OE ?
> 3) DV ?
> 4) NR ?
> 5) RIF ?

풀이

1) OW 전선 : 옥외용 비닐절연전선
2) OE 전선 : 옥외용 폴리에틸렌 절연전선
3) DV 전선 : 인입용 비닐절연전선
4) NR 전선 : 450/750[V] 일반용 단심 비닐절연전선
5) RIF 전선 : 300/300[V] 유연성 고무절연 고무시스 코드

예제 2 지중전선로의 케이블 시설방법을 쓰시오.

풀이

① 지중전선로는 전선에 케이블을 사용하여야 한다.
② 또한 관로식, 암거식, 직접 매설식에 의하여 시설하여야 한다.

4. 차단기 동작상태 점검

통상적인 사용 중 과부하, 단락, 지락 등에 의하여 과전류 또는 지락계전기가 동작하여 차단기가 차단된 경우에는 반드시 원인을 파악하여 원인의 제거 후 또는 보수작업을 실시한 후 투입하여야 한다.

(1) 차단기 및 보호계전기의 종류

1) 차단기의 종류

종 류	기 호	소호원리
유입차단기	OCB	기름 내에서 아크 소호
기중차단기	ACB	대기 중에서 아크 소호
자기차단기	MCB	자기의 성질을 이용해서 아크 소호
공기차단기	ABB	압축공기로 아크를 불어서 소호
진공차단기	VCB	진공상태에서 아크 소호
가스차단기	GCB	SF_6가스를 이용하여 아크 소호

2) 보호계전기의 종류

보호계전기 종류(번호)	계전기 기능	설치위치
UVR(27)	교류 부족전압계전기	
OVR(59 직류45)	교류 과전압계전기	
OCR(51, 51G, 51N)	교류 과전류계전기(G:지락, N:중성선)	특고압반, 저압반
SR(50, 50G, 50S)	교류 선택계전기(G:지락, S:단락)	
UFR(81U), OFR(81O)	과주파수계전기, 부족주파수계전기	
DR(87)	교류 전류차동계전기(변압기 보호)	

(2) 보호계전기의 점검방법

점검항목	점검방법	이상 시 조치
전반	• 먼지, 철분 등 이물질이 내부에 혼입되어 있지 않을 것	이물질 제거. 청소
	• 내부 설치 부품에 변형이나 녹, 파손 등이 없을 것	수리 또는 청소
가동부	• 가동부 동작위치에 떨어져 있을 때 원활히 정규위치로 복귀할 것	원인조사 후 조정/수리
	• 가동부와 제동자석 기타 자극 등의 간격이 적당할 것	수리
	• 원판 변형이 없을 것	수리
	• 회전축 편심이 없을 것	수리
	• 축 상하 동작이 적절할 것	조정
접점부	• 소손, 오손, 녹이 생기지 않을 것	오손, 녹에 대해서는 접점조정, 소손은 수리
	• 접점 스프링이 변형되지 않을 것	수리 또는 조정
	• 접점이 잘 맞물려 있을 것	접점위치 조정
보조기기	• 코일이 소손되지 않을 것	수리
	• 기구부가 변형되지 않을 것	수리
	• 접점의 거침, 변형이 없을 것	청소, 접점조정, 수리
	• 동작, 복귀에 이상이 없을 것 • 가동부 움직임이 원활할 것	조정 또는 수리
	• 표시판 변형이 없을 것	조정 또는 수리
	• 복귀 레버가 가볍게 움직일 것	원인조사 후 조정/수리
	• 가벼운 충격으로 오 표시 하지 않을 것	조정 또는 수리
	• 램프가 끊어져 있지 않을 것	교환

(3) 차단기의 점검

1) 일상점검

① 개폐표시기의 표시확인

② 이상한 냄새, 소리의 발생유무

③ 과열로 인한 변색유무

④ 애자류의 균열, 파손의 유무

⑤ 녹, 변형, 오손 유무

2) **정기점검**(진공차단기)

① 무부하 개폐시험

- 투입시간
- 개극시간
- 3상 불균형 시간
- 투입 조작전류
- 최저 투입전압
- 최저 트립전압

② 트립 자유 시험

③ 진공밸브의 접점소모량 측정

④ 진공도의 판정

(4) 차단기의 점검 시 주의사항

1) 활선상태에서의 외관점검

활선상태에 외관 점검 시, 정해진 위험범위 이내로 가까이 접근하지 말 것

2) 전원을 차단하고 실시하는 점검

① 차단기의 개폐상태를 확인한다.

② 차단기의 제어회로 전원을 끊는다.

③ 관련기기의 상태를 확인한 후, 오 조작이 없도록 단로기를 개로하고 차단기의 주회로를 접지한다.

④ 점검작업은 되도록 차단기가 "개로(ON)" 상태에서 실시하고, 불가피하게 "폐로 (ON)" 상태에서 점검을 시행할 경우에는 로크장치 등을 사용하여 불시에 개로 (OFF)되지 않도록 한다.

예제 1 아래의 전기관련 표시약호에 대한 명칭을 정확하게 쓰시오.

(1) ACB ?	(2) MCB ?
(3) OCB ?	(4) GCB ?
(5) ABB ?	(6) ELB ?
(7) VCB ?	(8) NFB ?
(9) ZCT ?	(10) BCT ?

풀이

(1) ACB : 기중 차단기   (2) MCB : 자기 차단기
(3) OCB : 유입 차단기   (4) GCB : 가스 차단기
(5) ABB : 공기 차단기   (6) ELB :누전 차단기
(7) VCB : 진공 차단기   (8) NFB : 배선용 차단기
(9) ZCT : 영상 변류기   (10) BCT : 부싱형 변류기

예제 1 아래 그림과 같이 계통에서 단로기 DS_3을 통하여 부하를 공급하고 차단기 CB를 점검하려고 한다. 이 때의 상황에 대해 다음의 물음에 답하시오(단, 평상시에는 DS_3가 열려있는 상태이다).

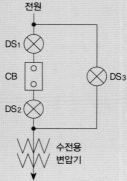

1) 점검을 하기 위한 조작순서를 설명하시오.
2) CB를 점검 완료 후 원상복귀 시킬 때의 조작순서를 설명하시오.

풀이

1) DS_3 (ON) → CB(OFF) → DS_2 (OFF) → DS_1 (OFF)
2) DS_2 (ON) → DS_1 (ON) → CB (ON) → DS_3 (OFF)

 체크포인트

1. 전기설비 검사항목 처리지침서에 의거 검사항목

  1) 외관검사
  2) 접지저항 측정
  3) 계측장치 설치상태
  4) 보호장치 설치 및 동작 상태
  5) 절연유 내압 및 산가 측정
  6) 절연내력 시험
  7) 절연저항 측정

2. 접지시공 방법

1) 접지봉은 전주에서 0.5m 이상 이격시켜 매설한다.

2) 접지봉을 2개 이상 병렬로 매설할 때는 상호 간격을 2m 정도 이격시킨다.

3) 접지봉은 지하 75m 이상 깊이로 매설한다.

4) 접지봉을 2개 이상 매설할 때는 가급적 직렬로 연결하고 접지봉은 심타법으로 시공한다.

5) 접지선은 중간접속을 하지 않는다.

6) 접지선과 접지봉 리드단자의 연결은 접지슬리브 또는 이와 동등한 방법으로 접속한다.

7) 접지선은 내부로 설치하는 것을 원칙으로 한다.

3. 과전류

일반적으로 과전류란 과부하전류 및 단락전류로 정의한다.

① 과부하전류

기기에 대하여는 그 정격전류, 전선에 대하여는 그 허용전류를 어느 정도 초과하여 그 계속되는 시간을 합하여 생각하였을 때, 기기 또는 전선의 손상방지 상 자동차단을 필요로 하는 전류를 말한다.

② 단락전류

전로의 선간이 임피던스가 적은 상태로 접촉되었을 경우에 그 부분을 통하여 흐르는 큰 전류를 단락전류라고 말한다.

3 유지보수 계획수립

1. 유지보수 의의

(1) 유지보수 목적

태양광발전시스템에서 유지관리란 건설된 태양광발전시스템의 제 기능을 유지하기위하여 일상점검, 정기점검, 임시점검을 통하여 사전에 유해요인을 제거하고 손상된 부분을 원상복구하여, 당초 건설된 상태를 유지함과 동시에 경과시간에 따라 요구되는 시설물의 개량을 통해 태양광 발전량의 최적화를 이루고, 근무자 및 주변인의 안전을 확보하기위해 시행하는 것이다.

(2) 유지보수 개요

1) 시설물을 유지관리 함에 있어서 정확한 현재 보유강도나 안정성 파악, 급격한 기능저하를 가져올 우려가 있는 변형누수 등의 결함을 조기에 파악하여 적절한 대책을 수립하는 것이 매우 중요하다.

2) 시설물 유지관리를 정량적으로 기준화된 것이 아니므로 경험적 판단을 요하는 경우가 많으나 적절하고 객관적인 평가가 이루어지지 위해서는 시설물별 점검기준 및 평가가 많으나 적절하고 객관적인 평가가 이루어지기 위해서는 시설물별 점검기준 및 평가·판정기준을 마련하여 각 기준에 따라 유지관리를 시행하는 것이 바람직하다.

3) 새로운 형식의 특수구조물에 결함이 나타난 경우에는 경험의 부족으로 향후의 예측이 불가능한 경우가 있으므로 전문기술자의 자문을 구하여야 한다.

2. 유지보수 절차

(1) 유지보수 절차

태양광발전시스템의 유지관리는 초기에 변형이나 결함을 정확히 파악하여 가장 적절한 대책을 수립하는 것이므로 결함의 예측, 점검, 평가 및 판정, 대책, 기록 등을 합리적으로 조합시켜 순서에 따라 대처하여야 한다.

유지관리 절차 시 고려해야할 사항은 아래와 같다.

1) 시설물별 적절한 유지관리계획서를 작성한다.

2) 유지관리자는 유지관리계획서에 따라 시설물의 점검을 실시하며, 점검결과는 점검 기록부(또는 일지)에 기록, 보관하여야 한다.

3) 점검결과에 따라 발견된 결함의 진행성 여부, 발생시기, 결함의 형태나 발생위치, 원인과 장해추이를 정확히 평가 · 판정한다.

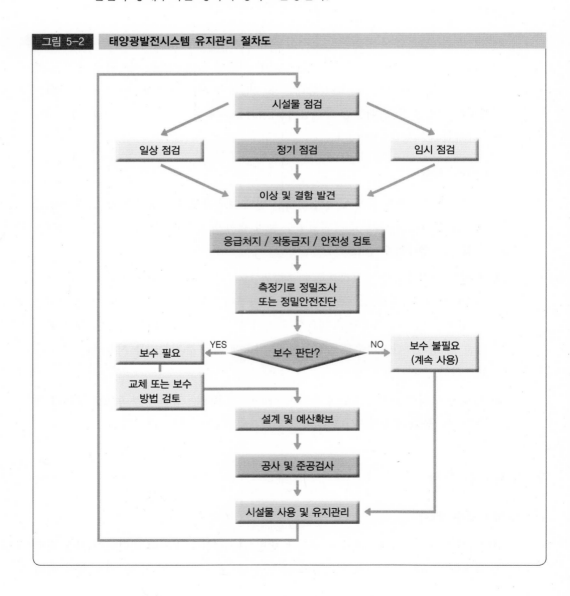

그림 5-2　태양광발전시스템 유지관리 절차도

4) 점검결과에 의한 평가 · 판정 후 적절한 대책을 수립하여야 한다.

상기 사항을 고려한 태양광발전시스템에서 유지관리 절차를 나타내면 [그림 5-2] 와 같다.

(2) 상세한 유지보수 점검주기 예

표 5-6 태양광발전시스템의 유지보수(상세한 Q&M 일정)

항 목	유지보수 활동	매일	매주	매달	매년
1. 태양전지 어레이 구조	• 부식, 손상에 대한 육안검사와 구조의 일반적 검사		●		
	• 곤충(해충)의 제거			●	
	• 구조의 페인트 상태				●
2. 태양전지 모듈	• 유리의 청소		●		
	• 부식, 손상에 대한 육안검사와 구조의 일반적 검사		●		
	• 곤충(해충)의 제거			●	
3. 배선과 접속함	• 부식, 손상에 대안 육안 검사		●		
	• 케이블의 연결상태, 케이블의 과열		●		
	• 접속함의 모든 인입선 전압점검			●	
	• 결함박스의 외관검사 및 출력전압 측정		●		
4. 인버터와 그 밖의 패널	• 결함, 손상과 상태에 대한 실제적인 검사	●			
	• 전력망에 전원공급 및 동기화	●			
	• 수동으로 인버터 데이터 Logger 포맷	●			
5. 전기적 & 안전장치	• 배선 부속품, 차단기, 절연장치의 기능과 모든 연결확인			●	
	• 전기장치 / 재료의 과열신호 점검		●		
	• 화재보호장치 & 모든 제어반				●
6. 제어반	• 제어반 내 청소		●		
7. 모니터링 장치	• 인버터 또는 어레이의 출력과 작동상황을 모니터링	●			
	• 발전소 성능 데이터 기록	●			
8. 태양 어레이 필드	• 옥상 테라스의 일반정비		●		

운영 및 유지보수

3. 유지보수 계획 시 고려사항

(1) 유지관리 요령

1) 유지관리 개요

시설물의 결함은 계획, 설계, 제작, 시공 및 감리, 시설물의 이용, 청소 및 점검 장비와 시설 등의 유지관리 단계를 거치면서 자연적 요인과 인위적 요인에 의하여 발생하는 것이므로 유지관리 단계에서는 물론 계획, 설계, 시공단계에서도 유지관리를 염두에 두고 행하여야 한다.

2) 유지관리체계의 구축방향

시설물의 유지관리 체제는 다음의 제반사항을 추구함으로서 순차적으로 구축한다.
① 유지관리 담당자에 대한 시설물 보전의 정확한 정보제공
② 공사상의 하자에 대한 신속하고 적합한 대응
③ 유지관리 업무에 관한 제반기준의 확립
④ 유지관리 활동에 대한 지원체제의 정비
⑤ 시설물의 신뢰성 확보
⑥ 시설물에 대한 수명주기의 비용개념(Life Cycle Cost)을 도입

3) 유지관리의 자세

시설물의 유지보수 업무에 종사하는 자는 항상 다음과 같은 자세로 업무에 임하여야 한다.
① 시설물의 결함이나 파손을 초래하는 요인을 사전조사로 발견하여 미연에 방지토록 한다.
② 시설물의 결함이나 파손은 조기발견하고 즉시 조치하여 파손이 확대되지 않도록 한다.
③ 이용편의에 있어서 제한 및 장애를 최대한 적게 한다.
④ 안전을 최우선으로 하여 모든 작업을 시행한다.
⑤ 면밀한 작업계획수립에 의해 최대의 작업효과를 가져오도록 하여 예산낭비의 요인이 없도록 한다.

4) 유지관리의 방침수립

시설물의 유지관리 업무를 효과적이고 적합한 방법을 통하여 경제적으로 수행하기 위해서는 다음과 같은 운영방침을 수립해야 한다.

① 시설물에 대한 지속적인 점검과 사전정비를 효과적이며 체계적인 방법으로 실시하여 시설물의 기능을 보존하고 이용자의 안전과 편의를 도모하도록 한다.

② 주시설의 관리를 최우선으로 하고, 부속시설물도 예방정비를 철저히 시행하여 시설물의 피해가 확대되는 것을 방지한다.

③ 시설물 정비를 효과적으로 수행하기 위해서는 보수의 타당성을 사전에 충분히 판단한 후 적정한 규모와 경제적인 방법으로 적기에 시행한다.

④ 예산집행 상 차질이 없도록 명확한 년, 월, 주간 작업계획 하에 일일 인력동원, 자재투입, 작업운영 등 철저한 작업계획을 수립하여 예산낭비 요인이 발생하지 않도록 한다.

⑤ 작업원의 이직현상과 동원의 어려움을 해소하기 위해 능력있고 성실한 필수 작업요원들을 고정 확보하여 운영할 수 있도록 하는 유지관리반의 정예화가 필요하다.

⑥ 기존시설에 대하여 새로운 방법에 의한 개량과 규격 및 기준을 변경할 때는 현재 시행되는 모든 기준에 부합되어야 하며, 관리책임부서 및 관련기관과 협의 후 조치한다.

(2) 유지관리 계획

1) 개요

① 시설물의 유지관리자는 시설물의 특성, 규모 등을 고려한 장기유지관리기준을 마련하고 그 기준에 따라 매년 유지관리계획을 수립하여 계획에 따라 적절한 유지관리를 행하여야 한다.

② 유지관리는 초기점검에 의한 시설물의 현상평가로부터 시작된다. 이 점검을 행할 때에는 당해 시설물의 계획, 설계, 시공의 기록을 이용하는 것이 점검내용을 정하는 데에 매우 유용하다.

③ 기록의 신뢰성이 높은 경우에는 점검내용을 상당히 줄일 수 있다.

④ 기록은 유지관리 단계별로 매우 유용하게 이용되므로 기록을 적절히 정리하여 보관하여야 한다.

⑤ 새로 신설되는 시설물의 경우 유지관리를 고려하여 계획, 설계, 시공을 행하면 유지관리가 매우 용이하게 된다. 특히, 유지관리를 위한 점검설비 등을 건설당시 적절히 설치하거나 기존 시설물에도 점검설비 등을 미리 설치하면 유지관리 업무에 매우 유용하게 활용할 수 있다.

2) 점검계획

시설물의 준공 후 유지관리자는 수시점검 또는 정기적인 점검계획을 수립하여 계획에 따라 적절히 점검을 시행하여, 점검계획을 수립할 때는 다음과 같은 사항들이 고려되어야 한다.

① 시설물의 종류, 범위, 항목, 방법 및 장비
② 점검대상 부위의 설계자료, 과거이력 파악
③ 시설물의 구조적 특성 및 특별한 문제점 파악
④ 시설물의 규모 및 점검의 난이도
⑤ 점검당시의 주변여건
⑥ 점검표의 작성
⑦ 기타 관련사항

(3) 유지관리 경제성

1) 유지관리비의 구성요소

① 유지비
② 보수비와 개량비
③ 일반관리비
④ 운용지원비

2) 내용연수

① 물리적 내용연수
② 기능적 내용연수
③ 사회적 내용연수
④ 법정 내용연수

4. 유지보수 계획

(1) 사용 전 검사 시험성적서 확인방법

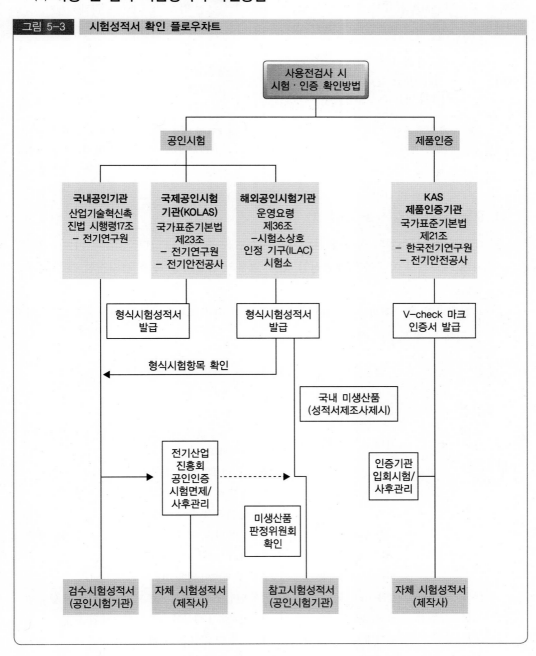

그림 5-3 | 시험성적서 확인 플로우차트

사용전검사 시
시험·인증 확인방법

공인시험   제품인증

국내공인기관
산업기술혁신촉
진법 시행령17조
– 전기연구원

**국제공인시험
기관(KOLAS)**
국가표준기본법
제23조
– 전기연구원
– 전기안전공사

해외공인시험기관
운영요령
제36조
–시험소상호
인정 기구(ILAC)
시험소

**KAS
제품인증기관**
국가표준기본법
제21조
– 한국전기연구원
– 전기안전공사

형식시험성적서
발급

형식시험성적서
발급

V-check 마크
인증서 발급

형식시험항목 확인

국내 미생산품
(성적서제조사제시)

전기산업
진흥회
공인인증
시험면제/
사후관리

인증기관
입회시험/
사후관리

미생산품
판정위원회
확인

검수시험성적서
(공인시험기관)

자체 시험성적서
(제작사)

참고시험성적서
(공인시험기관)

자체 시험성적서
(제작사)

개요 및 유지보수

(2) 전기설비 구분에 따른 안전관리자 선임범위

표 5-7 검사대상의 범위(신설인 경우)

구 분	검사종류	용 량	선 임	감리원 배치
일반용	사용전 점검	10kW 이하	미선임	필요 없음
자가용	사용전 검사 (저압설비는 공사계획 미신고)	10kW 초과 (자가용 설비 내에 있는 경우 용량에 관계없이 자가용임)	대행업체 대행 가능 (1,000kW 이하)	감리원 배치확인서 (자체 감리원 불인정 - 상용이기 때문)
사업용	사용전 검사 (시·도에 공사계획 신고)	전 용량 대상	대행업체 대행 가능 (10kW 이하 미선임 가능)	감리원 배치확인서 (자체 감리원 불인정 - 상용이기 때문)

(3) 준공 시의 점검(사용 전 검사)

태양광발전시스템의 공사가 완료되면 시스템을 점검해야 한다. 점검내용은 육안점검 외에 태양전지 어레이의 개방전압 측정, 각부의 절연저항 측정, 접지저항 측정을 해야 한다.

점검결과와 측정결과는 자세히 기록해 두어야 하며, 다음 기회에 일상점검 및 정기점검 시에 많은 도움이 된다.

설 비	점검항목		점검요령
태양전지 어레이	육안 점검	표면 오염 및 파손	오염 및 파손의 유무 점검
		프레임 파손 및 변형	파손 및 두드러진 변형이 없을 것
		가대 부식 및 녹 발생	부식 및 녹이 없을 것(녹의 진행이 없고, 도금 강판의 끝부분은 제외)
		가대 고정	볼트 및 너트의 풀림이 없을 것
		가대 접지	배선공사 및 접지접속이 확실할 것
		코킹	코킹의 파손 및 불량이 없을 것
		지붕재의 파손	지붕재의 파손, 어긋남, 뒤틀림, 균열 등이 없을 것
	측정	접지저항	접지저항 100Ω 이하(제3종접지)
중간단자함 (접속함)	육안 점검	외함 부식 및 파손	부식 및 파손이 없을 것
		방수처리	전선 인입구가 실리콘 등으로 방수처리 되어 있을 것
		배선 극성	태양전지에서 배선의 극성이 바뀌지 않을 것
		단자대 나사의 풀림	확실하게 연결되어 나사의 풀림이 없을 것
	측정	절연저항 (태양전지 - 접지 간)	0.2MΩ 이상 측정전압 DC 500V (각 회로마다 전부 측정)

		절연저항(중간 단자함 출력단자 - 접지 간)	1MΩ 이상 측정전압 DC 500V
		개방전압 및 극성	규정전압이어야 하고 극성이 올바를 것(각 회로마다 측정)
인버터	육안 점검	외함 부식 및 파손	부식 및 파손이 없을 것
		취부	• 견고하게 고정되어 있을 것 • 유지보수에 충분한 공간이 확보되어 있을 것 • 옥내용 : 과도한 습기, 기름 습기, 연기, 부식성 가스, 가연가스, 먼지, 염분, 화기 등이 없는 장소일 것 • 옥외용 : 눈이 쌓이거나 침수의 우려가 없을 것 • 화기, 가연성가스 및 인화물이 없을 것
		배선의 극성	• P는 태양전지(+), N은 태양전지(-) • U, O는 계통측 배전(단상 3선식 220V)[(O는 중성선)U - O, O - W간 220V] • 자립운전의 배선은 전용 콘센트 또는 단자에 의해 전용배선으로 하고 용량은 15A 이상일 것
		단자대 나사의 풀림	확실하게 취부되고 나사의 풀림이 없을 것
		접지단자와의 접속	접지와 바르게 접속되어 있을 것(접지봉 및 인버터 '접지단자'와 접속)
	측정	절연저항(인버터 입출력단자 - 접지 간)	1MΩ 이상 측정전압 DC 500V
그 외 태양광 발전용 개폐기, 전력량계, 인입구, 개폐기 등	육안 점검	전력량계	발전사업자의 경우 전력회사에서 지급한 전력량계를 사용할 것
		주간선 개폐기(분전반 내)	역접속 가능형으로서 볼트의 흔들림이 없을 것
		태양광발전용 개폐기	'태양광발전용'이라 표시되어 있을 것
운전 · 정지	조작 및 육안 점검	보호계전기능의 설정	전력회사 정정치를 확인할 것
		운전	운전스위치 '운전'에서 운전할 것
		정지	운전스위치 '정지'에서 정지할 것
		투입저지 시한 타이머 동작시험	인버터가 정지하여 5분 후 자동 기동할 것
		자립운전	자립운전으로 절환할 때 자립운전용 콘센트에서 제조업자 규정전압이 출력될 것
		표시부의 동작 확인	표시가 정상으로 되어 있을 것
		이상음 등	운전 중 이상음, 이상진동, 악취 등의 발생이 없을 것
		발전전압 (태양전지전압)	태양전지의 동작전압이 정상일 것(동작전압 판정 일람표에서 확인)

운영 및 유지보수

		인버터의 출력표시	인버터 운전 중 전력표시부에 사양과 같이 표시될 것
발전전력	육안 점검	전력량계(거래용 계량기), (송전 시)	회전을 확인할 것
		전력량계(수전 시)	정지를 확인할 것

(4) 자가용 태양광 발전설비 사용 전 검사항목

표 5-8 자가용 태양광 발전설비 사용전 검사항목 및 세부검사 내용

검사항목	세부검사내용	수검자준비자료
1. 태양광 발전설비표	태양광 발전설비표 작성	공사계획인가(신고)서 태양광 발전설비 개요
2. 태양광전지 검사 태양광전지 일반규격	규격 확인	공사계획인가(신고)서 태양광전지 규격서
태양광전지 검사	외관검사 전지 전기적 특성시험 어레이	단선결선도 태양전지 트립인터록 도면 시퀀스 도면 보호장치 및 계전기시험성적서 절연저항시험 성적서
3. 전력변환장치 검사 전력변환장치 일반규격	규격 확인	공사계획인가(신고)서
전력변환장치 검사	외관검사 절연저항 절연내력 제어회로 및 경보장치 전력조절부/static 스위치 자동 · 수동절체시험 역방향운전 제어시험 단독운전 방지 시험 인버터 자동 · 수동절체시험 첫전기능 시험	단선결선도 시퀀스 도면 보호장치 및 계전기시험 성적서 절연저항시험 성적서 절연내력시험 성적서 경보회로시험 성적서 부대설비시험 성적서
보호장치검사	외관검사 절연저항 보호장치 시험	
축전지	시설상태 확인 전해액 확인 환기시설 상태	

4. 종합연동시험 검사 5. 부하운전시험 검사	검사 시 일사량을 기준으로 가능출력 확인하고 발전량 이상유무 확인(30분)	종합 인터록 도면 출력 기록지
6. 기타 부속설비	전기수용설비 항목을 준용	

(5) 사업용 태양광 발전설비 사용 전 검사항목

표 5-9   사업용 태양광 발전설비 사용 전 검사항목 및 세부검사 내용

검사항목	세부검사내용	수검자준비자료
1. 태양광 발전설비표	태양광 발전설비표 작성	공사계획인가(신고)서 태양광 발전설비 개요
2. 태양광전지 검사 태양광전지 일반규격	규격 확인	공사계획인가(신고)서 태양광전지 규격서
태양광전지 검사	외관검사 전지 전기적 특성시험 어레이	단선결선도 태양전지 트립인터록 도면 시퀀스 도면 보호장치 및 계전기시험 성적서 절연저항시험 성적서
3. 전력변환장치 검사 전력변환장치 일반 규격	규격 확인	공사계획인가(신고)서 단선결선도
전력변환장치 검사	외관검사 절연저항 절연내력 제어회로 및 경보장치 전력조절부/static 스위치 자동·수동절체시험 역방향운전 제어시험 단독운전 방지 시험 인버터 자동·수동절체 시험 충전기능 시험	시퀀스 도면 보호장치 및 계전기시험 성적서 절연저항시험 성적서 절연내력시험 성적서 경보회로시험 성적서 부대설비시험 성적서
보호장치검사	외관검사 절연저항 보호장치 시험	
축전지	시설상태 확인 전해액 확인 환기시설 상태	

운영 및 유지보수

검사항목	세부검사내용	수검자준비자료
4. 변압기 검사		
변압기 일반규격	규격 확인	공사계획인가(신고)서
		변압기 및 부대설비 규격서
변압기 본체 검사	외관검사	단선결선도
	접지 시공 상태	시퀀스 도면
	절연저항	절연유 유출방지 시설도면
	절연내력	특성시험 성적서
	특성시험	보호장치 및 계전기 시험 성적서
	절연유 내압시험	상회전 및 loop시험 성적서
	탭절환장치 시험	절연내력시험 성적서
	상회전 및 loop 시험	절연유 내압시험 성적서
	충전시험	절연저항시험 성적서
		계기교정시험 성적서
보호장치 검사	외관검사	경보회로시험 성적서
	절연저항	부대설비시험 성적서
	보호장치 및 계전기 시험	접지저항시험 성적서
제어 및 경보장치 검사	외관검사	
	절연저항	
	경보장치	
	제어장치	
	계측장치	
부대설비 검사	절연유 유출방지 시설	
	피뢰장치	
	계기용 변성기	
	중성점 접지장치	
	접지 시공 상태	
	위험표시	
	상표시	
	울타리, 담 등의 시설 상태	
5. 차단기 검사		
차단기 일반규격	규격 확인	공사계획인가(신고)서
		차단기 및 부대설비 규격서
차단기 본체 검사	외관검사	단선결선도
	접지 시공 상태	시퀀스 도면
	절연저항	특성시험 성적서
	절연내력	보호장치 및 계전기 시험 성적서

검사항목	세부검사내용	수검자준비자료
	특성시험 절연유 및 내압시험(OCB) 상회전 및 loop 시험 충전시험	상회전 및 loop시험 성적서 절연내력시험 성적서 절연유 내압시험 성적서(OCB)
보호장치 검사	외관검사 절연저항 결상보호장치 보호장치 및 계전기 시험	절연저항시험 성적서 계기교정시험 성적서 경보회로시험 성적서 부대설비시험 성적서 접지저항시험 성적서
제어 및 경보장치 검사	외관검사 절연저항 개폐기 인터록 개폐표시 조작용 압축장치 가스절연장치 계측장치	
부대설비 검사	외함 접지시설 상표시 및 위험표시 계기용 변성기 단로기 및 접지단로기	
6. 전선로(모선) 검사 전선로 일반규격	규격 확인	공사계획인가(신고)서
전선로 검사 (가공, 지중, GIB, 기타)	외관검사 보호장치 및 계전기 시험 절연저항 절연내력 충전시험	전선로 및 부대설비 규격서 단선결선도 보호계전기 결선도 시퀀스 도면 보호장치 및 계전기시험 성적서 상회전 및 loop 시험 성적서
부대설비 검사	피뢰장치 계기용 변성기 위험표시 울타리, 담 등의 시설 상태 상별 및 모의모선 표시상태	절연내력시험 성적서 절연저항시험 성적서 경보회로시험 성적서 부대설비시험 성적서

운영 및 유지보수

검사항목	세부검사내용	수검자준비자료
7. 접지설비 검사 　접지 일반규격	규격 확인	접지설계 내역 및 시공도면
접지망(mesh)	접지망 공사내역 접지저항	접지저항 시험 성적서
8. 비상발전기 검사 　발전기 일반규격	규격 확인	공사계획인가(신고)서 발전기 및 부대설비 규격서
발전기 본체 검사	외관검사 접지 시공 상태 절연저항 절연내력 특성시험	발전기 트립인터록 도면 시퀀스 도면 보호계전기 결선도 특성시험 성적서 보호장치 및 계전기시험 성적서 자동 전압조정기시험 성적서
보호장치 검사	외관검사 절연저항 보호장치 및 계전기 시험	절연내력시험 성적서 절연저항시험 성적서 계기교정시험 성적서 경보회로시험 성적서
제어 및 경보장치 검사	상회전 및 동기 검정장치 시험 전압조정기 시험	부대설비시험 성적서 접지저항시험 성적서
부대설비 검사	계기용 변성기 발전기 모선 접속상태 및 　상표시 위험표시	
9. 종합연동시험 검사	검사 시 일사량을 기준으로 가능 출력을 확인하고 발전량의	종합 인터록 도면
10. 부하운전 검사	이상유무 확인(30분)	출력 기록지

4 정기보수, 긴급보수 실시

1. 예산계획 수립

(1) 유지관리 경제성

1) 유지관리비의 구성요소

유지관리의 경제적 기본원칙은 종합적 비용을 최소부담으로 수행해야 하는 것이다. 종합적 비용에는 계획설계비, 건설비, 유지관리비 및 폐기처분비 등 모든 비용을 종합적으로 검토하여야 한다.

유지관리비의 구성요소는 유지비, 보수비, 개량비, 일반관리비, 운용지원비로 분류한다.

① 유지비

시설물을 관리하기 위해서 실시하는 일상점검, 정기점검, 청소, 보안, 식재관리, 제설 등에 필요한 유지점검에 관련된 비용이 포함된다.

② 보수비와 개량비

파손개소, 결함이 발생한 부분에 대한 사후보전을 위해 보수하는 비용과 개조 등을 위해 지출하는 비용이다.

③ 일반관리비

시설물을 유지하는데 지출되는 제반 관리비로서 행정비, 관련세금, 보험료, 감가상각, 업무위탁에 필요한 사무비 및 위탁업무의 검사에 필요한 경비 등이 포함된다.

④ 운용지원비

유지관리에 필요한 기술자료의 수집, 기술의 연수, 보전기술개발의 제반비용 등이다.

2) 내용연수

내용연수를 나타내는 방법은 여러 가지가 있지만 일반적으로 물리적 내용연수, 기능적 내용연수, 사회적 내용연수, 법정 내용연수 4가지로 대별된다.

① 물리적 내용연수

시설물과 부대설비가 건설 후 사용함에 따라서 또는 세월이 지남에 따라 손상, 열화등의 변질현상이 진행되어 그 시설물을 이용하기에 위험한 상태에 이르기까지의 기간이다.

② 기능적 내용연수

시설물의 기능이 사회 및 경제활동의 진전, 생활양식의 변화 등에 따른 변화에 대응하지 못하고, 기능이 상대적 저하가 시설물로서의 편익과 효용을 현저하게 저하시켜 그 기능을 발휘하기 어려운 상태에 이르기까지의 기간을 말한다.

③ 사회적 내용연수

시설물의 제 기능저하보다는 사회적 환경변화에 적응이 불가능하기 때문에 야기되는 효용성의 감소를 말한다. 즉, 도로의 신설·확장 등에 의한 시설물의 일부 또는 전체의 훼손, 도시재개발사업에 의한 시설물의 철거, 지가상승으로 인한 고수익성의 시설물로 교체하는 경우 등이 해당된다.

④ 법정 내용연수

시설물이 안전을 유지하고 그 기능을 지닐 수 있는 기간으로 물리적 마모, 기능상, 경제상의 조건 등을 고려하여 각 시설물이나 부대시설에 대해 규정한 연수를 말한다.

상기된 4가지 내용연수 중에서 시설물의 유지관리 측면에서는 기능적 내용연수를 고려하여 경제적 평가의 기준으로 함이 타당하다.

(2) 기획과 예산편성

1) 유지관리 책임자는 유지관리에 필요한 자금일체를 확보하여야 하며 그 자금의 흐름을 적절히 관리할 수 있도록 계획하여야 한다.

2) 기획과 예산편성 체계(system)의 선정은 어떤 작업이 최우선이고 조직 내에서 무엇이 최선의 정보전달을 고무시킬 수 있는가에 기초를 두고 행하여져야 한다.

3) 예산의 수립은 과거의 기록 및 수행성과를 토대로 하게 되며, 다음과 같은 사항이 예산편성에 고려되어야 한다.

① 어떤 구조물이 계획된 유지관리의 관점에서 재시공을 필요로 하는가를 결정

② 승인된 사업과 예정사업을 비교하여 유지관리 요구사항의 조정

③ 차후 재시공될 구조물의 유지관리 요구사항을 조정하기 위한 향후 일정계획 시, 신설시공 계획의 결정

4) 예산편성 시엔 목적수준을 달성하기 위해 월별, 분기별 검토를 하여야 하며 시행사
업의 소요경비가 실행예산을 초과하지 않도록 감시하여야 한다.

2. 장비리스트 작성

품명	소요장비	
	주장비	보조장비
오실로스코우프	●	
디지털멀티메타		●
인버터 시험용 PC(시험프로그램 내장)	●	
온도계(외부, 표면)		●
전력분석계	●	
일조량계		●
풍속계		●
강우량계		●
전류계		●
전압계		●
접지저항측정기		●
절연저항측정기		●
누설전류계	●	
외부온도계		●
레벨기	●	
나침판	●	
멀티테스터	●	

3. 설비 측정기록표

(1) 절연저항 측정기록표

<table>
<tr><td colspan="6" align="center">절연저항 측정기록표</td></tr>
<tr><td>설비위치</td><td></td><td>측정자</td><td>(인)</td><td>입회자</td><td></td></tr>
<tr><td>측정일</td><td>년 월 일</td><td>날씨</td><td></td><td>측정장비</td><td></td></tr>
</table>

설비명	규격	사용 전압 [V]	기준치 [MΩ]	측정치 [MΩ]	판정	설비명	규격	사용 전압 [V]	기준치 [MΩ]	측정치 [MΩ]	판정

(2) 접지저항 측정기록표

<table>
<tr><td colspan="7" align="center">접지저항 측정기록표</td></tr>
<tr><td>설비위치</td><td></td><td>측정자</td><td>(인)</td><td>입회자</td><td></td></tr>
<tr><td>측정일</td><td>년 월 일</td><td>날 씨</td><td></td><td>측정장비</td><td></td></tr>
</table>

기기명	측정치 (Ω)	판 정	비 고

* 제1종 : 10(Ω)이하
* 제2종 : 변압기의 고압측 또는 특별고압측의 전로의 1선지락 전류/150의 저항값
* 제3종 : 100(Ω)이하
* 특별 제3종 : 10(Ω)이하

운영 및 유지보수

(3) 태양광 발전설비 측정기록표

태양광 발전설비 측정기록표

(일기 :   )   년   월   일

구 분	태양광전지	구 분	전력변환장치
형 식		형 식	
최대전력용량		정격용량	
최대동작전압		입력전압범위	
최대동작전류		출력전압	
제작회사		제작회사	
제작번호		제작번호	
제작년월		제작년월	
절연저항		절연저항	
접지저항		접지저항	
점검사항	결 과	점검사항	결 과
태양광전지 시설상태		보호장치 설치 및 동작상태	
시스템 기동 및 정지시험		배·분전반 및 보호시설의 설치상태	
인버터 병렬운전 시험		접지선 설치상태 및 탈락여부	
제어회로 및 경보장치 검사		축전지 및 충전장치 시설상태	
계통연계 운전시험		계측장치 설치상태	
기타사항			

※ 결과란은 ○, ×, / 으로 표시

4. 정기보수

(1) 일상점검

일상점검은 주로 육안점검에 의해서 매월 1회 정도 실시한다. 권장 점검항목은 다음의 표와 같으며 점검결과 이상이 확인되면 전문기술자에게 자문을 구한다.

설 비		점검항목	점검요령
태양전지 어레이	육안 점검	유리 등 표면의 오염 및 파손	심한 오염 및 파손이 없을 것
		가대의 부석 및 녹	부식 및 녹이 없을 것
		외부배선(접속케이블)의 손상	접속케이블에 손상이 없을 것
접속함	육안 점검	외함의 부식 및 손상	부식 및 파손이 없을 것
		외부배선(접속케이블)의 손상	접속케이블에 손상이 없을 것
인버터	육안 점검	외함의 부식 및 파손	외함에 부식이나 녹이 없고 충전부가 노출되어 있지 않을 것
		외부배선(접속케이블)의 손상	인버터에 접속된 배선에 손상이 없을 것
		환기 확인(환기구, 환기필터)	• 환기구를 막고 있지 않을 것 • 환기필터가 막혀 있지 않을 것
		이상음, 악취, 발연 및 이상과열	운전 시의 이상음, 이상한 진동, 악취 및 이상한 과열이 없을 것
		표시부의 이상표시	표시부에 이상코드, 이상을 표시하는 램프의 점등, 점멸 등이 없을 것
		발전상황	표시부의 발전상황에 이상이 없을 것

(2) 정기점검

1) 정기점검의 주기는 법에서 정한 용량별로 횟수가 정해져 있다.

2) 100kW 이상(100kW 미만)의 경우는 격월 1회로 되어 있다.

3) 한편, 일반가정 등에 설치되는 3kW 미만의 소출력 태양광발전시스템의 경우에는 일반용 전기설비로 자리매김되어 있어서 법적으로는 정기점검을 하지 않아도 되지만 자주적으로 점검하는 것이 바람직하다.

4) 점검시험은 원칙적으로 지상에서 하지만 개별시스템에서의 설치환경이나 그 외의 이유에 따라 점검자가 필요하다고 판단한 경우에는 안전을 확인하고 지붕이나 옥상 위에서 점검을 실시한다. 만약에 이상이 발견되면 제작사나 전문기술자에게 기술자문을 받는 것이 중요하다.

설 비		점검항목	점검요령
태양전지 어레이	육안 점검	접지선의 접속 및 접속단자의 풀림	• 접지선에 확실하게 접속되어 있을 것 • 볼트의 풀림이 없을 것
접속함	육안 점검	외함의 부식 및 파손	부식 및 손상이 없을 것
		외부 배선의 손상 및 접속단자의 풀림	• 배선에 이상이 없을 것 • 볼트의 풀림이 없을 것
		접지선의 손상 및 접지단자의 풀림	• 접지선에 이상이 없을 것 • 볼트의 풀림이 없을 것
	측정 및 시험	절연저항	(태양전지 – 접지선) 0.2MΩ 이상 측정전압 DC 500V(각 회로마다 전부 측정) (출력단자 – 접지 간) 1MΩ 이상 측정전압 DC 500V
		개방전압	• 규정의 전압일 것 • 극성이 올바를 것(회로마다 전부 측정)
인버터	육안 점검	외함의 부식 및 파손	부식 및 파손이 없을 것
		외부배선의 손상 및 접속단자의 풀림	• 배선에 이상이 없을 것 • 볼트의 풀림이 없을 것
		접지선의 손상 및 접속단자의 풀림	• 접지선에 이상이 없을 것 • 볼트의 풀림이 없을 것
		환기확인 (환기구, 환기필터 등)	• 환기구를 막고 있지 않을 것 • 환기필터가 막혀 있지 않을 것
		운전시 이상음, 진동 및 악취의 유무	운전 시에 이상음, 이상진동 및 악취가 없을 것
	측정 및 시험	절연저항(인버터 입출력단자 – 접지 간)	1MΩ 이상 측정전압 DC 500V
		표시부의 동작확인 (표시부 표시, 충전전력 등)	표시부의 발전상황에 이상이 없을 것
		투입저지 시한 타이머(동작시험)	인버터가 정지하여 5분 후 자동 기동할 것
	육안 점검	태양광발전용 계폐기의 접속단자의 풀림	나사에 풀림이 없을 것
	측정	절연저항	1MΩ 이상 측정전압 DC 500V

(3) 자가용 태양광 발전설비 정기검사 항목

표 5-10	자가용 태양광 발전설비 정기검사 항목 및 세부검사 내용	
검사항목	세부검사내용	수검자준비자료
1. 태양광전지 검사 　태양광전지 일반규격	규격 확인	전회 검사 성적서 단선결선도
태양광전지 검사	외관검사 전지 전기적 특성시험	태양전지 트립인터록 도면 시퀀스 도면 보호장치 및 계전기 시험 성적서
	어레이	절연저항시험 성적서
2. 전력변환장치 검사 　전력변환장치 일반규격	규격 확인	단선결선도 시퀀스 도면 보호장치 및 계전기 시험 성적서
전력변환장치 검사	외관검사 절연저항 제어회로 및 경보장치 단독운전 방지 시험 인버터 운전시험	절연저항시험 성적서 절연내력시험 성적서 경보회로시험 성적서 부대설비시험 성적서
보호장치검사	보호장치 시험	
축전지	시설상태 확인 전해액 확인 환기시설 상태	
3. 종합연동시험 　종합연동시험	검사 시 일사량을 기준으로 가능출력 확인하고 발전량 이상유무 확인(30분)	
4. 부하운전시험	부하운전시험의견	출력 기록지 전회 검사 이후 총 운전 및 기동횟수 전회 검사 이후 주요정비내용

운영 및 유지보수

(4) 사업용 태양광 발전설비 정기검사 항목

표 5-11	사업용 태양광 발전설비 정기검사 항목 및 세부검사 내용	
검사항목	**세부검사내용**	**수검자준비자료**
1. 태양광전지 검사 　태양광전지 일반규격 　태양광전지 검사	규격 확인 외관검사 전지 전기적 특성시험 어레이	전회 검사 성적서 단선결선도 태양전지 트립인터록 도면 시퀀스 도면 보호장치 및 계전기시험 성적서 절연저항시험 성적서
2. 전력변환장치 검사 　전력변환장치 일반 규격 　전력변환장치 검사 　보호장치검사 　축전지	규격 확인 외관검사 절연저항 제어회로 및 경보장치 단독운전 방지 시험 인버터 운전시험 보호장치 시험 시설상태 확인 전해액 확인 환기시설 상태	단선결선도 시퀀스 도면 보호장치 및 계전기 시험 성적서 절연저항시험 성적서 절연내력시험 성적서 경보회로시험 성적서 부대설비시험 성적서
3. 변압기 검사 　변압기 일반규격 　변압기 시험검사 　(기동,소내변압기 포함)	규격 확인 외관검사 조작용 전원 및 회로점검 보호장치 및 계전기 시험 절연저항 측정 절연유 내압시험 제어회로 및 경보장치 시험	전회 검사 성적서 시퀀스 도면 보호계전기시험 성적서 계기교정시험 성적서 경보회로시험 성적서 절연저항시험 성적서 절연유 내압시험 성적서
4. 차단기 검사 　(발전기용 차단기)	규격 확인 외관검사 조작용 전원 및 회로점검	전회 검사 성적서 개폐기 인터록 도면 계기교정시험 성적서

		절연저항 측정 개폐표시 상태확인 제어회로 및 경보장치 시험	경보회로시험 성적서 절연저항시험 성적서
5. 전선로(모선) 검사 　전선로 일반규격		규격 확인	전선로 및 부대설비 규격서
전선로 검사 　(가공, 지중, GIB, 기타)		외관검사 보호장치 및 계전기 시험 절연저항 절연내력	단선결선도 보호계전기 결선도 시퀀스 도면 보호장치 및 계전기시험 성적서 상회전 및 loop 시험 성적서
부대설비 검사		피뢰장치 계기용 변성기 위험표시 울타리, 담 등의 시설 상태 상별 및 모의모선 표시상태	절연내력시험 성적서 절연저항시험 성적서 경보회로시험 성적서
6. 접지설비 검사 　접지 일반규격		규격 확인 접지저항 측정	접지저항 시험 성적서
7. 종합연동시험 　종합연동시험		검사 시 일사량을 기준으로 가능출력 확인하고 발전량 이상유무 확인(30분)	
8. 부하운전시험		부하운전시험의견	출력 기록지 전회 검사 이후 총 운전 및 기동 횟수 전회 검사 이후 주요정비 내용

(5) 송변전설비의 정기점검

1) 배전반

NO	대 상	점검개소	목 적	점검내용	비 고
1	외함	외부 일반 (문, 외함)	볼트의 조임 이완	볼트류의 조임 이완 및 바닥에 떨어진 것은 없는지	
			손상	패킹류의 열화 손상은 없는지	

1	외함	외부 일반 (문, 외함)	오손	반내에 비의 침투 또는 결로가 일어난 흔적은 없는지	특히, 주회로 절연물의 상황에 주의
			환기	환기구의 필터 등이 떨어져 있지 않은지	
			설치	바닥의 이상침하 또는 융기에 의한 경사 및 균형의 뒤틀림은 없는지	차단기와 주회로 단로부에 영향이 없는지 주의
		문	볼트의 조임 이완	경첩, 스토퍼(Stopper) 등의 볼트의 조임 이완은 없는지	
			동작	• 손잡이는 확실히 동작하는지 • 문 쇄정장치의 동작은 정확한지	
		격벽	볼트의 조임 이완	볼트류의 조임 이완 및 바닥에 떨어진 것은 없는지	
			손상	변형 또는 파손은 없는지	
		주회로 단자부 (접지접촉 단자 포함)	볼트의 조임 이완	볼트류의 조임 이완 및 바닥에 떨어진 것은 없는지	
			손상	부싱, 전선 등이 파손, 단선 및 변형은 없는지	
			접촉	접촉 상태는 양호한지	접촉부의 접점은 그리스를 칠한다
			변색	도체의 과열에 의한 변색은 없는지	
			오손	이물질 또는 먼지 등이 부착되지 않았는지	
2	배전반	제어회로 단자부	볼트의 조임 이완	가동, 고정 측의 볼트 조임의 이완은 없는지	
			손상	플러그, 전선 등의 파손, 단선 변형 등은 없는지	
			접촉	접촉 상태는 양호한지	
		셔터	손상	볼트류의 조임 이완에 의한 변형 및 바닥에 떨어져 있지는 않은지	
			동작	동작은 확실한지	
		리미트 스위치	손상	레버 또는 본체의 파손, 변형은 없는지	
		인출기구 (차단기, 유니트 등)	볼트의 조임 이완	• 볼트류의 조임 이완에 의한 변형 및 탈락은 없는지 • 위치표시 명판의 변형, 떨어짐은 없는지	차단기와 연동관계를 주의할 것
			손상	레일 또는 스토퍼(Stopper)의 변형은 없는지	
			동작	인출기기가 정해진 위치에 이동하는지	

		기구조작 (단로기 등)	볼트의 조임 이완	볼트류의 조임 이완에 의한 변형 및 탈락은 없는지	
			동작	동작은 확실한지	
		명판과 표시물	손상	볼트류의 조임 이완에 의한 변형 및 파손, 바닥에 떨어져 있지는 않은지	
			오손	먼지 등의 부착 또는 오손에 의하여 잘 보 이지 않는 부분은 없는지	
3	모선 및 지지물	모선전반	볼트의 조임 이완	볼트류의 조임 이완에 의한 변형 및 파손, 바닥에 떨어져 있지는 않은지	
			손상	애자 등의 균열, 파손, 변형은 없는지	
			변색	과열에 의한 접속부 또는 절연물의 변색은 없는지	
		애자·부싱 절연 지지물	손상	애자 등의 균열, 파손 변형은 없는지	
			변색	과열에 의한 절연물의 변색은 없는지	
			오손	이물질이나 먼지 등이 부착되어 있지 않은지	
		플렉시블 모선	손상	단선이나 꺾여져 있는 부분은 없는지	
			변색	표면에 특이할 만한 변색은 없는지	
4	주회로 인입 인출부	폐쇄 모선의 접속부	볼트의	볼트류의 조임 이완 및 바닥에 떨어져 있지 는 않은지	
			손상	옥외용 패킹류의 열화는 없는지	
			변색	과열에 의한 접속부 또는 절연물의 변색은 없는지	
		부싱	볼트의 조임 이완	볼트류의 조임 이완은 없는지	
			손상	절연물의 균열, 파손은 없는지	
			변색	과열에 의한 접속부 또는 절연물의 변색은 없는지	
			오손	이물질 또는 먼지의 부착이 많은지	
		케이블 단말부 또는 접속부	볼트의 조임 이완	볼트류의 조임 이완은 없는지	
			손상	절연테이프 등이 벗겨져 손상은 없는지	
			콤파운드의 떨어짐	콤파운드 등이 떨어져 있지는 않은지	
			오손	이물질 또는 먼지의 부착은 없는지	
5	배선	전선 일반	볼트의 조임 이완	접속부 등의 볼트조임 이완은 없는지	
			손상	가동부 등에 연결되는 전선의 절연부 손상 은 없는지	
			변색	절연물의 과열에 의한 변색은 없는지	

운용 및 유지보수

5	배선	전선 지지대	손상	• 배선닥트 속배선 밴드 등이 파열에 의한 손상은 없는지 • 전선 지지대가 떨어져 있는 것은 아닌지 • 과열 또는 경년열화 등에 의한 변형, 탈락은 없는지	
			오손	먼지 등이 부착되어 잘 보이지 않는 부분은 없는지	
6	단자대	외부 일반	볼트의 조임 이완	단자부의 볼트 조임의 이완은 없는지	
			손상	절연물의 균열, 파손은 없는지	
			변색	과열에 의한 절연물의 변색은 없는지	
			오손	단자부에 오손 및 이물의 부착은 없는지	
7	접지	접지단자 접지선	볼트의 조임 이완	접속부에 볼트조임이 이완없이 확실히 접지되어 있는지	
		접지모선	오손	단자부의 오손 및 이물이 부착되어 있지는 않은지	
8	장치 일반	절연저항 측정	접촉 저항치	주회로 및 제어 회로의 절연저항은 설치 시에 측정치와 측정조건을 기록, 정기점검 시 항목별로 기록한다. - 고압회로 : 1000V메가 사용 - 저압회로 : 500V메가	
		절연저항 측정	절연 저항치	측정하고 절연물을 마른 수건으로 청소한다.	
		제어회로	회로의 정상 동작	• PT, CT로부터 전압, 전류가 정상적으로 공급되는가를 절연개폐기로 확인한다. • 제어개폐기에 의한 조작시험기기가 정상적으로 동작하는가를 제어개폐기를 조작함으로써 개폐기 동작에 따른 상태 표시를 확인한다. • 계전기로서 동작확인 계전기 주 접점을 동작시킴으로서 차단기가 차단되는가를 시험하고 개폐표시 등 및 고장 표시기가 정상적으로 동작하는가를 확인한다. 또한 계전기 자체의 고장표시기 및 보조 접촉기의 동작을 확인한다.	
		인터록	전기적, 기계적	인터록 상호 간을 제어회로에 따라서 조건을 만족하는가를 확인한다.	
			동작 확인	인터록 기구에 대해서 동작을 확인한다.	
				리미트 스위치 등의 이상은 없는지	

2) 내장기기·부속기기

No	대상	점검개소	목적	점검내용
1	주회로용 차단기	외부 일반	볼트의 조임 이완	주회로 단자부의 볼트류의 조임 이완은 없는지
			손상	절연물 등의 균열, 파손, 변형은 없는지
			변색	단자부 및 접촉부의 과열에 의한 변색은 없는지
			오손	절연애자 등에 이물질, 먼지 등이 부착되어 있지 않은지
			누출	• 진공도가 저하되지는 않았는지 • 가스압은 저하되지 않았는지
			마모	접점의 마모는 어떤지(외부에서 판정할 수 있는 부분)
		개폐표시기 개폐표시등	동작	정상적으로 동작하는지
		개폐도수계	동작	정상적으로 동작하는지
		조작장치	손상	• 스프링 등에 녹 발생, 파손, 변형은 없는지 • 각 연결부, 핀의 구부러짐, 떨어짐은 없는지 • 코일 등의 단선은 없는지
			주유	주유상태는 충분한지
		저압 조작회로	볼트의 조임 이완	제어회로 단자부의 볼트류의 조임 이완은 없는지
			손상	제어회로의 플러그의 접촉은 양호한지
2	배선용 차단기	외부 일반	볼트의 조임 이완	단자부의 볼트류의 조임 이완은 없는지
			손상	절연물 등의 균열, 파손, 변형은 없는지
			변색	단자부 및 접촉부의 과열에 의한 변색은 없는지
			오손	절연물에 이물질 또는 먼지 등이 부착되어 있지 않은지
		조작장치	동작	개폐동작은 정상인지
			지시 표시	개폐표시는 정상인지
3	단로기 교류	외부 일반	볼트의 조임 이완	주회로 단자부의 볼트 조임 이완은 없는지

		손상	• 절연물 등의 균열, 파손 및 변형은 없는지 • 조작레버 등에 손상은 없는지 • 스프링 등에 녹 발생, 파손, 변형은 없는지
		변색	단자부의 접촉에 의한 변색은 없는지
		오손	절연애자 등에 이물질, 먼지 등이 부착되어 있지는 않은지
		누출	유입개폐기의 경우 절연유의 누출은 없는지
부하 개폐기	주접촉부	볼트의 조임 이완	• 자력접촉의 경우 고정접점이 저절로 열리는 경우는 없는지 • 타력접촉의 경우 스프링 등에 탄력성이 있는지
	조작장치	접촉	접점이 거칠어지지는 않았는지
		손상	• 기중부하 개폐기의 경우 소호실에 이상은 없는지 • 스프링 등에 녹 발생, 파손이나 변형은 없는지 • 각 연결부, 핀의 구부러짐, 떨어짐은 없는지
		동작	• 클램프 등의 연결부는 정상인지 • 투입, 개폐가 원활한지
		주유	주유상태는 충분한지
		지시표시	개폐표시는 정상인지
	저압 조작회로	볼트의 조임 이완	• 단자부의 볼트 조임 이완은 없는지 • 열리는 경우는 없는지
	안전점검	동작	후크(Hook) 조작의 경우 단로기의 개로상태에서 크러쉬 (Crush)는 확실한지
4 변성기	외부 일반	볼트의 조임 이완	단자부의 볼트류의 조임 이완은 없는지
		손상	• 절연물 등에 균열, 파손, 손상은 없는지 • 철심에 녹의 발생 손상은 없는가(외부에서 판정이 가능 한 경우에만 적용)
		변색	부싱 단자부에 변색은 없는지
		오손	부싱 등에 이물질 및 먼지 등이 부착되어 있지 않은지
5 변압기	외부 일반	볼트의 조임 이완	단자부의 볼트류의 조임 이완은 없는지
		손상	• 부싱 등의 균열, 파손, 변형은 없는지 • 유온계, 온도계의 파손은 없는지 • 건식의 경우 코일, 절연물의 손상은 없는지
		변색	건식의 경우 코일, 절연물의 과열에 의한 변색은 없는지
		누출	유입형의 경우 기름은 누출되지 않았는지
		오손	부싱 등에 이물질, 먼지 등이 부착되어 있지 않은지

		유면계 가스압력계	지시 표시	• 유면은 적절한 위치에 있는가(유입형의 경우)
				• 질소 봉입의 경우 가스압력이 떨어지지 않았는지
		온도계	지시 표시	지시표시는 정상인지
			동작	경보회로는 정상인지
		냉각팬	오손	필터는 막히지 않았는지
			동작	동작은 정상인지
			주유	주유는 정상인지
			운전상태	자동운전의 경우는 운전상태를 확인한다.
6	주회로용 퓨즈	외부 일반	볼트의 조임 이완	단자부의 볼트류 및 접촉부에 조임의 이완은 없는지
			손상	퓨즈통, 애자 등에 균열, 변형은 없는지
			변색	퓨즈통, 퓨즈홀더의 단자부에 변색은 없는지
			오손	애자 등에 이물질, 먼지 등이 부착되어 있지는 않은지
			동작	단로기 타입은 개폐조작에 이상은 없는지
7	피뢰기	외부 일반	볼트의 조임 이완	단자부의 볼트류의 조임 이완은 없는지
			손상	• 애자 등의 균열, 파손, 변형은 없는지
				• 리드선 단자 등에 손상은 없는지
			오손	애자 등에 이물질, 먼지 등이 부착되지 않았는지
			방전 흔적	내부 콤파운드의 분출, 밀봉금속 뚜껑 등의 파손, 팽창, 섬락(Flash Over) 등의 흔적은 없는지
8	전력용 콘덴서	외부 일반	볼트의 조임 이완	단자부의 볼트류의 조임 이완은 없는지
			손상	부싱부의 균열, 파손이나 외함의 변형은 없는지
			변색	부싱, 단자부 등의 과열에 의한 변색은 없는지
			오손	부싱부의 이물질, 먼지 등의 부착은 없는지
9	지시 계기	외부 일반	볼트의 조임 이완	단자부의 볼트류의 조임 이완은 없는지
			손상	부싱부의 균열, 파손이나 외함의 변형은 없는지
			오손	이물질, 먼지 등의 부착은 없는지
			지시 표시	영점 조정은 잘 되어 있는지
		기계부	손상	스프링류에 녹의 발생, 파손, 변형은 없는지
			동작	• 제동장치의 마찰에 의한 접촉은 없는지
				• 축수의 헐거움 · 편심은 없는지
		부속기구	손상	분류기, 배율기, 보조 CT 등의 소손, 단선은 없는지
		기록부	동작	팬의 구동, 기록지의 감김은 정상인지
		기록지	잔량	잉크, 기록지의 잔량은 적정한지

운영 및 유지보수

10	계전기	외부 일반	볼트의 조임 이완	• 단자부의 볼트 이완은 없는지 • 납땜부의 떨어짐은 없는지
			손상	• 패킹류의 떨어짐은 없는지 • 커버의 파손은 없는지
			오손	이물질, 먼지 등의 접착은 없는지
		접점부 도전부	손상	• 접점 표면이 거칠어지지는 않았는지 • 혼촉, 단선, 절연파괴는 없는지 • 코일의 소손, 중간단락, 절연파괴는 없는지
			접촉	• 접점의 접촉상태는 양호한지 • 테스트 플러그를 빼는 경우 CT 2차회로가 개방은 되지 않는지
		기계부	동작	• 가동부의 회전장치, 표시기 등의 동작 복귀는 정상인지 • 기어의 마찰에 의한 헐거움은 없는지 • 회전부에 덜거덕거림은 없는지
		정정부	볼트의 조임 이완	정정탭은 흔들리지 않는지
			정정	정정탭, 정정래버 등은 정확한지
11	조작 개폐기 절연 개폐기	외부 일반	볼트의 조임 이완	단자부의 볼트 조임 이완은 없는지
			손상	• 절연물 등의 균열, 파손, 변형은 없는지 • 스프링 등에 녹이 슬었거나 파손, 변형은 없는지
			동작	• 개폐동작은 정상인지 • 로커 기구, 잔류접점 기구는 정상인지
			지시표시	손잡이 등의 표시는 정상인지
		냉각팬	손상	접점에 손상은 없는지
12	표시등 표시기 경보기	외부 일반	볼트의 조임 이완	단자부의 볼트 조임 이완은 없는지
			동작	동작, 점멸은 정상인지
		부속저항기 부속 변압기	변색	단자부 등에 과열에 의한 변색은 없는지
			위치	발열부에 제어배선이 접근하여 있지 않은지
13	시험용 단자	외부 일반	헐거움	단자부에 헐거움은 없는지
			접촉	접촉상태는 양호한지
			손상	절연물 등에 균열, 파손, 변형은 없는지
14	제어 회로용 저항기 히터	외부 일반	헐거움	단자부에 헐거움은 없는지
			변색	단자부에 과열에 의한 변색은 없는지
			위치	발열부에 제어배선이 접근하여 있지 않은지

15	고압 전자 접촉기	외부 일반	헐거움	주회로 단자부에 볼트류의 헐거움은 없는지
			손상	절연물 등의 균열, 파손, 변형은 없는지
			변색	단자부 및 접촉부 과열에 의한 변색은 없는지
			오손	절연애자 등에 이물질이나 먼지 등이 부착되어 있지는 않은지
			누출	진공접촉기의 경우 진공도가 떨어져 있지는 않은지
		주접촉부	손상	• 접점이 거칠어지지는 않았는지 • 소호실에 이상은 없는가(기중 접촉기의 경우)
		개폐표시기 개폐표시등	동작	정상적으로 동작하는지
		개폐 도수계	동작	정상적으로 동작하는지
		조작장치	손상	• 스프링 등에 발청, 파손, 변형은 없는지 • 연결부 핀의 부러짐, 탈락은 없는지 • 전자석에 이상음은 없는지
			동작	보조개폐기는 정상인지
			주유	주유는 충분한지
		저압 조작회로	헐거움	제어회로 단자부에 볼트의 헐거움은 없는지
			접촉	저압 조작회로의 플러그의 접촉은 양호한지
16	저압 전자 접촉기	외부 일반	헐거움	단자부의 볼트류의 헐거움은 없는지
			손상	절연물 등의 균열, 파손, 변형은 없는지
			변색	단자부 및 접촉부의 과열에 의한 변색은 없는지
			오손	절연물 등에 이물질이나 먼지 등이 부착되어 있지는 않은지
		주접촉부	오손	• 접점의 거칠어짐은 없는지 • 소호실에 이상은 없는지
		조작장치	동작	개폐동작은 정상인지
			지시표시	개폐표시는 정상인지
			손상	스프링의 발청, 파손, 변형은 없는지
17	제어 회로용 퓨즈	외부 일반	헐거움	단자부에 헐거움은 없는지
			동작	용단되어 있지는 않은지
		명판	볼트의 조임 이완	지정된 형식, 정격의 퓨즈가 사용되고 있는지
18	부속 기기	냉각팬	오손	필터, 환기구의 오손 및 떨어져 있지는 않은지
19	반외 부속 기기	인출장치	동작	• 동작은 확실한지 • 와이어의 인양장치 동작은 정상인지
		후크봉 각종 조작핸들 테스트 플러그 제어 점퍼	손상	심한 파손 변형은 없는지

운영 및 유지보수

20	예비품	표시등 퓨즈류	손상	파손, 변형, 단선은 없는지
			수량	소정의 수량이 있는지
		기타	품목	각각의 제품별로 매회 예비품으로 책정한 수량과 예비품 표와 비교한다.

(6) 검사결과에 대한 처리

1) 일상 정기점검에 대한 처리 흐름도

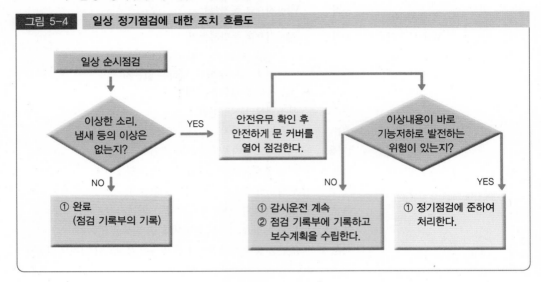

그림 5-4 일상 정기점검에 대한 조치 흐름도

2) 일상 정기점검에 대한 처리

① 청 소

　㉠ 공기를 사용하는 경우에는 흡입방식으로 하며, 토출방식의 경우에는 공기의
　　습도, 압력에 주의한다.

　㉡ 문, 커버 등을 열기 전에는 배전반 상부의 먼지나 이물질은 제거한다.

　㉢ 절연물은 충전부 간을 가로지르는 방향으로 청소한다.

　㉣ 청소걸레는 화학적으로 중성인 것을 사용하고 섬유 올이 풀린다든지, 습기
　　등에 주의한다.

② 볼트의 조임(모선)

　모선의 접속부분은 아래 방법에 따라서 시행한다.

　㉠ 조임방법 : 조임의 경우에는 지정된 재료, 부품을 정확히 사용하고 다음 3가
　　지 점에 유의하여 접속한다.

㉮ 볼트의 크기에 맞는 토크렌치(Torque Wrench)를 사용하여 규정된 힘으로 조여준다.

㉯ 조임은 너트를 돌려서 조여준다.

㉰ 2개 이상의 볼트를 사용하는 경우 한쪽만 심하게 조이지 않도록 주의한다.

볼트의 크기	힘(kg/㎠)
M6	50
M8	120
M10	240
M12	400
M16	850

ⓛ 접속방법

ⓒ 조임의 확인 : 조임 토크렌치가 부족할 경우 또는 조임작업을 하지 않은 경우에는 사고가 일어날 위험이 있기 때문에 토크렌치에 의하여 규정된 힘이 가해졌는지를 확인할 필요가 있다.

③ 볼트의 조임(구조물)

구조물을 볼트조임을 하는 경우 아래의 토크(Torque) 값을 참조한다. 단, 절연물의 경우 이러한 토크 값과는 다르다.

볼트의 크기	TORQUE(kg/㎠)	볼트의 크기	TORQUE(kg/㎠)
M3	7	M8	135
M4	18	M10	270
M5	35	M12	480
M6	58	M16	1,180

④ 절연물의 보수

㉠ 자기성 절연물에 오손 및 이물질이 부착된 경우에는 '1) 청소'에 의하여 청소한다.

㉡ 합성수지 적층판, 목재 등이 오래되어 헐거움이 발생되는 경우에는 '(2) 부품교환'에 의해 부품을 교환한다.

㉢ 절연물에 균열, 파손, 변형이 있는 경우에도 '(2) 부품교환'에 의해 부품을 교환한다.

운영 및 유지보수

㉣ 절연물의 절연저항이 떨어진 경우에는 종래의 데이터를 기초로 하여 계열적으로 비교 · 검토한다. 동시에 접속되어 있는 각 기기 등을 체크하여 원인을 규명하고 처리한다.

㉤ 절연저항치는 온도, 습도 및 표면의 오손상태에 따라 크게 영향을 받기 때문에 양부의 판정은 어렵지만 다음의 값을 참조한다.

㉮ 배전반

- 온도 20℃, 상대습도 65%, 반 5면 일괄
- 고압회로 : 5MΩ 이상(각상 일괄-대지 간) 저압회로

사용전압의 구분		절연저항치
300V 이하	대지전압이 150V 이하	0.1MΩ
	그 외	0.2MΩ
300V 초과, 600V 이하		0.4MΩ

㉯ 주회로 차단기, 단로기(교류부하 개폐기 포함) 절연저항의 참고치는 다음과 같다.

구 분	절연저항치(MΩ)	절연저항계
주도전부	500 이상	1,000V
저압 제어회로	2 이상	500V

㉰ 변성기 : 절연저항의 참고치는 다음과 같다.

- 유입형의 경우

주위온도(℃)	20	30	40
1차권선과 2차권선 외함 일괄	500MΩ	250MΩ	130MΩ
2차 권선과 외함		2MΩ	

- 몰드형의 경우

주위온도(℃)	20	30	40
1차권선과 2차권선 외함 일괄	200MΩ	100MΩ	50MΩ
2차 권선과 외함		2MΩ	

㉔ 변압기 : 절연저항의 참고치는 다음과 같다.

• 유입형의 경우

회로전압	측정개소	온 도 (℃)				
		20	30	40	50	60
22kV 이상	1차권선과 2차권선	300	150	70	40	25
22kV 미만	철심(대지) 간(MΩ)	250	120	60	40	25
-	2차권선과 1차권선, 철심 (대지) 간(MΩ)		-			5

• 건식의 경우

전 압 (kV)	1 이하	3	6	10	20
절연저항(MΩ)	5	20	20	30	50

⑤ 전압의 범위와 표준주파수 및 허용오차

표준전압	허용오차
110볼트	110볼트의 상하로 6볼트 이내
220볼트	220볼트의 상하로 13볼트 이내
330볼트	330볼트의 상하로 38볼트 이내

운용 및 유지보수

5 안전교육 실시

1. 전기작업의 안전

(1) 전기안전점검 및 안전교육 계획

전기사업법 제44조 및 동법 시행규칙 제 56조에 따라 정해진 안전관리 규정에 의거, 다음과 같은 전기안전점검 및 안전교육을 시행하여 한다.

1) 점검, 시험 및 검사

① 순시점검(월차) 실시

설비의 용량에 따라 월1회에 4회 이상 실시하며, 별도의 점검 기록지를 작성하여 전기설비 점검기준에 따라 점검을 실시하여야 한다.
- 고압 수배전반의 전기설비
- 저압 배전선로의 전기설비
- 예비 발전기(주 1회 15분간 시운전 실시)

② 연차점검 실시

구내 전체를 정전 시킨 후 연1회 점검을 실시한다.

㉠ 고압선로
- 절연저항 측정
  - 인입선에서 저압 간선까지를 포함한 고압 수·배전반 설비
  - 변압기 절연유, 절연저항의 측정
- 접지저항 측정
  - 제1종, 제2종, 제3종, 특별제3종 접지저항의 측정

㉡ 저압선로
  - 저압 배전선로의 분전반 절연저항 및 접지저항 측정
  - 누전차단기 동작시험

③ 정기검사 실시

전기사업법 시행규칙 별지 제39호 서식을 작성하여 검사를 받고자 하는 날의 7일전에 전기안전공사에 검사를 의뢰하여야 한다.(3년마다 2월전·후) 단, 여러 명

이 출입하는 장소(2년마다 2월 전·후)

- 계전기 동작시험

- 절연내력시험

- 접지저항 측정

- 기타 필요한 사항

④ 정밀점검 실시

- 순시 및 정기점검 중 이상상황 발견 시 실시

- 필요 시 전문업체에 위탁점검 및 보수시행

⑤ 전기보수 업무일지의 운영

전기안전 규정에 의거, 전기설비의 공사, 유지 및 운용의 안전관리를 위하여 전기보수 업무일지를 작성, 운영한다.

2) 안전교육

① 월간 안전교육은 전기안전관리 규정에 따라 월 1시간 이상을 수행한다.

- 실시일시 : 매월 ~에 실시를 원칙으로 하나 공휴일 등 사업장 사정상 불가피한 경우 일정을 조절하여 시행한다.

- 전기안전교육은 전기안전관리 담당자가 실시한다.

- 교육 참석자는 전기안전 관련업무에 종사하는 사람으로 한다.

② 분기 안전교육

- 분기 안전교육은 전기안전관리 규정에 따라 분기당 월 1.5시간 이상을 수행한다.

- 실시일시 : 매월 ~에 실시를 원칙으로 하나 공휴일 등 사업장 사정상 불가피한 경우 일정을 조절하여 시행한다.

- 전기안전교육은 전기안전관리 담당자가 실시하고 필요시 안전전문가를 위촉하여 시행하도록 한다.

- 교육 참석자는 전기안전 관련업무에 종사하는 사람으로 한다.

③ 안전관리 교육일지의 운영

안전관리 규정에 따라 전기안전관리 교육일지를 작성, 운영한다.

④ 사업장 내 근무자에 대한 전기안전교육

전기사업법 안전관리 규정에 따라 사업장 내 근무자의 안전의무

㉠ 당직 근무자 : 당직 근무자는 모든 건물의 조명에 대해 소등할 의무를 갖고 있으므로 당직근무 점검사항에 반영하여 야간에 꼭 필요한 경우를 제외하고는 조명을 끄도록 한다.

ⓛ 사업장 내 근무자 : 전기안전관리와 관련하여 다음 사항을 사업장 내 근무자가 숙지하도록 하여 전기재해를 예방토록 한다.

- 각 사업장에 설치된 모든 전기기기의 전기안전과 관련된 문제발생 시 전기관리 담당자에게 통보하여 전기에 의한 화재나 감전사고를 예방할 수 있도록 조치를 취하여야 한다.

- 각 사업장에 설치된 전기기기의 플러그를 콘센트에서 뽑았는지 각 실의 관리 책임자가 확인한 후 퇴근하여야 한다.

- 건물의 옥내배선용 콘센트로부터 전선의 확장을 위하여 사용중인 확장코드(컴퓨터 확장코드 포함)는 외부로부터 쉽게 손상 받을 염려가 있으므로 수시로 전선의 손상 여부를 확인하여야 한다. 이 전선에서의 누전이나 단락에 의하여 발생된 전기화재사고는 전적으로 그 실의 관리자에 책임이 있다.

- 개인적으로 사용중인 확장 코드의 콘센트를 장기간 바닥에 놓고 사용할 경우에는 콘센트에 먼지나 습기가 끼게 되고 이로 인한 전기화재 발생의 위험이 있으므로 주의하여야 한다.(항상 청결한 상태를 유지해야 함)

- 건물 내에 설치되어 있는 분전반은 전기 담당자만 조작하게 되어 있으므로 어떠한 경우에도 분전반 내의 개폐기를 조작해서는 안 되며, 문제가 발생 시에는 전기관리 담당자에게 통보하고 필요한 조치를 기다려야 한다.

(2) 전기안전 작업수칙

1) 작업자는 시계, 반지 등 금속체 물건을 착용해서는 안된다.

2) 정전작업 시 안전표찰을 부착하고 출입을 제한시킬 필요가 있을 시에는 구획로프를 설치한다.

3) 고압 이상 개폐기 및 차단기의 조작은 책임자의 승인을 받고 담당자가 다음 조작순서에 의해 조작한다.

$$IS \rightarrow CB \rightarrow COS \rightarrow TR \rightarrow MCCB$$
$$① \qquad ② \qquad ③ \qquad ④$$

차단순서 : ④ → ② → ③ → ①   투입순서 : ③ → ① → ② → ④

4) 고압 이상 개폐기 조작은 반드시 무 부하상태에서 실시하고 개폐기 조작 후 잔류전하 방전상태를 검전기로 반드시 확인한다.

5) 고압 이상의 전기설비는 반드시 안전장구를 착용한 후 조작한다.
 - 귀찮다거나 덥다고 벗거나 미착용하는 일은 절대금지한다.

6) 비상용 발전기 가동 전 비상전원 공급구간을 반드시 재확인한다.
 - 역송전으로 인한 감전사고에 요주의 한다.

7) 작업완료 후 전기설비의 이상유무를 확인한 후 통전한다.
 - 위험설비에서 벗어났는지 꼭 확인한 후 통전한다.

(3) 전기안전규칙 준수사항

전기기술자는 다음 10가지 안전규칙을 준수하여 전기재해를 사전에 방지하여야 한다.

1) 모든 전기설비 및 전기선로에는 항상 전기가 흐르고 있다는 생각으로 작업에 임해야 한다.

 ① 최근의 전기설비는 자동보호장치로 되어 있어 전원을 OFF 했더라도 설비불량으로 전원이 차단되지 않아 감전사에 이르는 경우가 자주 발생되고 있음을 전기기술자는 항상 염두에 두고 있어야 한다.

 ② 또한 작업 중에 다른 작업자가 전원을 투입하여 사고자 발생되는 사례도 많이 보고되고 있는 실정이므로 검전기에 의한 작업 전 확인과 상시 점검용 검전기를 전선에 설치하여 전원의 투입상태를 항상 감시 할 수 있도록 하여야 한다.

 ③ 특히 수 · 변전설비의 작업 시에는 저압선로의 작업 시에도 차단기를 OFF 시키고 COS(DS)를 OFF 시킨 후 작업해야 한다는 것을 명심해야 한다.

2) 작업 전에 현장의 작업조건과 위험요소의 존재 여부를 미리 확인한다.
 많은 전기기술자들이 전기가 차단되어 있다고 생각하는 선로에서 감전에 의한 사망이 발생하고 있다는 것을 항상 명심하고 있어야 한다.

3) 배선용차단기, 누전차단기 등과 같은 안전장치가 결코 자신의 안전을 보호 할 수 있다고 생각해서는 안 된다.
 이러한 보호장치들은 필요한 시기에 고장이 나 있거나 동작이 되지 않을 수 있음을 명심해야 한다.

4) 어떠한 경우에도 접지선을 절대 제거해서는 안 된다.
 접지선은 기기의 누전 시 사람의 안전을 보호 할 수 있는 최후의 수단임을 알아야 한다.

5) 기기와 전선의 연결, 공구 등의 정리정돈을 철저히 해야 한다.
 전기사고(누전, 단락, 감전 등)이 대부분이 이러한 간단한 문제를 지키지 않아서 발생되며, 작업 중에 전선접속의 이완, 공구불량에 의한 감전 등을 일으키게 된다.

6) 작업자의 바닥이 젖은 상태에서는 절대로 작업해서는 안 된다.

작업이 꼭 필요한 경우에는 비록 전원이 들어와 있지 않은 경우라도 바닥에 절연고무를 깔거나 절연장화 등을 착용하여 습기로부터 작업자가 완전히 절연된 상태에서 작업에 임해야 한다.

7) 전기작업을 할 때는 절대로 혼자 작업해서는 안 된다.

작업을 혼자 할 경우에는 감전사고 시 즉각적인 응급조치 및 병원으로의 후송이 불가능해져 사망에까지 이를 수 있으므로 2인 이상이 작업을 수행하여야 한다.

8) 전기작업은 양손을 사용하지 말고 가능하면 한 손으로 작업한다.

양손으로 감전되면 전류가 심장을 통과하여 심장마비를 일으키지만 한 손으로 감전된 경우에는 손과 발 사이로 전류가 흘러 치명적인 재해는 피할 수 있다. 유능한 작업자는 대체적으로 한 손으로 작업하고 있음을 명심해야 할 것이다.

9) 작업 중에는 절대 잡담(특히 활선인 경우)을 하지 않도록 한다.

작업자가 위험한 작업조건에서 작업하고 있을 경우, 필요 없는 잡담은 작업자의 집중력을 떨어뜨려 사고를 야기할 수 있음을 명심해야 한다.

10) 전기작업자는 어떤 상황이더라도 급하게 행동해서는 안 된다.

동료가 전기에 감전되거나 퇴근 무렵 등과 같이 집중력이 떨어지고 마음이 급한 상황이 되면 2차적인 재해가 발생되거나 전기사고를 일으키게 된다. 실제로 전기 감전에 의한 사망이 2인 이상이 발생되는 경우나 퇴근 및 점심 시간 무렵에 전기 재해가 많이 발생되고 있음을 명심해야 한다.

(4) 태양광발전시스템의 안전관리 대책

태양광시스템은 주로 전기를 다루는 작업이 많고 무겁고 위험한 구조물을 다루는 업무를 하게 되므로 안전관리의 주요한 사항은 다음 표에서와 같이 모듈설치 시, 전선작업 및 설치 시, 구조물 설치 시, 접속함과 인버터 등 연결 시 그리고 임시배선 작업 시 등이 있으며 추락 및 감전사고 등의 예방을 위하여 적절한 예방 및 조치 활동을 하여야 한다.

표 5-12 태양광 관련 주요 안전관리 포인트

시공공정	조치사항 및 사고예방	
모듈설치	• 높은 곳 작업 시 안전 난간대 설치 • 안전모, 안전화, 안전벨트 착용	⇨ 추락사고 예방
전선작업 및 설치	• 알루미늄 사다리 적합품 사용 • 안전모, 안전화, 안전벨트 착용	
구조물 설치	• 안전 난간대 설치 • 안전모, 안전화, 안전벨트 착용	
접속함, 인버터 등 연결	• 태양전지 모듈 등 전원개방 • 절연장갑 착용	⇨ 감전사고 예방
임시배선작업	• 누전 위험장소 누전차단기 설치 • 전선피복상태 관리	

6 안전장비 보유상태 확인

1. 안전장비 종류

(1) 절연용 보호구

안전모, 전기용 고무장갑, 전기용 고무절연장화 등

1) 안전모 사용 시 주의사항

① 고·저압 충전부에 근접하여 머리에 전기적 충격을 받을 우려가 있는 장소

② 주상, 철구상, 사다리 등 고소작업의 경우

③ 건설현장 등에서 낙하물이 있을 우려가 있는 장소

④ 맨홀 내의 작업 등 머리가 부딪칠 우려가 있는 장소

⑤ 기타 두부에 상해가 우려될 때

2) 전기용 고무절연장갑 사용 시 주의사항

① 사용 전에 반드시 공기를 불어넣어 새는 곳이 없는지 확인하고, 샐 경우에는 사용하지 말 것

② 고무절연장갑은 공구, 자재와 혼합보관 및 운반하지 말 것

③ 사용하지 않는 고무절연장갑은 먼지, 습기, 기름 등이 없고 통풍이 잘 되는 곳에 보관할 것

④ 고무절연장갑의 손상우려 시에는 반드시 가죽장갑을 외부에 착용할 것

⑤ 3[kV]용 고무절연장갑을 6[kV]에 사용하지 않을 것

⑥ 소매를 접어서 사용하지 말 것

3) 검출용구

검출용구는 정전작업 시 작업하고자 하는 전로의 정전여부를 확인하기 위한 것으로, 전압에 따라 저압과 특별고압용으로 구분한다.

① 저압 및 고압용 검전기

　㉠ 사용범위

　　- 보수작업 시행 시 저압 또는 고압 충전 유무 확인

　　- 고·저압회로의 기기 및 설비 등의 정전 확인

- 지지물, 기타 기기의 부속부위의 고 · 저압 충전 유무 확인
  - ○ 사용 시의 주의사항
    - 습기가 있는 장소로서 위험이 예상되는 경우에는 고압 고무절연장갑을 착용
    - 검전기의 정격전압을 초과하여 사용하는 것은 금지
    - 검전기의 사용이 부적당한 경우에는 조작봉으로 대용
② 특별고압 검전기
  - ㉠ 사용범위
    - 특별고압설비(기기 포함)의 충전 유무의 확인
    - 특별고압회로의 충전 유무의 확인
  - ㉡ 사용 시 주의사항
    - 습기가 있는 장소로서 위험이 예상되는 경우에는 고압 고무절연장갑을 착용
    - 검전기의 정격전압을 초과하여 사용하는 것은 금지
    - 검전기의 사용이 부적당한 경우에는 조작봉으로 대용
③ 활선접근경보기
  전기 작업자의 착각 · 오인 · 오판 등으로 충전된 기기나 전선로에 근접하는 경우에 경고음을 발생하여 접근 위험경고 및 감전재해를 방지하기 위해 사용되는 것이다.
  - ㉠ 사용범위
    - 정전작업 장소에 사선구간과 활선구간이 공존되어 있는 장소
    - 활선에 근접하여 작업하는 경우
    - 변전소에서 22.9[kV] D/L, 차단기 점검 · 보수작업의 경우
    - 기타 착각 · 오인 등에 의해 감전이 우려되는 경우
  - ㉡ 사용 시 주의사항
    - 활선접근경보기를 검전기 대용으로 사용하지 말 것
    - 사용 전 시험용 버튼을 눌러 경보음 발생횟수(매분 110~130회) 및 발생음향의 강도가 정상인지 확인할 것(발생음이 약할 경우에는 배터리를 교체)
    - 불필요하게 안전모에 부착하지 말 것
    - 사용 중 활선접근경보기에 물이 들어가지 않도록 할 것
    - 변전소의 실내 또는 큐비클 내부에서는 사용하지 말 것(부동작 또는 오동작 됨)
    - 안테나가 안전모 정면이 되도록 착용할 것

- 팔에 착용할 때에는 안테나가 충전부의 정면이 되도록 착용할 것
- 과도한 충격을 가하지 말 것

4) 접지용구

고압 이상의 전로에서 정전작업을 할 때 오 송전이나 역 가압에 의해 충전될 시에는 전원측의 보호장치가 동작되어 전원을 차단시키게 함으로서 작업자가 감전되는 것을 방지하기 위한 단락접지용구이다. 따라서 접지저항값이 가능한 한 적게 하고 단락전류에 용단하지 않도록 충분한 전류용량을 가져야 한다.

① 접지용구의 종류

종류	사용범위
갑종	• 발전소, 변전소 및 개폐소에서 작업 시 • 지중 송전선로의 작업
을종	• 가공 송전선로에서 작업 시 • 지중 송전로에서 가공송전선로의 접속점
병종	• 특별고압 및 고압배전선의 정전작업 시 • 유도전압에 의한 위험 예상 시 • 수용가설비의 전원측 접지 시

② 접지용구 사용 시의 주의사항

　㉠ 접지용구를 설치하거나 철거할 때에는 접지도선이 자신이나 타인의 신체는 물론 전선, 기기 등에 접촉하지 않도록 주의한다.

　㉡ 접지용구의 취급은 작업책임자의 책임 하에 행하여야 한다.

　㉢ 접지용구의 설치 및 철거는 다음 순서로 행하여야 한다.

- 접지설치 전에 관계 개폐기에 개방을 확인하고 검전기 기타 방법으로 충전 여부를 확인하여야 한다.
- 접지설치 순서는 접지측 금구에 접지선을 접속하고 전선금구를 기기 또는 전선에 확실하게 부착한다.
- 접지용구의 철거는 설치의 역순으로 한다.

2. 활선작업 시의 주의사항

① 활선작업은 활선장구 및 고무 보호장구를 사용해야 한다. 단, 7,000[V]를 초과하는 경우에는 고무 보호장구를 사용해서는 안 된다.

② 작업착수 전에 작업장소의 도체(전화선 포함)는 대지전압이 7,000[V] 이하일 때는 반드

시 고무 방호구로 방호해야 하며, 7,000[V]를 초과할 시에는 활선장구로 옮기도록 한다.
③ 고압 활선작업 시의 안전조치 사항
- 절연용 보호구 착용
- 절연용 방호구 설치
- 활선작업용 기구 사용
- 활선작업용 장치 사용

3. 전기설비 안전장비 보관요령

안전장비 중 검사장비 및 효율측정장비 등은 전기·전자 기기로서 습기에 약하므로 습기를 피하여 건조한 곳에 보관하도록 한다. 또한 안전모와 안전장갑, 방진 마스크 등의 개인 보호구는 언제든지 사용할 수 있는 상태로 손질하여 놓아야 한다. 그러기 위해서는 다음과 같은 점에 주의해서 정기적으로 점검·관리·보관한다.
① 적어도 한 달에 한번 이상 책임 있는 감독자가 점검을 할 것
② 청결하고 습기가 없는 장소에 보관할 것
③ 보호구 사용 후에는 손질하여 항상 깨끗이 보관할 것
④ 세척한 후에는 완전히 건조시켜 보관할 것

4. 안전점검 일지 작성

(전기안전점검 결과의 기록 등) 법 제66조의2제3항에 따라 안전공사는 전기안전점검을 한 경우에는 다음 각 호의 사항을 적은 서류 또는 자료를 3년간 보존하여야 한다.
① 다중이용시설 등의 소유자 등의 성명(법인인 경우에는 그 명칭과 대표자의 성명을 말한다) 및 주소
② 전기안전점검 연월일
③ 전기안전점검의 결과
④ 전기안전점검자의 성명
⑤ 시공자의 성명(법인인 경우에는 그 명칭과 대표자의 성명을 말한다)

예제 1 배전반의 저압회로에서 대지전압의 절연저항값은?

풀이

배전반 절연저항의 참고값

회로구분	절연저항값[MΩ]	
고압회로	5[MΩ] 이상(각상 일괄 – 대지간)	
저압회로	전로의 사용전압 구분	절연저항값[MΩ]
	대지전압이 150[V]이하	0.1이상
	대지전압이 150[V]초과 300[V] 이하	0.2이상
	대지전압이 150[V]초과 400[V]이하	0.3이상
	400[V] 초과	0.4이상

예제 2 태양광 발전 스템 성능분석용어는?

풀이

성능분석용어	산출방법
태양광어레이 변환효율	$\dfrac{\text{태양전지어레이출력전력}[kW]}{\text{경사면일사량}[kW/m^2] \times \text{태양전지어레이면적}[m^2]}$
시스템 발전효율	$\dfrac{\text{시스템발전전력량}[kWh]}{\text{경사면일사량}[kW/m^2] \times \text{태양전지어레이면적}[m^2]}$
태양에너지 의존율	$\dfrac{\text{시스템의 평균발전전력}[kW] \text{ 또는 전력량}[kWh]}{\text{부하소비전력}[kW] \text{또는 전력량}[kWh]}$
시스템 이용률	$\dfrac{\text{시스템발전전력량}[kWh]}{24[h] \times \text{운전일수} \times \text{태양전지어레이설계용량(표준상태)}}$
시스템성능 출력계수	$\dfrac{\text{시스템발전전력량}[kWh] \times \text{표준일사강도}}{\text{태양전지어레이 설계용량(표준상태)}[kW] \times \text{경사면 누적일사량}([kWh/m^2])}$
시스템 가동률	$\dfrac{\text{시스템동작시간}[h]}{24[h] \times \text{운전일수}}$
시스템 일조가동률	$\dfrac{\text{시스템 동작시간}[h]}{\text{가조시간}}$

예제 3 일수요량 2500Wh, 발전 여유율 1.25, 감쇄보상율 1.13, 손실률 1.2, 최대 일조시간 5.1HR 시 어레이용량(Wp)은?

풀이

2500 × 1.25 × 1.13 × 1.2/5.1 = 831(Wp)

예제 4 PVG 용량 1kW당 연간 발전량을 계산하시오.(단, 최대 일조시간 5.1HR, 부조일수 25%)

풀이

(1) 최대 일조시간

  맑은 날(최대일조량×지속시간)

  1kW 세기의 일조량을 5.1HR 발전가능을 의미한다.

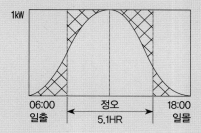

∴ 1kW × 5.1HR × 365 × 0.75 ≒ 1400kWh

(2) 국내 연간 최적 경사각에서 3.4~3.5kWh/m²·일

  ∴ (3.4~3.5) × 365 → 1200~1900kWh/m²·년

  통합설계계수(0.65~0.8 정도) 시

  (1200~1900) × 0.75 = 840~1400kWh

(3) 일 가동율 시

  1kW × 0.16(4/24HR)가동율 × (365일 × 24HR) ≒ 1400kWh

  ∴ 즉, 1400/365 ≒ 3.8HR/일이 최대 출력 의미로

  이는 부조일수 포함 1년 전체 평균일이다.

예제 5 다음 조건에 맞는 시스템 이용률은?

> • 태양광 발전설비 용량 2.288MWp
> • 발전시간 3.36hr

풀이

$$이용률 = \frac{3.36(h) \times 365 \times 2.288 \times 10^3}{24(h) \times 365 \times 2.288 \times 10^3}$$

$$= \frac{3.36}{24}$$

$$= 14(\%)$$

예제 6 초기 투자비 38.4억, 설비수명 20년, 연간유지관리비 3억인 1MW PVG 설비의 연간 총 발전량이 1241(MWH)일 때 발전원가(원/kWH)를 구하시오.

풀이

$$\frac{38.4 \times 10^8 / 20(년) + 3 \times 10^8}{1241 \times 10^3} ≒ 396.5원/kWh$$

산업기사   신재생에너지 발전설비(태양광)산업기사 실기   **실 · 전 · 문 · 제**

---

01. 태양광발전시스템의 지지대를 주택이나 일반 건축물에 설치하는 방식(ex. 지붕건재형)과 대지에 설치하는 방식(ex. 고정식)으로 분류하여 3가지씩 쓰시오.

풀이

1) 주택이나 일반 건축물에 설치하는 방식
 ① 경사지붕형   ② 평지붕형   ③ 건물일체형(BIPV)

2) 대지에 설치하는 방식
 ① 경사고정식   ② 경사변식   ③ 추적식

---

02. 태양광발전시스템의 시공에 있어서 자신의 안전보호와 2차 재해방지를 위한 작업에 적합한 작업자의 복장(보호구) 3가지만 쓰시오.

풀이

① 안전모 착용
② 안전대 착용(추락방지)
③ 안전화(미끄럼 방지)
④ 안전허리띠(공구, 공사부재 낙하방지)

태양광산업기사 실기

03. 분전함내에 설치되고 태양전지 모듈의 직렬회로에 접속하는 소자를 무엇이라고 하는지 쓰시오.

⎯⎯

풀이

역류방지형다이오드(블로킹다이오드)

태양광산업기사 실기

04. 피측정 태양전지 모듈의 표준상태에서의 최대출력 P_{max} = 250W, 가로 = 2000mm, 세로 = 1000mm인 태양광 모듈의 효율을 구하시오.(단, E : 입사광 강도 1000W/㎡, S : 수광면적(㎡)이다.)

⎯⎯

풀이

답 12.5[%]

태양광산업기사 실기

05. 인버터의 육안점검 사항을 5가지만 쓰시오.

⎯⎯

풀이

① 외함의 부식 및 파손   ② 배선의 구성   ③ 취부
④ 배선의 구성   ⑤ 접지단자와의 접속   ⑥ 단자대 나사풀림

06. 접지공사에서 매설 또는 타입식 접지극으로 주로 사용하는 동판과 동봉의 규격을 쓰시오.

동판 : 두께 (   ) 이상
동봉 : 지름 (   ) 이상, 길이 (   ) 이상

___

풀이

동판 : 두께 0.7[mm] 이상
동봉 : 지름 8[mm] 이상, 길이 0.9[cm] 이상

07. 태양광발전시스템에서 사용되는 피뢰대책용 부품 3가지를 쓰시오.

___

풀이

① 어레스터　　　② 서지업서버　　　③ 내뢰트랜스

08. 태양광발전시스템 접속함의 부품 3가지를 쓰시오.

___

풀이

① 태양전지 어레이측 개폐기　　② 피뢰소자(서지보호소자, SPD)　　③ 단자대

태양광산업기사 실기

09. 현장시험 및 검사에서 현장시험 세부내용 중 절연저항 측정 3개소를 쓰시오.

풀이

① 태양전지 ~ 접지간 : 0.2[MΩ] 이상
② 중간단자함(접속함)출력단자 ~ 접지간 : 1[MΩ] 이상
③ 인버터 입출력 단자 ~ 접지간 : 1[MΩ] 이상

태양광산업기사 실기

10. 태양광발전시스템의 시공에 있어서의 감전방지책 3가지를 쓰시오

풀이

① 작업 전 태양전지 모듈표면에 차광막 씌워 태양광 차폐
② 저압 절연장갑 착용
③ 절연 처리된 공구 사용
④ 강우 시 작업금지

태양광산업기사 실기

11. 태양광발전시스템의 점검은 크게 준공 시의 점검과 일상점검 및 정기점검 등 3가지로 구별된다. 이중 정기점검의 주기는 법에 정한 용량별로 횟수가 정해져 있는데, 100kW를 기준으로 점검주기를 쓰시오.

가. 100kW 미만의 경우
나. 100kW 이상의 경우

풀이

가. 100kW 미만의 경우 : 매년 2회 이상   나. 100kW 이상의 경우 : 격월 1회

12. 태양광발전시스템 설비의 접지에 관한 설명이다. ( )안에 알맞은 내용을 쓰시오.

가. 태양광발전시스템의 태양전지 패널, 가대, 접속함, 인버터 외함, 금속배관 등의 노출 비충전 부분을 누전으로 인한 감전과 화재 방지를 위해 태양전지의 어레이 출력전압이 400V 미만에서는 (   )접지공사를 하고, 400V 이상일 경우에는 (   ) 접지공사를 실시해야 한다.

나. 태양전지에서 인버터까지의 직류전로(어레이 주회로)의 접지공사를 시설하여야 하는지, 또는 원칙적으로 시설하지 않아야 하는지를 쓰시오.

풀이

가. 제3종, 특별제3종

나. 태양광발전설비 중 인버터는 절연 변압기를 시설하는 경우가 드물기 때문에 일반적으로 직류 측 회로를 비접지로 하고 있다.

13. 태양광발전시스템 유지보수의 송변전설비 유지관리 점검의 종류이다. 각 항목에 맞는 점검 방식을 (   )안에 쓰시오.

가. (   ) : 유지보수 요원의 감각에 의거하여 점검하는 방식
나. (   ) : 원칙적으로 정전을 시키고, 무전압 상태에서 기기의 이상상태를 점검하고 필요에 따라서는 기기를 분해하여 점검하는 방식

풀이

가. 일상점검

나. 정기점검

부록 | 실전문제

태양광산업기사 실기

14.

다결정 60셀 PV 모듈의 출력이 250W, 셀의 단위 정격전압은 약 0.6V일 때, 정격전압과 정격전류를 구하시오.

가. 정격전압

- 계산과정 :

- 답 :

나. 정격전류

- 계산과정 :

- 답 :

풀이

가. 셀수[N] = 60[V]
　　단위 정격전압[V] = 0.6[V]
　　정격전압[V] = 60 × 0.6 = 36[V]

나. 정격전압[V] = 36[V]
　　출력[P] = 250[W]
　　정격전류[I] = P/V = 250/36 ≒ 6.94[A]

태양광산업기사 실기

15.

설계도서·법령해석·관리자의 지시 등이 서로 일치하지 아니하는 경우에 있어 계약으로 그 적용의 우선순위를 정하지 아니한 때에 설계도서 해석의 우선순위를 [보기]의 설계도서를 기준으로 순서대로 쓰시오.

[보기] : 전문시방서, 설계도면, 산출내역서, 표준시방서, 공사시방서

풀이

공사시방서 → 설계도면 → 전문시방서 → 표준시방서 → 산출내역서

태양광산업기사 실기

16. 태양광발전시스템에서 축전지가 부착된 계통연계 시스템의 3가지 종류가 무엇인지 쓰시오.

___

풀이

① 방재 대응형
② 부하 평준하 대응형(야간적력 저장형)
③ 계통 안정화 대응형

태양광산업기사 실기

17. 태양광발전시스템의 공사가 완료되면 시스템을 점검해야 한다. 태양전지 어레이 육안 점검항목을 3가지만 쓰시오.

___

풀이

① 표면의 오염 및 파손
② 프레임 파손 및 변형
③ 가대의 부식 및 녹 발생
④ 가대 고정
⑤ 가대 접지
⑥ 지붕재 파손
⑦ 코킹

태양광산업기사 실기

18. 태양전지 어레이의 개방전압을 측정하는 계기와 태양전지 회로의 절연저항을 측정하는 계기를 각각 쓰시오.

가. 태양전지 어레이 개방전압 측정 계기 :
나. 태양전지 회로의 절연저항 측정 계기 :

___

풀이

가. 태양전지 어레이 개방전압 측정 계기 : 직류 전압계(테스터)
나. 태양전지 회로의 절연저항 측정 계기 : 절연 저항계, 온도계, 습도계, 단락용 개폐기

기사

신재생에너지 발전설비(태양광)기사 실기

실·전·문·제

태양광기사 실기

01. 기초판의 크기를 구하시오.

하중 33Ton, 허용지내력 15[t/m²], 기초판의 크기 1.5m × 1.5m로 설계 시 현장 지내력이 10[t/m²] 일 때 기초판의 크기는?

───

풀이

1) 기초판의 크기 $A = L \times L$에서 $A \geq \dfrac{33}{10} = 3.3$
2) $L \times L \geq 3.3$
3) $L \geq \sqrt{3.3} = 1.82$
따라서 기초판의 크기 $A = 1.9m \times 1.9m$

태양광기사 실기

02. 모듈 I-V커브 특성곡선에서 얻을 수 있는 파라미터 5가지를 작성하시오.

───

풀이

① 최대출력(Pmax)
② 최대출력 동작전압(Pmpp)
③ 최대출력 동작전류(Impp)
④ 개방전압(Voc)
⑤ 단락전류(Isc)

03. 태양전지 모듈에 다른 태양전지 회로와 축전지 전류가 유입되는 것을 방지하고자 접속함 내에 설치하는 소자는?

___
풀이

역류방지소자

04. 분산형 전원발전설비로부터 유입되는 고주파전류의 (   )이 (   )%를 초과하지 않도록 각 치수별로 제어한다.

___
풀이

분산형 전원발전설비로부터 유입되는 고주파전류의 (종합전류 외형률)이 (5)%를 초과하지 않도록 각 치수별로 제어한다.

05. 수전설비의 배전반 최소유지거리(m)를 작성하시오.

위치별 기기별	앞면, 조작면 계측면	뒷면, 점검면	열상호간(점검하는 면)
특고압	( )	( )	( )
저고압	( )	( )	( )
변압기	( )	( )	( )

___
풀이

위치별 기기별	앞면, 조작면 계측면	뒷면, 점검면	열상호간(점검하는 면)
특고압	(1.7)	(0.8)	(1.4)
저고압	(1.5)	(0.6)	(1.2)
변압기	(0.6)	(0.6)	(0.6)

태양광기사 실기

06. 거리별 전압강하율의 표의 빈칸을 채우시오.

거 리	전압강하율
60m 이하	
120m 이하	
200m 이하	

풀이

거 리	전압강하율
60m 이하	3% 이하
120m 이하	5% 이하
200m 이하	6% 이하

태양광기사 실기

07. 단독운전 방지기능과 검출기능 중 능동적 검출방식 종류 4가지를 작성하시오.

풀이

① 주파수 Shift방식   ② 유효전력 변동방식
③ 무효전력 변동방식   ④ 부하 변동방식

태양광기사 실기

08. 착공 신고 시 첨부서류 5가지를 작성하시오.

풀이

시공관리책임자 지정통지서(현장관리조직, 안전관리자)
① 공사예정 공정표   ② 품질관리 계획서
③ 안전관리 계획서   ④ 공사시작 전 사진
⑤ 작업인원 및 장비 투입계획서

태양광기사 실기

09. 인버터의 회로방식과 회로그림, 설명을 작성하시오.

풀이

1) 상용주파 변압기 절연방식

태양전지 직류출력을 상용주파교류로 변환 후 변압기로 절연한다.

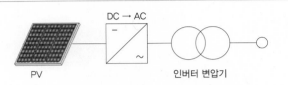

2) 고주파 변압기 절연방식

태양전지 직류출력을 고주파 교류로 변환한 후 소형고주파 변압기로 절연하였다가 직류로 변환한 후 다시 상용 주파교류로 변환한다.

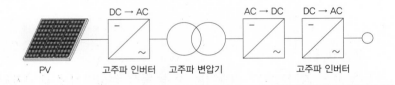

3) 무변압기 방식(트랜스리스방식)

태양전지 직류출력을 DC-DC 컨버터로 승압하여 인버터로 상용주파 교류로 변환한다.

태양광기사 실기

10. 다음의 조건으로 차단기 용량을 구하시오.

풀이

변압기 용량(자기용량) : 10(MVA), 주회로 용량 : 250(MVA), 22.9kV%Z는 5.5[%]

11. 다음 빈칸을 채우시오.

( )는 사업계획을 하고, 설계·시공은 총괄적으로 ( )이 진행한다.

풀이

(발주자)는 사업계획을 하고, 설계·시공은 총괄적으로 (감리원)이 진행한다.

12. 계측기구, 표시장치의 설치목적을 작성하시오.

풀이

1) 데이터 수집기능

각각의 인버터에서 서버로 전송되는 데이터는 데이터 수집 프로그램에 의하여 인버터로부터 전송받아 데이터를 가공 후 데이터베이스에 저장한다. 10초 간격으로 전송받은 데이터는 태양전지 출력전압, 출력전류, 인버터 상 각 상전류, 각 상전압, 출력전력, 주파수, 역률, 누적전력량, 외기온도, 모듈표면온도, 수평면일사량, 경사면일사량 등 각각의 데이터로 분리하고, 데이터베이스의 실시간 테이블 형식에 맞도록 데이터를 수집한다.

2) 데이터 저장기능

데이터베이스의 실시간 테이블 형식에 맞도록 수집된 데이터는 데이터베이스에 실시간 테이블로 저장되며, 매 10분마다 60개의 저장된 데이터를 읽어 산술평균값을 구한 뒤 10분 평균값으로 10분 평균데이터를 저장하는 테이블에 데이터를 저장한다.

3) 데이터 분석기능

데이터베이스에 저장된 데이터를 표로 작성하여 각각의 계측요소마다 일일평균값과 시간에 따른 각 계측값의 변화를 알 수 있도록 표의 테이블 형식으로 데이터를 제공한다.

4) 데이터 통계기능

데이터베이스에 저장된 데이터를 일간과 월간의 통계기능을 구현하여 엑셀에서 지정날짜 또는 지정월의 통계 데이터를 출력한다.

13. 차단기에 대한 점검요소 5가지를 작성하시오.

풀이

① 외부일반점검 ② 개폐표시기 ③ 개폐표시등
④ 조작장치 ⑤ 개폐도수계

태양광기사 실기

14. 분산형 전원 발전설비 연계를 위한 전압변동률 (　　)% 이하, 순시전압변동률 (　　)% 이하

풀이

분산형 전원 발전설비 연계를 위한 전압변동률 (3)% 이하, 순시전압변동률 (4)% 이하

태양광기사 실기

15. 다음의 경제성 분석 및 평가를 하시오.

• 설비용량 : 2,288(MW)의 과수원 용지	• SMP : 140원
• REC : 170원	• 할인율 : 5.5(%)
• 발전시간 : 3.36(h)	• 격년감소율 : 0.7(%),
• 1차년도 감소율 : 3(%)	

1) REC 가격을 책정하시오.

2) 판매가격을 작성하시오.

3) 시스템 이용률을 작성하시오.

4) REC 적용기간은 3년, 발전수익의 백만원 이하는 절상하는 조건으로 발전용량과 발전수익을 계산하시오.

풀이

1) REC 단가 170원
　과수원용지의 가중치는 0.7
　∴ 170원 × 0.7 = 119(원/kWh)

2) 판매가격 − SMP + (REC × 0.7)
　　= 140 + (170 × 0.7)
　　= 259(원/kWh)

3) 시스템 이용률 = $\dfrac{\text{발전시간}}{1\text{일}}$

$$= \frac{3.36}{24} \times 100$$

$$= 14(\%)$$

4) 1차년도

   ① 발전용량 = 2288[kWh/year] × 24 × 365 × 0.14 × 0.97

           = 2721823(kWh/year)

           ≒ 2721[MWh/year]

   ② 발전수익 = 259 × 2721823

          = 704,952,157(원)

          ≒ 704

   ③ 4차년도 발전수익 계산 시 SMP 단가만 적용한다.

5) 사업의 경제성 판단기준

   ① 비용편익비 분석(B/C)

$$B/C = \frac{\sum \dfrac{c}{(1+a)^n}}{\sum \dfrac{b}{(1+a)^n}}$$

     c : 연차별 총편익 a : 할인율 b : 연차별 총비용 n : 기간

   ② 내부수익률 분석(IRR)

$$IRR = \sum \frac{c}{(1+a)^n} = \sum \frac{b}{(1+a)^n}$$

   ③ 순현재가치 분석법(NPV)

$$NPV = \sum \frac{c}{(1+a)^n} - \sum \frac{b}{(1+a)^n}$$

     경제적으로 타당하다고 판단하는 기준은 NPV〉0, B/C〉1, IRR〉a 조건일 때이다.

태양광기사 실기

16. 주어진 조건(부지크기, 온도계수, 모듈사양 및 인버터 사양(전기적 특성들)을
보고 다음을 구하라.

- 부지크기 : (150m ×70m)
- 온도계수 : V_{oc} , V_m = -0.33%/℃
- 모듈의 크기 : 1.8m × 0.95m 모듈은 세로배열
- V_{oc} = 37.5V V_m = 30.5
- 사용하고자 하는 인버터 230KW, 입력범위 350~820V, NOCT 46℃
- 부지의 시설설치는 경계면으로부터 3m씩 둔다.
  모듈 어레이 각도는 33°, 그림자입사각은 21°
- 발전소를 설치할 장소의 주변온도 : -10~40℃

풀이

1) NOCT를 적용한 모듈표면온도를 구하시오.

　셀 보정식

　　셀 표면온도 $T_{cell} = T_{air} + \dfrac{NOCT - 20}{800} \times$ 일사강도

　　셀 최저온도 $T_{min} = -10℃ + \dfrac{46℃ - 20℃}{800} \times 0 = -10℃$

　　셀 최저온도 $T_{max} = 40℃ + \dfrac{46℃ - 20℃}{800} \times 1000 = 72.5℃$

2) 이격거리

　　$1.8m \times \{\sin(180 - 33 - 21) \div \sin21\} = 4.06m$

3) 가로매수

　　$(70 - 3 - 3) \div 0.95 = 67.37 \rightarrow 67장$

4) 세로매수

　　$\{(150 - 3 - 3) \div 이격거리\} = \dfrac{(150 - 3 - 3)}{4.06} = 35.47, 35열$

　　$144 - (35 \times 4.06) = 144 - 142.1$
　　　　　　　　　　$= 1.9m$

　1열의 그림자 길이가 점유면적이 1.56이고 35열 설치하고 남은 거리가 그림자를 뺀 1열 구조물이 충분히 들어가므로 36열 배열이다.

5) 총 모듈수

　　$67장 \times 36열 = 2,412 매$

6) 총 출력

　　$2,412 \times 250W = 603KW$

7) $V_{oc}(-10℃)$

　　$= V_{oc} + V_{oc}[온도감소율 \times (최저온도 -25℃)]$

　　$= V_{oc}[1 + (온도감소율 \times 최저온도 -25℃)]$

　　$= 37.5[1 + (-0.0033/℃ \times (-10℃ -25℃)]$

　　$= 37.5[1 + (-0.0033 \times (-35))]$

　　$= 41.83[V]$

8) $V_{mpp}(-10℃)$

　　$= V_m + V_m[온도감소율 \times (최저온도 -25℃)]$

　　$= V_m[1 + (온도감소율 \times 최저온도 -25℃)]$

　　$= 30.5[1 + (-0.0033/℃ \times (-10℃ - 25℃)]$

　　$= 30.5[1 + (-0.0033 \times (-35))]$

　　$= 34.02[V]$

9) $Voc(40℃)$

　　$= V_{oc} + V_{oc}[온도감소율 \times (최저온도 -25℃)]$

　　$= V_{oc}[1 + (온도감소율 \times 최저온도 -25℃)]$

　　$= 37.5[1 + (-0.0033/℃ \times (73.5℃-25℃)]$

　　$= 37.5[1+(-0.0033 \times 47.5]$

　　$= 31.62[V]$

10) $V_{mpp}(40℃)$

  $= V_m + V_m\,[$온도감소율 $×$ (최저온도 $-25℃)]$

  $= V_m\,[1 + ($온도감소율 $×$ (최저온도 $-25℃)]$

  $= 30.5\,[1 + (-0.0033/℃ × (72.5℃ - 25℃)]$

  $= 30.5\,[1 + (-0.0033 × 47.5]$

  $= 25.71\,[V]$

11) 모듈 직렬수

  모듈최대 직렬수

  $$= \frac{인버터입력\ 최대전압(MPPT)}{모듈온도\ 최저시\ 개방전압} = \frac{인버터입력\ 최대전압(MPPT)}{V_{OC-10℃}}$$

  $$= \frac{[V_{INV,\,max}]}{V_{OC} + V_{OC}\,[온도감소율\ × (최저온도 - 25℃)]}$$

  $$= \frac{[V_{INV,\,max}]}{V_{OC}\,[1 + 온도감소율\ × (최저온도 - 25℃)]}$$

  $$= \frac{820}{37.5\,[1 + (-0.0033/℃ × (10℃ - 25℃)]}$$

  $$= \frac{820}{37.5\,[1 + (-0.0033 × (-35℃))]}$$

  $$= \frac{820}{41.83}$$

  $= 19.6$

  $→ 19$장

12) 모듈 병렬수

  $=$ 설계용량 $÷$ 직렬스트링 전력(직렬 모듈수 $×$ 모듈 1개 출력)

  $$\frac{설계총용량}{모듈\ 직렬수\ × 모듈\ 1장당\ 출력} = \frac{603kW}{19 × 0.25kW}$$

  $= 134$병렬

13 인버터 대수

  $= 603kW ÷ 200kW$

  $≃ 3$대(105% 이내이므로)

태양광발전설비 실무

초판1쇄 발행 2015년 4월 25일
초판2쇄 발행 2018년 3월 5일

저   자 정 석 모 · 이 지 성
펴 낸 이 임 순 재
펴 낸 곳 **에듀한올**
등   록 제11-403호
주   소 서울시 마포구 모래내로 83(성산동 한올빌딩 3층)
전   화 (02)376-4298(대표)
팩   스 (02)302-8073
홈 페 이 지 www.hanol.co.kr
e - 메 일 hanol@hanol.co.kr

값 22,000원 ISBN 979-11-5685-067-0